Mike Michalowicz

Mach den Unterschied!

Bereits von Mike Michalowicz erschienen

Not macht erfinderisch: *Der Klopapier-Unternehmer*

Der Pumpkin Plan: Die Strategie für Unternehmenswachstum

Profit First

Surge

Clockwork: Damit dein Unternehmen läuft wie ein Uhrwerk

Prio 1: Die Bedürfnispyramide deines Unternehmens

REDLINE | VERLAG

MACH DEN UNTERSCHIED!

MARKETING, DAS KEINER IGNORIEREN KANN

MIKE MICHALOWICZ

AUTOR DES BESTSELLERS *PROFIT FIRST*

Bibliografische Information der Deutschen Nationalbibliothek:
Die Deutsche Nationalbibliothek verzeichnet diese Publikation in der Deutschen Nationalbibliografie; detaillierte bibliografische Daten sind im Internet über http://d-nb.de abrufbar.

Für Fragen und Anregungen:
info@redline-verlag.de

1. Auflage 2022

Übersetzung: Britta Fietzke
Redaktion: Desirée Šimeg
Umschlaggestaltung: Marc-Torben Fischer
Satz: ZeroSoft, Timisoara
Druck: GGP Media GmbH
Printed in Germany

ISBN Print 978-3-86881-886-4
ISBN E-Book (PDF) 978-3-96267-418-2
ISBN E-Book (EPUB, Mobi) 978-3-96267-419-9

Dieses Buch widme ich dir, meinem Leser.

Besuch meine Seite ***immersewithmike.com*** *und erlebe das Buch während der Lektüre mit mir zusammen.*

Lass uns das zusammen durchziehen!

Inhalt

Einleitung

Ja, also, nein.

Einleitung, Schweinleitung. Lass uns lieber gleich zum Kern der Sache kommen, denn wir, also du und ich, haben eine wichtige Aufgabe vor uns – so wichtig, dass das Überleben deines Unternehmens davon abhängen könnte.

Du hast etwas im Angebot, das viele Leute brauchen, etwas, das sie lieben werden. Oder wenigstens etwas, das sie lieben *würden*, wenn sie davon wüssten. Aber wie viel ist dein Angebot wirklich wert, wenn niemand von dessen Existenz weiß?

Fehlendes Marketing – also gutes, effektives, *andersartiges* Marketing – ist der Hauptgrund dafür, dass kleine Unternehmen in der Mittelmäßigkeit steckenbleiben und nicht wachsen. Es gibt einfach zu viele großartige Produkte und Leistungen, die im Dunkeln vor sich hinsiechen. Das werden wir aber nicht zulassen. Bis zum Ende dieses Buchs werden wir daher gemeinsam sicherstellen, dass du auffällst und auch in einem überfüllten Markt herausstichst – komme, was da wolle.

Bist du bereit? Dann lass uns dein Unternehmen in Grund und Boden vermarkten!

KAPITEL 1

Marketing ist deine Verantwortung

Ich inhalierte *tatsächlich*.

Yanik Silver pustete mir eine Wolke voller Pott genau ins Gesicht. Mir blieb nur eine Wahl: einzuatmen.

Ich hätte nie gedacht, dass ich das für mich Wichtigste über Marketing bei einer Runde Billard lernen würde, und erst recht nicht, dass die Erkenntnis mit einem bekifften Ausrufezeichen daherkommen würde. Das war ein Höhepunkt, der ein ganzes Leben andauern sollte.

Yanik wird von vielen als der Pate des Internetmarketings angesehen. Er war einer derjenigen, die das E-Mail-Marketing bereits revolutionierten, als die meisten sich noch über die legendäre Benachrichtigung »Sie haben Post« von AOL freuten. Damals, als die meisten noch dachten, dass jede innovative Webseite ein animiertes »Befindet-sich-gerade-im Aufbau«-GIF brauchte, bereitete er bereits der Erstellung von Verkaufsseiten mit langen Texten, professionellen Produktbildern und klaren Call-to-Action-Schaltflächen den Weg. Yaniks Marketinghändchen erschuf das Unternehmen seiner Träume: Maverick1000. Er baute ein globales Netzwerk auf, das seinen Lebenszweck widerspiegelte: Unternehmer mit Vision dabei zu unterstützen, ihr Geschäft auszubauen und einen größeren Einfluss auf die Welt zu nehmen.

Ich hatte gerade mein erstes Buch, *Not macht erfinderisch: Der Klopapier-Unternehmer*, auf den Markt gebracht und glaubte felsenfest daran, dass sich ein großartiges Buch von selbst verkaufen würde. Ich glaubte so sehr daran, dass ich befürchtete, schon nach einem Monat nicht mehr genügend Exemplare vorrätig zu haben. Immerhin sagte man doch, dass die Leute von selbst kämen, wenn man ihnen nur ein Ziel vorgab, richtig? Ich hatte mir daher Geld von Freunden geliehen, mein Sparkonto für den absoluten Notfall geplündert und 20.000 Hardcover-Ausgaben bestellt – die nun alle in einer Lagerhalle einstaubten. Meine Buchpräsentation war ein totaler Flop. Ich verkaufte am Erscheinungstag kein einziges Buch. Kein. Einziges. Buch. Hörst du? Selbst meine Mutter kaufte keins. Aua!

Niedergeschlagen blieben mir zwei Optionen: effektives Marketing lernen, und zwar *schnell*, oder meinen Traum verpuffen lassen.

Aber wo sollte ich anfangen? Die Strategien, die von manchen Marketingfachleuten angepriesen wurden, lösten in mir nahezu einen Würgereiz aus. Online-Marketing war im Jahr 2005 so alltäglich, dass die Leute, die es machten, bereits einen Titel bekommen hatten: Infomarketer. So nannte man sie von Angesicht zu Angesicht. Hinter ihrem Rücken hatte man ganz andere Namen auf Lager, jedenfalls für die schmierigeren Exemplare unter ihnen, doch diese möchte ich hier nicht abgedruckt wissen. Aber du weißt sicher genau, von welchem Menschenschlag ich spreche. So ein Typ steht vor einem Privatjet (der nicht ihm gehört) auf einer Landebahn (auf die er sich geschlichen hat), lehnt sich an einen Bentley (den er für ein paar Stunden ausgeliehen hat) und verspricht dir die Welt. Deren Methoden waren ekelhaft und im besten Fall unglaubwürdig, im schlimmsten Fall manipulativ und zwielichtig.

Yanik dachte aber immer weiter in die Zukunft als nur für den einen Monat, und er musste niemandem mithilfe von unaufrichtigen Bildern und Nachrichten »beweisen«, dass er es draufhatte. Yanik vermarktete authentisch, ehrlich, aufrichtig – und genau deshalb wollte ich seinen Rat.

Ich wollte unbedingt, dass die Leute auf mein Buch aufmerksam wurden, aber eben nicht die furchtbaren Techniken des »Info-Schmier-Marketings« nutzen. Daher hatte ich mich an die übliche »Buch-Marketing-Checkliste« gehalten, wie sie alle traditionellen Autoren in die Hand gedrückt bekommen: einen Pressetext versenden, eine Party vor dem Veröffentlichungstermin schmeißen, einen Blog starten, wichtige Menschen als Unterstützer an Bord holen. Doch alle meine Anstrengungen waren umsonst gewesen und hatten gerade mal ein- oder zweistellige Buchverkäufe generiert.

Ich drehte meinen Queue in der Hand und teilte meinem neuen Vertrauten all meinen Frust mit.

»Die Fünf. Ecktasche.« Yanik bewegte sich leichtfüßig um den Tisch, benannte seine Stöße und versenkte jeden seiner Bälle wie ausgerufen in den jeweiligen Taschen – während er sich konzentriert meine Geschichte anhörte. Er beendete das Spiel, indem er die Acht so fachmännisch versenkte, dass die weiße Kugel danach langsam auf den Platz zurückrollte, von dem aus sie dann das nächste Spiel anstoßen würde.

Die ganze Zeit über hatte ich neben dem Billardtisch gestanden wie eine Topfpflanze. Eine Topfpflanze, die zu viel über ihr schweres Schicksal voller Mühen laberte, aber eben eine Topfpflanze.

Das Spiel war zu Ende. Yanik bedeutete mir, ich solle mir mein Bier schnappen und ihm nach draußen auf die Veranda folgen. Von dort aus konnten wir auf die Hügelkette Marylands blicken. Nach einem Moment, der sich ein wenig so anfühlte wie diese zu langen dramatisch anschwellenden Filmszenen, fragte er mich: »Ist dein Buch besser als der Kram, den die anderen da draußen anbieten?«

»Ja.«

»Hilft dein Buch den Lesern mehr als die Infomarketer?«

»Verdammt noch mal, ja! Da steckt all mein Wissen drin und wird Unternehmern definitiv helfen.«

»Was passiert, wenn Kunden den Kram von den Infomarketern statt deinem Buch kaufen?«

»Dann werden sie übers Ohr gehauen, Yanik. Mein Buch ist besser als der ganze Scheiß. Davon bin ich felsenfest überzeugt!«

Yanik lächelte, als hätte ich ihm endlich die gewünschte Antwort gegeben. »Dann hast du *verdammt noch mal* die Verantwortung, die anderen mit deinem Marketing zu übertreffen.«

Wow.

Yanik drehte sich auf dem kleinen Beistelltisch seelenruhig einen Joint und fuhr eiskalt fort: »Wenn die Leute Scheiße kaufen, dann ist das vielleicht *deren* Problem. Aber es ist *deine* Schuld.«

Trotz des warmen Wetters lief mir ein Schauer über den Rücken. Er hatte recht. Es war *meine* Verantwortung, und wenn ich das Gefühl hatte, dass ich eine brauchbare Alternative zu all den schlechten Ratschlägen da draußen hatte, dann war es mein verdammter Fehler, dass die Leute nichts davon wussten!

Yanik ließ mich mit dieser erkenntnisreichen Bombe, die er mir gerade in den Schoß geworfen hatte, und meinen Gedanken kurz in Ruhe, während er seinen Joint fertigbaute. Dann sagte er: »Die Leute werden kaufen, das steht außer Frage, aber sie können immer nur das kaufen, von dem sie wissen, dass es existiert. Wenn deine Lösung also besser ist, dann musst du sie dazu *zwingen*, dass sie sie auch wahrnehmen.«

Ein bedeutungsschwangerer Moment. Dann zog er einmal kräftig an seinem Joint und blies den Rauch aus Versehen genau in mein Gesicht.

Ich nahm alles in mich auf – inklusive der Graswolke.

Yanik lehnte sich in seinem Stuhl zurück und blickte sinnierend zum Horizont. »Mike, was ist dein tieferes Warum?«

»Mein ›*tieferes* Warum‹? Was zu Hölle meinst du damit?«

»Warum bist du auf diesem Planeten? Welchen Einfluss sollst du auf unsere Welt nehmen?«

Verdammt, ich wollte doch nur ein paar Bücher verkaufen, aber Sensei Yanik wollte nun offenbar über den Sinn des Lebens philosophieren. Aber wer war ich schon, dass ich einen Marketing-Guru hinterfragen könnte?

Vielleicht funkte eine größere Macht dazwischen, vielleicht hatte ich die Antwort schon immer im Herzen getragen, vielleicht lag es auch einfach nur am Gras. Aber ich sprach die Worte aus, die ich ab diesem Zeitpunkt immer gesagt habe, wenn ich meinen Sinn des Lebens definieren wollte. Es sind die Worte, die mich jeden Morgen aus dem Bett holen und mich durch die langen, harten Tage treiben. Die Worte, die mich vor jeder Rede pushen. Die Worte, die mich beim fieberhaften Schreiben dieses Buchs begleitet haben.

»Ich bin hier, um unternehmerische Armut auszurotten«, antwortete ich ihm. »Das ist mein tieferes Warum.«

»Unternehmerische Armut«, wiederholte Yanik, als wollte er die Worte mal ausprobieren.

Ich rutschte an die vordere Stuhlkante. »Ja, ich glaube fest daran, dass Gründer die Welt verändern. Sie sind innovativ und lösen Probleme. Sie könnten sogar so einige unserer größten Probleme beheben. Nichtsdestotrotz kommen die meisten gerade mal so durchs Leben. Wenn ich den Unternehmern dabei helfen könnte, ihre unternehmerische Armut hinter sich zu lassen, dann hätten sie den Freiraum, um die großen Dinge zu tun, nach denen sich die Welt verzehrt.«

Yanik zog erneut an seinem Joint und erwiderte: »Dann ist das alles, was zählt. Wenn deine Bücher dir dabei helfen, dein tieferes Warum zu erreichen und gleichzeitig den Unternehmern am besten helfen, dann musst du eine bessere Vermarktung dafür finden.«

Mein Schlachtruf kam beim passiven Kiffen ans Tageslicht, an deinem arbeiten wir jetzt. Bei der Mission deiner Vermarktung geht es nicht nur um dich, sondern um etwas weitaus Größeres. Es geht um dich, deine Familie, deine Gemeinschaft, unsere Welt. Wenn du etwas zu bieten hast, das anderen hilft, dann musst du die anderen darauf aufmerksam machen. Sie brauchen dich, aber sie wissen noch nicht, dass es dich gibt. Es ist deine Aufgabe, dieses Unwissen zu beheben. Und zwar sofort!

Schnell: Benenne etwas, das du besser kannst als deine Konkurrenten. Sind deine Dienstleistungen allumfassender? Ist deine Kundenreise besser? Bist du verfügbarer für deine Kunden? Hält dein Produkt länger? Führt dein Zeug dazu, dass sich der Kunde besser fühlt als bei dem deiner Konkurrenz? Verstehst du das Bedürfnis der Kunden besser? Vielleicht gibt es auch mehrere Aspekte, in denen du die anderen toppen kannst. Ich gehe mal davon aus, dass du ziemlich schnell mindestens eine »Besser«-Kategorie identifizieren kannst, höchstwahrscheinlich sogar mehrere. Es ist also wohl nachweislich richtig: Du. Bist. Besser.

Wenn dein Angebot auch nur in einem Aspekt besser als das der Konkurrenz ist, dann solltest du nicht nur *versuchen*, potenzielle Kunden zu erreichen, sondern *musst* es mit deinem Marketing schaffen. Die Verantwortung liegt bei dir, deine Konkurrenz – seien es große oder kleine Unternehmen – zu schlagen, die skrupellosen Unternehmen, die, die weniger geben und sich weniger um ihre Kunden kümmern als du. Ansonsten lässt du es zu, dass deine Kunden über den Tisch gezogen werden. Du hast die Verantwortung, deine Kunden und deine potenziellen Kunden gut zu behandeln, indem du dein Unternehmen regelrecht zu Tode vermarktest. Wenn du eine bessere Alternative für deine (potenziellen) Kunden hast, sie aber nicht wissen, dass es dich gibt, dann müssen sie zwangsläufig etwas Minderwertigeres kaufen. Das mag zwar *ihr* Problem sein, aber die Lösung ist *deine* Aufgabe.

Tolle Angebote brauchen ein andersartiges Marketing

Yanik erinnerte mich an diesem Tag an meinen Sinn des Lebens: unternehmerische Armut ausrotten. Viel zu viele Unternehmer bauten (und bauen immer noch) Unternehmen auf, um sich finanzielle Freiheit und die Kontrolle über ihr eigenes Leben zu erarbeiten, befanden sich (und befinden sich immer noch) aber in einer kontinuierlichen Liquiditätskrise, die sie völlig erschöpft zurückließ (und es nach wie vor tut). Es war (und ist immer noch) mein Sinn des Lebens, diese Lücke zwischen dem Traum der Freiheit und der Realität der Mühen zu schließen. Aus diesem Grund habe ich mein erstes Buch, dieses Buch und alle Bücher dazwischen geschrieben. *Not macht erfinderisch* war weder eine »bessere Visitenkarte« noch eine »Lead-Generierung« oder mein eingeschlagener Weg zum Reichtum. Mein Ziel war es, meinen Lesern zu einem wirklichen, nachhaltigen Wandel zu verhelfen. Aber irgendwie hatte ich mich irgendwo auf dem Weg dorthin verlaufen.

In der Retrospektive bin ich immer noch sauer auf mich, denn ich wusste es eigentlich besser. Meine zwei Unternehmen hatten mich gelehrt, dass der einzige Weg, sich gegen die Konkurrenz durchzusetzen, das perfekte Marketing war, und das hat wenig damit zu tun, dass man einen Marketingplan erstellt. Jeder Plan ist reine Fiktion, wenn man damit nicht die Aufmerksamkeit der potenziellen Kunden bekommt.

Es ist leider eine Tatsache, dass Marketing innerhalb von Millisekunden passiert – nicht Monaten. Laut des Magazins *Time* hält die durchschnittliche Webseite die Aufmerksamkeit der Leute gerade mal 15 Sekunden lang.

Instagram berichtet sogar, dass die Leute weniger als 10 Sekunden bei einem Posting verbringen. Und wie sieht es mit greifbarem Marketing aus? Ich wette, du »scrollst« auch in Lichtgeschwindigkeit durch die Werbepost in deinem Briefkasten.

Laut dem Interactive Advertising Bureau muss Werbung die Aufmerksamkeit des Betrachters für mindestens eine Sekunde halten, damit sie auch nur den Hauch einer Chance auf Erfolg hat. Wenn ein potenzieller Kunde in weniger als einer Sekunde weiterschweift, also in den besagten Millisekunden, sind sie für dich verloren. Auch wenn ein Marketingplan ein wunderbares Tool ist, das zu planen, was deines Wissens funktioniert, muss es deine oberste Priorität sein, herauszufinden, was in diesen entscheidenden Millisekunden funktioniert.

Versuch jetzt mal Folgendes: Blinzle so schnell du kannst. Dieses eine Blinzeln hat länger gedauert als eine Zehntelsekunde. Der durchschnittliche Wimpernschlag dauert – Achtung! – 250 Millisekunden.[1] Laut dem *Christian Science Monitor* können wir innerhalb von 150 Millisekunden einen Gedanken produzieren und auch dementsprechend handeln. Das bedeutet, dass wir länger brauchen, um zu blinzeln, als etwas kognitiv wahrzunehmen *und* uns zu überlegen, was wir damit anstellen. Der Knackpunkt? Erfolgreiches Marketing passiert in weniger als einem Wimpernschlag. Der Interessent blinzelt und geht weiter oder, wenn du es richtig angehst, bleibt er. Du musst also das Blinzel-Match gewinnen.

Der Schlüssel zu erfolgreichem Marketing in Millisekunden ist simpel: Sei so anders, dass die Leute dich bemerken müssen. Sei anders genug, dass die fest verdrahtete Veranlagung im Gehirn die Interessenten dazu veranlasst, das Gesehene zu betrachten und zu prüfen.

Die Ironie an der Sache war, dass ich zwar ein außergewöhnliches Marketing und Ideen genutzt hatte, um meine Konkurrenz zu übertrumpfen und so meine Unternehmen zu Umsätzen in Millionenhöhe zu führen, aber bei der Vermarktung meines Buchs an das Übliche gehalten hatte. Ich machte genau das, was absolute Unsichtbarkeit versprach: Ich vermarktete es wie alle anderen in der Branche.

Es dauerte ein paar Wochen, bis mir auffiel, warum das so war: Ich sah mich selbst nicht als »richtigen Autor«. Ja, ich hatte ein Buch geschrieben, aber ich war darin immer noch ein Anfänger. Obwohl ich vollstes Vertrauen in meine Arbeit hatte, war ich mir total unsicher, was andere davon halten würden.

Es fühlte sich an wie der erste Schultag – und ich war der Neue in der Klasse. Ich war ein Quell der Unsicherheit. Würde ich »meine« Clique finden? Würde sie mich finden? Würden mich meine Mitschüler willkommen heißen? Oder würden mir die Mobber die Unterhose bis zum Scheitel aus der Hose ziehen? Ein Buch auf den Markt zu bringen – zugegebenermaßen trifft dies aber auf alles zu, mit dem man für seine eigene Meinung einsteht –, ist ein Moment auf ganz dünnem Eis.

Ich gestehe: Ich wollte gesehen werden, ohne gesehen zu werden. Ich wollte die Belohnung für die Aufmerksamkeit erhalten, ohne das Risiko, das mit dieser Aufmerksamkeit einhergeht. Was wäre, wenn die Leute da draußen dachten, ich sei zu abgehoben, zu vertrottelt, zu wenig New York City, zu viel New Jersey? Ich hatte mich auf dem komfortablen, aber langweiligen Kissen der Unauffälligkeit ausgeruht, statt das Risiko einzugehen, unübersehbar zu sein. Jemand, den man einfach nicht ignorieren konnte.

Endlich machte es Klick! Auf Yaniks Veranda realisierte ich, dass unsere Angst vor dem Auffallen der ausschlaggebende Punkt ist, warum niemand auf uns aufmerksam wird. Die Menschen verlieren im Marketingspiel, weil sie nach nicht existenten Regeln spielen.

Nachdem Yanik mir den Kopf zurechtgerückt hatte, machte ich mich wieder an die eine Strategie, die einzige Strategie, die immer funktioniert: anders werben als die anderen.

Ich dachte über einige der Infomarketer nach, also die einzig Wahren, die nicht zu den schmierigen Exemplaren gehörten. Was hatten sie gemeinsam? Letztlich stachen die Guten in diesem Bereich heraus, weil sie anders waren.

Jeff Walker beispielsweise vermarktete seit über einem Jahrzehnt ein einziges Produkt: Product Launch Formula (PLF). Er hatte sich zu *der* Autorität der Branche hochgearbeitet, indem er das getan hatte, was die anderen nicht taten. Jeff filmte Videos in seinem Zuhause in den Bergen Colorados, in dem er seit über 20 Jahren wohnte – ohne angemietete Villen, ohne geliehene Bentleys. Viel lieber fuhr er weiterhin seinen heißgeliebten, sehr abgenutzten 1997er Ford F-350. Wenn die Konkurrenz mit Süßholzraspeln zu punkten versuchte, konterte Jeff mit Authentizität. »Anders« heißt nicht, dass man mehr von dem macht, was andere machen, sondern mehr von dem, was einen selbst ausmacht.

In meinem Innersten wusste ich, dass mein Buch anderen Menschen besser dienen konnte als die Produkte meiner Konkurrenten. Aber was hieß das schon? Besser zu sein ist bedeutungslos, wenn man nicht gesehen wird. Und man wird nicht gesehen, bis man heraussticht.

Glaub mir: Du hast etwas Besonderes, das aus deiner Vorstellungskraft, deinen schlaflosen Nächten, deinem Schweiß und deiner Durchsetzungskraft erschaffen wurde. Das ist eine große Sache. Das ist *die* Sache. Du weißt, dass die Leute – die richtigen Leute – dein Angebot lieben werden. Und es brauchen. Das Problem ist nur, dass du es kreiert hast, und trotz aller blumigen Marketingversprechungen niemand kam. Vielleicht nicht mal deine Mutter. Und nur wenige werden in Zukunft kommen, außer du stichst heraus.

Vielleicht hast du bereits Geld in Marketingstrategien investiert, von denen die sogenannten Experten dir sagten, dass »alle« diesen folgen müssten, um gegen die Konkurrenz anzukommen. Vielleicht hast du an die Texterseminare geglaubt, vielleicht Texter engagiert oder diese Texter sogar zu den Kursen geschickt, die du besucht hast. All das und mehr hast du gemacht, aber alles, was du nun vorweisen kannst, ist ein leeres Konto.

Du kannst dir die Werbekampagnen der großen Player nicht leisten – und solltest es auch nicht (nur mal nebenbei bemerkt). Aber irgendwie musst du deine Sachen ja loswerden, richtig? Also buchst du billige Anzeigen in den Medien, bei Amazon, Google, Facebook, oder engagierst eine Werbeagentur, die für dich die Anzeigen auf all diesen Plattformen organisiert. Und der Kreislauf beginnt von vorn. Du besuchst einen anderen Kurs über effektives Marketing. Du versuchst es mit Postwurfsendungen. Mit YouTube-Tutorials. Mit Werbeaktionen an Feiertagen. Und wenn das alles immer noch nicht hilft, gibst du dich sogar dem verzweifelten Wunschdenken hin: »Wenn ich mir doch nur einen Werbeblock beim Super Bowl leisten könnte, dann wäre alles anders!«

Trotz all deiner Bemühungen und Hoffnungen findest du nicht genügend potenzielle Kunden, um dein Marketingziel zu erreichen. Hier bist du nun, sitzt auf dieser tollen Sache und fragst dich, ob du je genügend Menschen erreichen wirst, die es auch so lieben, brauchen und feiern – die *Käufer*. Sie versäumen etwas und du verträumst alles.

Leider rechtfertigt man diesen Kampf oft mit Selbstkritik: »Ich weiß eben nicht, wie man richtig vermarktet«, »Vielleicht ist das Ganze ja doch nicht so großartig, wie ich dachte?«, »Vielleicht sind die Sachen von der Konkurrenz ja doch besser …?«, »Vielleicht ist das, was ich geschaffen habe, es gar nicht wert, vermarktet zu werden?« »Vielleicht ist es einfach ein Blindgänger.«

Bullshit!

Dein Angebot ist nicht das Problem – dessen bin ich mir sicher, denn immerhin bist du hier. Du liest dieses Buch, um dein Angebot zu vermarkten. Und das wird gebraucht. Das Problem ist nicht, was du kreiert hast, und auch nicht, dass du dich nicht genug anstrengst. Du steckst schließlich, verflixt noch mal, all dein Herzblut in dieses Unternehmen, versuchst alles Mögliche, um es bekannter zu machen da draußen. Du machst das, von dem du denkst, dass es funktioniert – und genau *das* ist das Problem.

Ich weiß, das klingt jetzt verwirrend. Was ich damit sagen will: Du betreibst das Marketing, das bereits für alle anderen funktioniert, was der sicherste Weg ist, damit das Marketing für dich *nicht* funktioniert. Indem du deine Konkurrenz spiegelst, stellst du sicher, dass du völlig unsichtbar bleibst. Stattdessen musst du deine Angst überwinden, über den Tellerrand hinausdenken und dich von den anderen unterscheiden.

Im Ernst, Marketing scheitert meist aus dem Grund, dass es sich an das bereits »Funktionierende« in der Branche anpasst. Die Unternehmer machen das, was andere Unternehmer machen, also versuchen alle, sich gegenseitig mit denselben Methoden zu übertrumpfen. Aber es fällt nun mal niemand auf, wenn alle das Gleiche machen. Selbst eine bessere Variante derselben Herangehensweise bleibt nach wie vor unsichtbar. Wenn also dein Marketing so ist wie das deiner Konkurrenten, verlierst du das Blinzel-Match. Der potenzielle Käufer sieht eine weitere Variante dessen, was er bereits woanders abgelehnt hat – jetzt halt in deiner Wiederholung. Einmal geblinzelt und er wendet sich ab.

Warum zieht es uns eigentlich zu diesen sogenannten bewährten Marketingmethoden hin? Letztlich liegt es an der Angst, herauszustechen. Wir wollen genauso gut aussehen und dastehen wie alle anderen, also handeln wir wie alle anderen. Wir wollen vor allem nicht den Anschein erwecken, als hätten wir keine Ahnung, was wir da tun. Wir denken, weil all diese etablierten Unternehmen es so machen, müssten wir es ihnen gleichtun. Doch dabei setzen wir Überleben mit Konformität gleich.

Das ist der Haken an der Sache: Wenn wir uns darauf konzentrieren, nicht aufzufallen, wie sollen dann unsere potenziellen Kunden auf uns aufmerksam werden?

Stell dir vor, du befindest dich in einem Raum mit 500 anderen Menschen, die alle identische graue Anzüge tragen. Einer dieser Menschen ist dein Seelenverwandter. Wie einfach ist es, diese perfekte Partie in diesem Meer an Grau zu finden? Schwierig bis nahezu unmöglich.

Jetzt stell dir vor, eine dieser Personen trägt einen roten Anzug. Damit hat sie deine Aufmerksamkeit auf sich gelenkt – in einer Millisekunde. Statt also alle 500 Personen nach und nach in acht Stunden zu befragen, ist es weitaus einfacher, mit der Person im roten Anzug zu beginnen – und vielleicht kannst du dich selbst sogar davon überzeugen, dass diese Person, einfach weil sie so heraussticht, genau die richtige für dich ist.

Wir reden bei diesem Beispiel von einem Seelenverwandten, verdammt noch mal. Und schon bei diesem potenziell lebensverändernden Unterfangen ist der Gedanke, acht Stunden lang ohne Pause durch ein Meer von grauen Anzügen zu waten, ermüdend. Stell dir also vor, wie wenig Energie deine potenziellen Kunden darauf verwenden werden, um ausgerechnet dich und dein Angebot im grauen Ozean der Unsichtbarkeit zu finden. Wie hoch ist deine Chance, tatsächlich jemals wahrgenommen zu werden – selbst wenn du deren Seelenverwandter bist?

Die wenigsten Unternehmen tragen Rot, wenn der Dresscode Grau vorschreibt. Stattdessen versuchen sie sich an einem »besseren« Grau: ein dunkleres, helleres oder graueres Grau. Doch wer sollte je davon erfahren, selbst wenn sie tatsächlich besser sind? Schließlich tragen sie alle die gleiche Farbe.

Es ist wahnsinnig frustrierend, wenn du dich unentwegt am selben Marketing versuchst wie alle anderen, selbst wenn du es besser machst. Kein Wunder, dass die meisten Unternehmen glauben, dass Marketing eine Zeit- und Geldverschwendung sei. Wer wäre schon wirklich gut darin, auf so einem Karussell zu fahren? Es ist egal, auf welche der Figuren man sich setzt, sie sind und bleiben einfach bemalte Pferde auf Holzstöcken, die sich im Kreis bewegen – völlig ziellos.

Merk dir eins, am besten bis zu deinem letzten Atemzug. Schreib es auf, kleb es dir auf den Badezimmerspiegel, oder lass es dir auf den Hintern tätowieren. Was auch immer, vergiss es nur bloß nicht: *Besser ist nicht besser – anders ist besser.*

Wenn du dich von anderen unterscheidest, fällst du sofort auf, innerhalb der entscheidenden Millisekunde. Du trägst Rot, obwohl die Leute Grau erwarten. Du fährst in einem alten Ford F-350 Pickup vor, während alle anderen mit ihrem (geliehenen) Bentley Cabrio angeben. Andersartigkeit lässt dich auffallen, also immer wenn du anders auf der Bildfläche erscheinst, als die Menschen es erwarten.

Seit meiner Marketingerleuchtung habe ich Vorträge vor Hunderttausenden (Jung-)Unternehmern gehalten. Natürlich nutze ich diese Veranstaltungen, um ihnen mein Wissen mitzuteilen, aber insgeheim nutze ich sie auch, um ihnen mithilfe von einigen Mitmach-Übungen die Gefahr des Status quo aufzuzeigen. Die folgende ist mein absoluter Favorit.

»Findet euch in Paaren zusammen und teilt euch gegenseitig eure effektivste Methode zur Lead-Generierung mit«, fordere ich sie auf.

Nach einigen Minuten hole ich dann meinen Flipchart und meine Stifte hervor. »Hebt bitte alle die Hand und nehmt sie erst runter, wenn ihr eure Idee gehört habt.«

Wie in der allerletzten Runde des *Glücksrads*, bei der den Spielteilnehmern fünf beliebte Buchstaben gewährt werden, bevor sie ihre eigenen vorschlagen dürfen, um das Rätsel zu lösen, schreibe ich die »drei Großen« auf das Blatt: »Mundpropaganda«, »Kundenweiterempfehlung« und »Webseite«. Ungefähr 95 Prozent der Hände sinken zu diesem Zeitpunkt schon nach unten. Ich bitte dann die Leute, deren Hände noch oben sind, mir ihren einzigartigen Herangehensweisen zuzurufen. »Content-Marketing« ist ein weiterer großer Punkt, und sobald ich ihn notiert habe, sind kaum noch erhobene Hände übrig. Die Teilnehmer rufen mir ein paar weitere Ideen zu wie »bezahlte Werbung« oder »Fachmesse«, aber nach der sechsten oder siebten Methode haben wir sie eigentlich alle durch.

Ein Raum mit Hunderten, manchmal Tausenden Unternehmern, die in gewissem Maße gegeneinander konkurrieren – und sie nutzen dieselben sechs Tools, mit denen sie sich gegenseitig übertreffen wollen. Also im Grunde die gleichen »grauen Anzüge«.

Durch diese kurze Demonstration wird deutlich, dass sie alle auf die gleiche Art Marketing betreiben. Sie antworten alle mit derselben Sprache auf dieselben Fragen, sie folgen alle den »bewährten« Marketingmodellen und -strategien. Und doch sind sie aus irgendeinem Grund der Idee verfallen, dass sie sich von den anderen unterscheiden. Selbst nachdem sie dieses Meer an Händen haben sinken sehen bei der Erwähnung von »Mundpropaganda« oder »Content«, verstehen sie nicht, dass sie in den Augen der potenziellen Kunden alle identisch aussehen. Das liegt daran, dass sie sich trotz des identischen Marketings so *fühlen*, als seien sie besser, als stünden sie aus der Masse heraus.

Oder, was noch schlimmer ist: Sie sind stolz darauf, dass sie die meiste Akquise über Kundenweiterempfehlungen bekommen. Sie sagen dann: »Wir brauchen uns keine Sorgen ums Marketing zu machen, denn die Weiterempfehlungen sind unsere Hauptquelle.« Das ist doch Wischiwaschi und keine Strategie! Damit legt man die eigenen Marketingbemühungen in die Hände der Kunden, die es dann für einen erledigen sollen – ganz nach Belieben.

Es ist kein Marketing, wenn du darauf wartest, dass dich deine Kunden weiterempfehlen. Diese Weiterempfehlung ist, wenn sie vorkommt, eine wunderbare, aber eben auch willkürliche Quelle an Möglichkeiten. Denn hier liegt die Betonung eindeutig auf »wenn sie vorkommt«. Anders ausgedrückt: Wenn ein großer Teil deiner neuen Aufträge durch Weiterempfehlungen oder Mundpropaganda passiert, dann betreibst du kein Marketing. Du drückst dir höchstens selbst die Daumen, dass deine Kunden dich schon vermarkten werden. Doch so hast du keinerlei Kontrolle über das Wachstum deines Unternehmens, sondern deine Kunden. Mundpropaganda sollte die Glasur sein, nicht der ganze Kuchen!

Wenn du Marketing machst wie alle anderen, produzierst du einzig und allein weißes Rauschen. Es gibt nur einen Weg, die Menge deiner Leads zu kontrollieren (in dem Sinne, dass du sie drosseln oder anschüren kannst), und der verlangt, dass du dich anders als deine Konkurrenz vermarkten musst. Sei anders. *Das* ist der Kuchen.

Max Durovic war langweilig. Und damit meine ich *wirklich* langweilig. Er wurde unter anderem bei seinem Job in einem kalifornischen Delikatessengeschäft dafür bezahlt, dass er stundenlang vor dem Laden ein Schild mit einem Sandwich hochhielt. Was aber wäre, wenn er es nicht einfach nur nach oben hielte? Was, wenn er es drehen würde? Tatsächlich war es weitaus spannender für ihn, es zu drehen, statt einfach nur still dazustehen. Also drehte er es auf seinem Finger – und hatte mal eben eine neue Art des Marketings gefunden.

In jenem Sommer erfand Max das »Sign-Spinning«, also das Schilddrehen, was in der Essenz bedeutet, dass man akrobatische Tricks mit einem pfeilförmigen Schild vollführt, um so auf Unternehmen oder Angebote aufmerksam zu machen. Er erklärte, es sei »ebenso Performance-Kunst, wie es Werbung im Freien ist«. Hast du schon mal einen Sign-Spinner gesehen? Ist dir aufgefallen, oder? Dabei siehst du überall, wo du nur hinschaust, Schilder. Allein die schiere Anzahl macht sie unsichtbar, denn das menschliche Gehirn ist äußerst effizient darin, Belangloses auszublenden. Mit einer Prise Feenstaub, einem cleveren Twist, wie dem akrobatischen Herumwirbeln eines Schilds schaust du auf etwas, was dein Kopf sonst einfach ignoriert hätte.

Max gründete 2002 AArrow Inc. Das Unternehmen ist inzwischen auf mehr als 30 Büros in zehn Ländern angewachsen und bucht Tausende von Sign-Spinnern. Es gibt sogar einen jährlichen Wettkampf in Las Vegas.*

Andersartigkeit kommt groß raus – wenn man es richtig macht. Die ersten Erfahrungen eines potenziellen Kunden mit dir, dessen erster Eindruck *von dir*, ist dein Marketing. Wenn es das Gleiche ist wie bei jedem anderen Unternehmen in deiner Branche, kann der Interessent nur davon ausgehen, dass du eben auch so bist wie alle anderen, dass du einfach nur ein weiteres, zu ignorierendes belangloses Schild bist. Andersartigkeit bedeutet, das Marketing auf eine Art zu machen, wie es *sonst niemand* tut. Das ist ungewohnt, unerwartet und kann nicht ignoriert werden.

---

* Anm. d. Ü.: Das hat sich inzwischen auch als Wettkampf in Deutschland, genau genommen in Magdeburg, etabliert, wo die Deutsche Meisterschaft ausgetragen wird, siehe https://www.signspinning.club/events.

Betreibe andersartiges Marketing. Und zwar so andersartig, dass deine idealen Kunden gar nicht anders können, als dich aus dem Ozean der sechs wichtigsten Marketingtechniken voller weißem Rauschen deiner Konkurrenz herauszupicken.

Das hier ist verdammt noch mal dein Ruf zu den Waffen!

Du *musst* andersgeartetes Marketing betreiben, weil die Welt dich finden können *muss*. Du hast schließlich auf dieser ziemlich verrückten Reise genannt Leben hart dafür gearbeitet, um an diesen Punkt zu kommen. Vielleicht machst du es als Einzelunternehmer, der all die Last auf seinen eigenen Schultern trägt, oder du bist »die Neue«, die »irgendwo hinten« in der Branche sitzt. Völlig unabhängig von deiner Situation ist ein Marketing nach dem Status quo, das gerade gut genug ist, aber nicht gesehen wird, ein Risiko. Das Risiko auf sich zu nehmen, gesehen zu werden, ist hingegen das neue, sichere Geschäft.

Bist du bereit? Jetzt liegt es an dir.

Warum du dabei scheitern könntest

Der Tag, an dem ich den Truck mit all meinen Büchern ausladen musste, war der anstrengendste Tag meines Lebens. Yanik Silver hatte mich davon überzeugt, dass es meine Verantwortung sei, mein Buch zu vermarkten, aber ich hatte immer noch mit dem Großteil meiner 20.000 Exemplare von *Not macht erfinderisch* zu kämpfen. Der Auslieferer verlangte monatlich 1000 Dollar von mir für die Lagerkosten. Und weil sich die Bücher nicht verkauften, konnte ich diese Kosten nicht vor mir rechtfertigen, geschweige denn dauerhaft leisten. Mir blieben also zwei Möglichkeiten: die Bücher recyclen (die nette Version von: einstampfen) oder sie alle zu mir nach Hause schicken lassen, um Kosten zu sparen. Ich entschloss mich für die zweite Variante.

Eine Box nach der anderen trug ich vom Transporter in den Keller, auf den Dachboden, unter mein Bett (den Lattenrost ersetzend), ins Kinderzimmer, in die Garage und den Kofferraum, auf den Rück- und den Beifahrersitz meines Autos. Bald war ich schweißgebadet, mein Shirt war klatschnass, meine Knie schmerzten und mir taten Körperteile weh, von deren Existenz ich vorher nicht mal gewusst hatte. Nichtsdestotrotz fühlte es sich an, als hätte mich jede Kiste ein wenig stärker gemacht. »Wütender« ist aber vielleicht das bessere Wort. Ich war nicht wütend auf mich selbst, sondern wurde wütend auf meine Konkurrenz. Ich hatte 20.000 Exemplare eines Buchs, das 20.000 Menschen und mehr helfen könnte. Es fühlte sich an, als würde ich mein eigenes Buch hamstern, damit die, die es wirklich brauchten, es nicht bekämen. Das machte mich rasend.

Zum Abschluss des Tages, nachdem alle Kisten ausgeladen waren und der Transporter schon lange wieder weg war, saß ich auf der Vordertreppe meines Hauses und verpflichtete mich selbst dazu, jedes einzelne dieser vielen Bücher in meinem Haus zu verkaufen. Nicht weil ich sie unbedingt verkaufen müsste, sondern weil meine zukünftigen Leser sie unbedingt lesen mussten.

Ich machte weiterhin Sachen anders, experimentierte mit neuen Marketingstrategien herum, die die Aufmerksamkeit meiner Wunschzielgruppe auf sich ziehen würden. Selbst nachdem ich langsam als Autor bekannter wurde, selbst nachdem ich meinen ersten traditionellen Buchvertrag mit einem Verlag gelandet hatte, konzentrierte ich mich weiterhin auf den Verkauf dieses Buchs. Und ich schaffte es. Ich verkaufte jedes einzelne Exemplar. Und dann verkaufte ich 100.000 weitere.

Ich hätte an jenem Tag einfach das Handtuch werfen und die Bücher einstauben lassen können. Ich hätte den Transporter direkt zur Mülldeponie schicken können. Ich hätte auf Nummer sicher gehen und meinen Fokus wieder auf die Unternehmen, die ich in der Vergangenheit geleitet hatte, lenken können. Aber ich wusste einfach, dass ich etwas hatte, was meine Leser brauchten, und ich hatte die Verpflichtung, es höllisch gut zu vermarkten.*

Vor zehn Jahren schwor ich mir selbst, dass ich bis in alle Ewigkeit Wege finden würde, alle Unternehmer auf diesem Planeten darauf aufmerksam zu

---

* Falls du mehr darüber erfahren möchtest, wie ich meine Bücher vermarktet habe, lies Dorie Clarks Artikel, der im Juni 2013 im Magazin *Forbes* erschienen ist: »How Mike Michalowicz Went from Unkown Self-Published Author to Mainstream Publishing Success«. Du kannst darauf, wie auch auf alle anderen frei zugänglichen Quellen, auf meiner Webseite gogetdifferent.com zugreifen.

machen, was ich zu bieten hatte – selbst wenn meine Konkurrenz größer, etablierter oder schlichtweg um Tonnen liquider war als ich. Weil ich der Meinung war, dass mein Angebot die beste Lösung für meine Kunden war. Das gilt bis heute. Daher habe ich die Verantwortung, sie darauf aufmerksam zu machen. Ich werde nie im Leben wieder darauf warten, dass mich jemand zufällig findet, sondern werde dafür sorgen, dass ich wahrgenommen und gesehen werde.

Du musst dir auch etwas schwören: dass du den Mitgliedern deiner Community dienst, indem du ihre Aufmerksamkeit auf dich lenkst. Aber das allein reicht nicht, denn es gibt ein großes Hindernis auf dem Weg zum effektiven Marketing: Angst.

Wenn du dich der Angst hingibst – der Angst vor dem Unbekannten, vor dem Herausstechen, vor der Verwundbarkeit –, wirst du scheitern. Sich der Angst hinzugeben, tötet jegliche Träume. Das weißt du bestimmt aus eigener Erfahrung. Wichtig ist, dass du verstehst: Dieses Buch wird dir nur helfen, wenn du aktiv wirst. Du musst die Entscheidung fällen, und zwar jetzt, dass du dich an dieses Marketingsystem halten wirst – allen Ängsten zum Trotz.

Möchtest du auf der sicheren Seite sein oder erfolgreich? Das ist eine absolut ernst gemeinte Frage. Denk bitte kurz darüber nach, bevor du sie beantwortest. Ich gehe davon aus, dass du »erfolgreich« antworten wirst, aber stehst du auch hinter dieser Antwort? Meinst du sie wirklich, wirklich ernst? Leider tun das die wenigsten.

Die meisten Menschen ziehen Sicherheit dem Erfolg vor und zeigen das anhand ihrer Aktivitäten. Sie *behaupten* zwar, sie wollten wagemutig und kühn sein, aber sind dann nicht bereit, die Sicherheit im Nest des gemeinen Volkes zu verlassen. Sie haben Angst davor, sich zu exponieren und das Risiko einer Blamage einzugehen und verspottet zu werden. Sie wollen ihr Schild nicht akrobatisch drehen – nicht aus der Angst heraus, sie könnten es fallen lassen, sondern sie könnten dabei *gesehen* werden, wie sie es fallen lassen. Wenn du die Regeln nicht brechen willst – wobei es genauer gesagt nicht *die* Regeln sind, sondern *deine* Regeln –, dann wirst auch du weiterhin im sich in Sicherheit wiegenden Land der Unbeachteten hängen bleiben.

Marketing ist kein Versteckspiel, sondern eine Mission. Es geht darum, so unübersehbar und auffällig wie ein Leuchtturn zu sein. Hoffe nicht darauf, einfach so gefunden zu werden. Du bist die Sirene der besten Entscheidung in einem Nebel der Mittelmäßigkeit. Und ich wiederhole es gerne noch einmal, weil man es gar nicht oft genug betonen kann: Du hast die Verantwortung, deine Konkurrenz im Marketing zu übertrumpfen. Es mag sein, dass du dabei manchmal oder meistens auf der Ersatzbank sitzen musst, aber wenn du dich nicht bemühst und es immer weiter versuchst, wirst du schlicht diese »Person mit so viel Potenzial« sein, die leider nie entdeckt wurde. Trau dich, aufzustehen und herauszustechen. Trau dich, anders zu sein. Die Welt ist darauf angewiesen.

Die Mission trifft auf den Angstgegner

Eines Tages lief ich zusammen mit meiner Tochter den Wanderweg am Rand des Grand Canyons entlang und fragte mich, während ich über diese riesige Schlucht schaute, was einen Menschen wohl dazu motivieren würde, diese zu überqueren. Ein Traum, ja, bestimmt. Aber es müsste schon ein großer Traum sein. Und wäre das dann genug, um dranzubleiben, egal wie anstrengend es würde? Vermutlich nicht. Viele Menschen haben ihre Träume vor deren Vollendung aufgegeben.

Was aber wäre, wenn es eine Mission wäre? Was wäre, wenn meine Tochter auf der anderen Seite des Canyons wäre? Was wäre, wenn ihr Leben davon abhinge, dass ich die Schlucht überwand? Die eine Seite hinunter und die andere wieder hinauf, anstrengende 30 Kilometer weit? Und was wäre, wenn ein Feind gleichzeitig dieselbe Schlucht überwinden würde, um ihr etwas anzutun? Spätestens jetzt wäre es kein Traum mehr, sondern eine klare Mission, denn das Leben einer geliebten Person wäre in Gefahr. Und der Ausgang läge völlig in meiner Hand. Wenn ich mich auf diese außergewöhnliche Reise begäbe, würde sie überleben, wenn ich scheiterte, würde sie sterben – und meine Seele mit sich nehmen.

Die Kunden, denen du dienst, sind in Gefahr. Ein Bösewicht stellt ihnen nach. Du hast also etwas Größeres vor dir als einen Traum, es ist eine

Mission: die Rettung deiner Kunden. Und du musst sie noch vor dem Feind erreichen, völlig unabhängig von den Herausforderungen, die auf dem Weg auf dich warten, und der Schluchten, die du überwinden musst.

Beantworte die folgende Frage, ohne groß darüber nachzudenken: Wer ist dein Feind? Meiner ist ein Info-Manipulator aus dem Bilderbuch, einer von der Sorte, die ich so sehr hasste, als ich mein erstes Buch veröffentlichte – nur dass er inzwischen den Privatjet im Hintergrund seiner Fotos *tatsächlich* besitzt. Er bewirbt nun noch größere Häuser, mehr Autos und Goldhaufen als die Definition von Erfolg. Er definiert Erfolg nicht anhand des Dienstes an seinen Kunden, sondern durch das Scheitern seiner Konkurrenten. Jedes Mal, wenn ich ein Foto von diesem Typen sehe, zieht sich in mir alles zusammen. Er steht für alles, was ich an den unternehmensfokussierten »Vordenkern« verachte. Die Community, die hinter solchen Typen steht, zündet sich die Zigarren mit 100-Dollar-Noten an und spuckt auf die »Verlierer«, die nicht so viel Geld wie sie scheffeln. Das Problem daran ist, dass die Menschen ihnen zuhören, weil sie gut verkaufen. Und wenn sie ihnen zuhören, dann gewinnt die Gier – und die ehrlichen Unternehmer verlieren.

Ich habe sogar ein Bild von ihm in meinem Büro, als Ansporn. Und nicht nur irgendein Foto – das unerträglichste aller unerträglichen seiner Promobilder. Wenn ich es anschaue, erinnert es mich daran, dass ich mich auf einer Mission befinde, die unternehmerische Armut mithilfe von Dienstleistungen auszulöschen. Ich muss meinen Erzfeind übertrumpfen im Marketing, damit die Guten gewinnen können.

Dabei geht es nicht ums Ego, sondern vielmehr um die uralte Geschichte »Sie gegen uns«. Cola gegen Pepsi. Joe Frazier gegen Muhammad Ali. Nerds gegen Sportskanonen. Und eins kann ich dir verraten: Das kann genauso motivierend sein – wenn nicht sogar motivierender – als jede angebotene Hilfe. Angesichts eines Feindes kann ich kann entweder das Handtuch werfen oder – wenn er schon bereitsteht, um die Menschen, denen ich gerade helfen will, zu zerstören – entschlossen rufen: »Ab geht die Post!« Und dann hält mich nichts mehr von der Überquerung der Schlucht ab.

Wir alle brauchen einen Feind. Das muss nicht zwangsläufig eine Person sein, es kann sich auch um ein anderes Unternehmen handeln, eine

Ideologie oder etwas, das unserer Community schadet. Wir brauchen alle etwas oder jemanden, für das oder den wir kämpfen (unsere Mission), und jemanden oder etwas, gegen den oder das wir kämpfen (unseren Feind). Wenn wir beides haben, werden wir zum Straßenkämpfer für unsere Träume.

Du willst den Namen meines Feindes wissen? Nein, den verrate ich nicht. Diese Macht werde ich ihm nicht geben. Du kannst zwar versuchen, es irgendwie aus mir herauszubekommen – indem du mich in einen Raum sperrst, mich dazu zwingst, stundenlang die Tiefpunkte der Football-Geschichte der Virginia Tech zu schauen, oder mir sogar meine Unterhose von hinten über den Kopf ziehen –, aber ich werde nicht damit herausrücken. Das ist meine Schlacht, nicht deine. Und so sehr ich auch alles verachte, wofür er steht, will ich keine Negativität in seine Richtung senden. Ich habe mir einfach nur vorgenommen, besser als er im Marketing zu sein. Unermüdlich und erbarmungslos.

Du bist dran

Am Ende jedes Kapitels habe ich eine Liste mit Aktivitäten und Überlegungen zusammengestellt. Dabei baut jeder Punkt auf den jeweils vorherigen auf, also überspring bitte keine. Wenn du zu einem »Anders-Macher« (jemand, der andersgeartetes Marketing betreibt) werden willst, musst du zuerst dein Mindset verändern. Das ist auch der Grund, weshalb dieses erste Kapitel dein Schlachtruf war. Du musst dir bewusst werden, dass deine Mission größer ist als deine Angst. Allerdings versuche ich nicht, dich von der Angst zu befreien, mir geht es vielmehr darum, dir Mut zuzusprechen, während du deinen Marketingmumm entdeckst. Und damit du das kannst, musst du sofort ins Handeln kommen.

Lüg dir nicht selbst in die Tasche mit dem bequemen »Das-mache-ich-dann-später«-Mumpitz. Mach dich lieber gleich an die vorgeschlagenen Aktivitäten. Meistens wirst du dafür weniger als 15 Minuten brauchen. Eine läppische Viertelstunde – und das für dauerhaften Wandel, für dauerhaft besseres Marketing. Schieb es nicht auf, sondern mach!

1. Beantworte die folgenden Fragen:
   a. Warum muss dein Marketing besser sein als das deiner Konkurrenz?
   b. Warum ist es wichtiger, dass du das Risiko auf dich nimmst, entdeckt zu werden?
   c. Bist du bereit, alles zu tun, was nötig ist, um aus der Masse herauszustechen?Was wird dir, deinem Unternehmen und deinen Kunden passieren, wenn du es nicht tust?

2. Als Nächstes identifizierst du deinen Gegner: Wer oder was schadet deiner Community, der du dienen möchtest? Gibt es eine skrupellose Person oder ein solches Unternehmen, die oder das die Aufmerksamkeit potenzieller Kunden auf sich zieht? Gibt es eine ganze Gruppe von Marketern, die Schrott an deine Kunden verkaufen? Gibt es eine Ideologie, die ein für alle Mal dem Erdboden gleichgemacht werden muss? Wofür stehst du und wem oder was stehst du entgegen? Konkretisiere deinen Gegner.

3. Verpflichte dich deiner Marketingmission. Es anders zu machen, ist angsteinflößend, das verstehe ich voll und ganz. Aber stattdessen deine Mission an die Wand zu fahren, während dein Gegner den Sieg einheimst, ist noch viel schlimmer. Bist du so weit und kannst für deine Verantwortung einstehen, dein Angebot zu vermarkten – egal welche Angst dieser Gedanke in dir auslöst? Ich will das wissen! Schick mir eine E-Mail mit dem Betreff »I'm Doing Different!« (damit ich deine Nachricht schnell in meinem Posteingang finden kann) an mike@mikemichalowicz.com. Teile mir deine Mission mit und schreib mir, warum deine Mission deiner Community und dir dienen wird. Und falls du das Bedürfnis hast, mir auch noch deine Gegner zu nennen, verspreche ich, diese Information für mich zu behalten.

4. Lade dir die gratis zur Verfügung gestellten Ressourcen auf gogetdifferent.com herunter. Diese Tools werden dir dabei helfen, die Techniken, die du im Laufe dieses Buchs erlernen wirst, anzuwenden.

KAPITEL 2

Das AAA-Marketing-Framework

Gabriel Piña liebt Zigarren. Ich hatte eine viertägige Klausur in den Smoky Mountains organisiert und er reiste dafür mit einem Rucksack und einem Rollkoffer an. Ersterer war gefüllt mit seiner Kleidung und Letzterer mit seinen Zigarren.

Man könnte meinen, dass ein Typ, dessen Hobby das Stumpenrauchen ist, einen Habitus hätte wie einer aus dem Rat-Pack, also wie Dean Martin oder Sammy Davis Jr. Aber Gabe? Er zog seinen Koffer hinter sich her, als würde er auf dem letzten Loch pfeifen.

Gabe hatte Piña Business Services im Jahr 2007 gegründet und bot örtlichen Unternehmen buchhalterische Dienstleistungen an. Er vermarktete sich mit den handelsüblichen Methoden seiner Branche in kostenlosen Branchenberichten. Bei seinen Marketingmaßnahmen verließ er sich überwiegend auf Mundpropaganda. Doch er hatte Probleme, eine ausreichende Menge Kunden und damit Umsatz zu generieren, um über die Runden zu kommen. Unbezahlte Rechnungen und Schulden häuften sich. Nachdem er 2014 von San Diego nach Wyoming umgezogen war, hatte er mit einem Trippelschlag zu kämpfen: Er war dort ein nahezu gänzlich unbeschriebenes Blatt, er brauchte Weiterempfehlungen, um an neue Klienten zu kommen, und ihm saß der Bankrott im Nacken. Diese Kombination aus Unbekanntsein und Unerkanntsein bricht vielen guten Unternehmen das Genick.

Die paar Kunden, die den Weg zu ihm fanden, kamen aus allen möglichen Branchen. Und weil Gabes Marketingpräsenz (beziehungsweise eher deren Abwesenheit) ihn nicht von anderen Buchhaltern abhob, wurde aus den wenigsten Leads etwas. Dass man ihn so leicht übersehen konnte, machte Gabe schwer zu schaffen, weshalb er sich dazu entschloss, es nun mit dem Anderssein zu versuchen. Daher auch der Ausflug in den »Volunteer State«.*

Nach seiner Ankunft in Knoxville stand er vor einer Entscheidung: alles beim Alten belassen und sein Unternehmen früher oder später dichtmachen oder etwas riskieren und alles auf eine völlig neue Karte setzen. Doch Gabe ist eine Kämpfernatur. Er wollte sein Unternehmen unbedingt retten – und weiter wachsen sehen. Wir entschieden also ziemlich schnell, dass er am besten seine Dienstleistungen einer bestimmten Branchennische, also einer Community anbieten sollte, die seine Leidenschaft mit seiner Expertise verband.

Wenn man sich regelmäßig bei einer bestimmten Community vermarktet, findet man schnell heraus, welche Andersartigkeit funktioniert und welche nicht. Das erlaubt es, schnelle Marketingexperimente durchzuführen, um dann ebenso schnell effektive und andere Methoden zu identifizieren und zu testen.

»Ich möchte *der* Ansprechpartner für die Buchhaltung der Zigarrenverkäufer sein«, offenbarte Gabe mir am zweiten Tag. »Aber ich habe einfach kein gutes Händchen beim Akquirieren neuer Kunden.«

Gabe ist ein kluger Buchhalter mit einem makellosen Ruf und kennt sich in der Welt der Zigarren aus. Es sollte also wohl nicht allzu schwer sein, Besitzer von Zigarrenläden erfolgreich anzusprechen, oder? Theoretisch nicht. Aber das Problem war, dass er sich bisher nahezu ausschließlich auf Weiterempfehlungen seiner Bestandskunden verließ. Er war unbekannt

* Anm. d. Ü.: Einer der ältesten Spitznamen für den Staat Tennessee, der noch auf den Krieg von 1812 zurückzuführen sein soll, bei dem sich wohl viele Einwohner Tennessees zum freiwilligen Wehrdienst gemeldet hätten, daher also »Staat der Freiwilligen«.

und unsichtbar. Um sein Unternehmen zu retten, musste er in dieser neuen Community so werben, wie sie es noch nie zuvor erlebt hatte. Nicht mit einer Flut an Postwurfsendungen und auch nicht mit einer verzweifelten Kampagne nach dem Motto »Bitte, bitte engagieren Sie mich!«, sondern durch erfolgversprechendes andersartiges Marketing.

Auf dieser Klausur ging ich mit Gabe das AAA-Marketing-Framework durch: Er überlegte sich eine andersgeartete Idee, bewertete sie und startete dann einen Versuch. Nach nur zwei Wochen hatte er den Test abgeschlossen, innerhalb eines Monats bereits einen aktiven und kontinuierlichen Zufluss an Leads und innerhalb von sechs Monaten verzeichnete er einen sechsstelligen Anstieg bei seinem Jahresumsatz. Das war eine große Sache für die Gesundheit seines Unternehmens und musste logischerweise mit einer verdammt guten Zigarre gefeiert werden. Tatsächlich funktionierte das Experiment so gut für Gabe, dass er es zukünftig als eine seiner Hauptmarketingstrategien etablierte. Wie er es im Detail macht, erzähle ich dir gleich noch genauer.

Kurz bevor ich mich hinsetzte, um Gabes Geschichte aufzuschreiben, warf ich einen Blick in seine Social-Media-Accounts, um zu sehen, wie es ihm erging. Dabei fiel mir sein Posting zum Kauf eines brandneuen Autos auf, das er sich vom Gewinn seines Unternehmens hatte kaufen können. Da war er nun, der Rat-Pack-Stolz – nicht weil er »der coole Typ mit den Zigarren« war, sondern weil er das Selbstbewusstsein hatte, das sich einstellt, wenn man die volle Kontrolle hat. Also wenn man weiß, wie man neue Kunden akquirieren kann, und *selbst* entscheidet, ob und wie man die Leads drosselt.

Damit auch du das erreichen kannst, musst du zuerst die Grundlagen verstehen, warum dieser Prozess für ihn funktioniert hat und warum er das auch für dich tun wird.

Die Wissenschaft hinter der Andersartigkeit

»Raschelnde Blätter werden ignoriert, aber das Unerwartete wird beobachtet – und zwar mit Argusaugen«, erklärte uns Mr. Fordyce, unser Lehrer für Naturwissenschaften in der sechsten Klasse, gleich in der ersten Schulstunde. Er sagte diese Worte, als würde er die gesamte Nation ansprechen, allerdings im weißen Laborkittel und allem Drum und Dran, mit einem Headset auf dem Kopf, vor einer Klasse mit gerade mal 19 Schülern. Das war der Einstieg in unsere Untersuchung des Höhlenmenschendenkens.

Das Wort »Höhlenmensch« ist der Sammelbegriff für den prähistorischen Neandertaler, den *Homo erectus*, und den einen gigantischen Football-Spieler, den wir alle aus der Schulzeit oder aus dem Fernsehen kennen. Höhlenmenschen waren Nomaden und bildeten Stämme aus Jägern und Sammlern, dabei jagten meist die Männer das Essen und die Frauen sammelten es. Aber unabhängig von ihren jeweiligen Aufgaben hatten ihre Gehirne dasselbe Ziel: das Überflüssige ignorieren und sich mit einem Laserfokus auf das Wichtige konzentrieren.

Während sie ihren Aufgaben des Jagens und Sammelns nachgingen und wiederkehrende Geräusche hörten wie das raschelnde Laub oder die Zweige, die unter ihren Füßen brachen, filterten ihre Gehirne diese aus, wohingegen Geräusche, die Chancen verhießen, etwa auf den Boden aufschlagende Hirschhufe, sofort ihre Aufmerksamkeit weckten. Wenn sie jedoch ein Geräusch vernahmen, das nach einer bekannten Gefahr klang, wie das Rumpeln einer rennenden Herde zotteliger Mammuts, brachten sie sich bereits in Sicherheit, noch bevor der Gedanke bewusst bei ihnen angekommen war – mit Staub aufwirbelnden Füßen à la Fred Feuerstein.

Manchmal hörten sie ein Geräusch, das sie nicht zuordnen konnten – ein unbekanntes Geräusch, das keinen Sinn ergab. Darauf konzentrierte sich dann die Aufmerksamkeit, sie bekamen einen Tunnelblick und versuchten, das Unerwartete zu erkunden. Denn dieses Geräusch konnte entweder bedeuten, dass sie Abendessen gefunden hatten – oder als eben solches gefunden worden waren. Damals ging es oft um Leben und Tod, wenn es hieß, die verschiedenen Geräusche in der Umgebung zu unterscheiden und Unbekanntes einzuschätzen.

Zurück zu unseren modernen Zeiten. Während sich Technologien und Wissenschaften in rasantem Tempo entwickelt haben, sind unsere Gehirne viel langsamer vorangekommen. Unsere gute alte graue Masse ist nach wie vor auf einem sehr primitiven Niveau programmiert. Wir sind wahnsinnig effizient darin, bekannte Gefahren zu vermeiden, Chancen zu ergreifen und das Belanglose zu ignorieren (was fast alles umfasst). Aber eine Sache lässt unsere Birne nach wie vor immer wieder stolpern: etwas Andersartiges. Doch bevor wir uns damit genauer beschäftigen, werfen wir zuerst einen Blick auf den Grund für das Ignorieren.

Ist dir schon mal aufgefallen, wie schnell wir über Dinge hinweggehen können? Wie schnell alles zum Einheitsbrei wird? Das nennt sich Habituation. Beispielsweise hast du dir wahrscheinlich die allererste »Lieber-Freund«-Marketing-E-Mail noch angeschaut. Wer könnte dieser verloren geglaubte Freund sein, der dir hier schreibt? Du hast von »Freund« schon ewig nichts mehr gehört. Und die Tatsache, dass du mit »Freund« statt mit deinem tatsächlichen Namen angeschrieben wirst, ist ja ein richtig cooler Move. Freundchen, du übertreibst doch! Die nächste »Lieber-Freund«-E-Mail ist schon nicht mehr so spannend und bei der dritten hast du spätestens begriffen, dass dies einfach die neueste Masche der Internetmarketer ist: Du bist kein Freund, du bist ein Geldbeutel. Diese E-Mails sind jetzt irrelevant geworden, noch mehr weißes Rauschen. Die Habituation, der Prozess, der uns sinnlose Trigger ignorieren lässt, tritt ein. Geblinzelt – gelöscht.

Der Habituationsprozess findet in der Retikulärformation unseres Gehirns statt, einem Netzwerk, das dem Hirnstamm entspringt und das Bewusstsein am Laufen hält. Es ist sowohl im buchstäblichen als auch im übertragenen Sinne ein Netz und die erste Verteidigungslinie gegen die Millionen uns immer umgebenden Reize. Just in diesem Moment könntest du deine Hand anschauen und dann die restliche Zeit deines Lebens damit verbringen, sie genauestens zu betrachten. Woraus besteht Haut? Wer hat sich das Wort »Haut« eigentlich ausgedacht? Krass, die Haut an der Hand ist einfach der Wahnsinn! Und so weiter und so fort. Es gibt unzählige Sachen, und zwar direkt vor dir, die kontinuierlich deine Aufmerksamkeit auf sich lenken wollen. Aber deine Retikulärformation macht ihren Hauptjob ausgezeichnet: im Grunde alles ignorieren.

Hast du schon mal ein Kind gesehen, das tief und fest schläft, während ein Feuerwehrauto mit lauten Sirenen direkt daran vorbeifährt? Ich schon. In New York City. Viele Babys sind den Verkehrslärm so sehr gewohnt, dass sie ihn einfach verschlafen. Und wenn ein Neugeborenes die erste Nacht ohne einen Mucks durchschläft, wird die daraus resultierende Stille oft die Mutter aufwecken, die dann hektisch nach dem Baby schaut. Warum? Sie ist auf das Ungewohnte – in diesem Fall die Stille – gepolt und nimmt sie als mögliche Gefahr wahr. Vielleicht hat das Baby ja aufgehört zu atmen? Das Typische wird ignoriert, das Atypische analysiert. So funktioniert die Retikulärformation.

Denk mal an deinen letzten Flug. Im Flugzeug rasten die Gurte beim Anschnallen ein, die Menschen öffnen und schließen die Gepäckablagen über den Sitzen. All das sind Hintergrundgeräusche, die wir erkennen und bei denen unser Gehirn weiß, dass es sie ignorieren kann. Es kann manchmal sogar fast unmöglich sein, sich noch wachzuhalten, während die Flugbegleiter die Sicherheitsmaßnahmen erklären.

Wenn allerdings dann der Typ drei Reihen hinter uns anfängt, wild zu gestikulieren und mit dröhnender Stimme loszupoltern, drehen wir uns alle nach ihm um, um zu sehen, was da los ist. Wir wollen wissen: Stellt er eine Gefahr dar oder ist er kostenlose Unterhaltung? Wird er dafür sorgen, dass das Flugzeug am Boden bleibt, oder dafür, dass wir lachen? Wir beobachten – mit Argusaugen – das Unerwartete.

Vor einigen Jahren zeigte die Fluggesellschaft Virgin America als Sicherheitsvorführung ein Musikvideo*, das so lustig und verrückt war, dass die meisten Menschen es tatsächlich anschauten. Sie ignorierten die Flugbegleiter im Gang, die zeigten, wie man den Gurt zumachte, und konzentrierten sich voll und ganz auf das Video. Und das sicherlich auch beim zweiten Mal, nur um sicherzugehen, dass sie nichts verpasst hatten. Beim dritten Flug aber hatte die Habituation eingesetzt. Dennoch hatte Virgin die Aufmerksamkeit der Reisenden gewonnen, zumindest für eine kurze Zeit, weil sie anders gewesen waren. Andersartigkeit ist der effektivste Weg, um Aufmerksamkeit zu generieren, aber ihre Haltbarkeitsdauer ist kurz. Daher darf die Andersartigkeit keine einzelne Aktion sein, sondern muss zur tief verwurzelten Praxis werden.

Wenn etwas anders ist, triggert die Retikulärformation einen stufenweisen Effekt im Gehirn zur Analyse der Situation – mit der höchsten Priorität auf der Gefahrenanalyse. Falls wir uns in Gefahr befinden, ist das Wichtigste, dass wir davon wegkommen. Doch sobald das Unbekannte

---

* https://www.youtube.com/watch?v=CnZv1R8e_w4

als sicher identifiziert wurde, suchen unsere Gehirne nach anderen Optionen: »Lässt sich daraus ein Nutzen schlagen?« Wenn die Antwort darauf Nein ist, fügt das Gehirn dieses andere, »Lieber-Freund«-ähnliche Ding der Liste der Belanglosigkeiten hinzu: kann ignoriert werden. Es existiert nur ein kleines Zeitfenster zwischen der Entdeckung des Andersartigen, dem das Gehirn volle Aufmerksamkeit schenkt, und der Bewertung von Bedrohungen und Chancen, bevor es sich fürs ewige Ignorieren entscheidet. Du verdienst in diesen paar Millisekunden deine Millionen. Oder Billiarden. Oder Fantastilliarden. Wenn du diesen Moment nicht nutzt oder respektierst, wirst du für immer in der Mittelmäßigkeit hängen bleiben – und dein Konto ebenso.

Das AAA-Marketing-Framework

Was mentale Abläufe angeht, sind wir nach wie vor Höhlenmenschen. Unsere Gehirne filtern das Gewohnte aus und beachten nur das Andersartige. Ein plausibler Grund, weshalb du sofort damit aufhören solltest, wie alle anderen in deiner Branche zu vermarkten, und mit dem »Anders-Machen« anfangen solltest. Die Retikulärformation fängt den endlosen Strom an unwichtigem Kram ab und wirft ihn weg. Wenn du dich also bei deinen potenziellen Kunden vermarktest, musst du es so machen, dass es bei ihnen durchs Netz schlüpft. Wenn du das nicht schaffst, wirst du auf dem Müllberg der Nichtbeachtung entsorgt.

Wir vermeiden Gefahren, nutzen Chancen und ignorieren das Unwichtige. Es geht immer darum, das Abendessen zu *finden*, statt es zu *werden*. Um uns bei unserer Wunschzielgruppe effektiv zu vermarkten, müssen wir sicherstellen, dass wir auffallen, und dass unsere idealen Kunden das, was wir machen, als Chance statt als Gefahr bewerten. An diesem Punkt hört unsere Arbeit aber noch lange nicht auf. Es hilft nämlich nur bis zu einem gewissen Grad, wenn wir von den richtigen Leuten wahrgenommen werden. Sie müssen dann auch aktiv werden und etwas tun, das in unserem Sinne ist. Das ist die Grundlage des AAA-Marketing-Frameworks, das sich in mehrere Phasen untergliedert.

	AUFFALLEN	ANZIEHEN	ANWEISEN
ZIEL	Aufmerksamkeit	Beteiligung	Zustimmung
METHODE	Zeig etwas Ungewohntes, Unbekanntes oder Unerwartetes.	Zeig eine Chance, einen Nutzen oder einen Vorteil auf.	Gib eine angemessene Aktion vor, um der Chance, dem Nutzen oder dem Vorteil näherzukommen oder sie/ihn zu erreichen.

Das AAA-Marketing-Framework

1. **AUFFALLEN!** *Mach es anders, damit du gesehen wirst.*
   Du hast bereits erfahren, warum Andersartigkeit funktioniert. Zunächst gilt es, eine Marketingidee zu finden, die aus der Masse heraussticht. Was wird dafür sorgen, dass das Höhlenmenschenhirn der Interessenten innehält und auf dich aufmerksam wird? Wie kannst du sie in den entscheidenden Millisekunden fesseln, also das Blinzel-Match gewinnen?

2. **ANZIEHEN! …** *und zwar deine idealen Interessenten.*
   Stell sicher, dass deine Herangehensweise die Menschen anzieht, denen du helfen willst, statt sie abzustoßen. Wie baust du dein Marketing so auf, dass diese Menschen dein Angebot als Chance wahrnehmen statt als Gefahr, die sie vermeiden sollten?

3. **ANWEISEN!** *Leite deine Zielgruppe zu einer Aktion an.*
   Abschließend muss deine Strategie deine Wunschzielgruppe dazu bringen, die von dir gewünschte Handlung zu vollziehen. Nimmt der potenzielle Kunde wahr, dass die Belohnung nach der Handlung größer ist als das Risiko selbiger? Und wird deren Umsetzung deines Calls-to-Action dir dabei helfen, deine Marketingziele zu erreichen?

Zusammengefasst: Mach es anders, damit du gesehen wirst, und zwar von deinen idealen Interessenten, und leite sie zu einer Aktion an. Das war's auch schon. Das ist das Grundprinzip. Es ist einfach, aber mächtig. Wenn du ihm folgst, wirst du neue potenzielle Kunden akquirieren können. Und. Zwar. Jedes. Mal.

So wie beim »YMCA«-Tanz musst du dich an eine bestimmte Reihenfolge halten, damit es Sinn ergibt. Falls der »YMCA«-Tanz an dir vorbeigegangen sein sollte, hast du entweder die Achtzigerjahre verpasst (du Glückspilz!) oder du warst niemals auf einer Hochzeitsfeier. Also wirklich noch nie. Google steht dir in diesem Fall hilfsbereit zur Seite. Schau es dir dort an. Der Tanz beginnt mit einem Y in der Luft, wird gefolgt von einem M auf deinem Kopf und so weiter. Das AAA-Marketing-Framework funktioniert genauso, du musst dich an die Reihenfolge halten. Das sind die »Marketing-Tanzschritte«, die du beherrschen musst.

Heb dich als Erstes von den anderen ab. Du musst die Aufmerksamkeit der Leute mit einem andersartigen Marketing auf dich ziehen. Viele überspringen diesen Schritt und versuchen einfach, ihr attraktivstes Angebot auf den Markt zu werfen. Aber du kannst das allerbeste, allerschönste, allertollste Angebot der ganzen Welt haben – es wird dennoch ein Reinfall, wenn es von niemandem bemerkt wird, weil es keiner Menschenseele auffällt. Sobald du dich abgehoben hast, machst du den nächsten Schritt der Choreografie: Du machst dein Angebot attraktiv für die Menschen, deren Aufmerksamkeit du wecken möchtest, indem du es anziehend gestaltest. Und dann schließt du das Ganze ab, indem du deinen Tanzpartnern eine Anweisung gibst, was sie als Nächstes tun sollen. Drei Schritte in der immergleichen Reihenfolge.

Manchmal ist man sich hundertprozentig sicher, dass die neue Marketingidee die Leute von allem anderen ablenken wird, aber stattdessen spürt man nur den Lufthauch, während sie an einem vorbeirauschen. Ich habe zum Beispiel für mein Buch *Fix This Next* (*Prio 1*) eine Parodie geschrieben, die ich *Drink This Next* nannte. Sie hatte das gleiche Design wie mein Cover, nur war es nicht Gelb, sondern Lila. Außerdem hatten wir das Buch innen ausgehöhlt, sodass ein Flachmann mit Whiskey darin versteckt werden konnte. Ich *liebte* diese Idee und war mir absolut sicher, dass dieser Gag einen ziemlichen Wirbel machen würde. Doch als wir die Testseite online stellten, um das Interesse abzuchecken – passierte nichts. Die Idee war heiße Luft. Niemand wollte das Ding – außer, ironischerweise, meine Mutter. Ich liebe diese Idee nach wie vor, aber sie scheiterte einfach daran, die Aufmerksamkeit der Leute zu erregen. Obwohl ich das Gefühl hatte, dass es etwas

Andersartiges war, bewiesen mir meine potenziellen Kunden, dass es *nicht anders genug* war, um ihnen aufzufallen. Also war die Sache schnell wieder vom Tisch.

Ich bin auch schon am zweiten Schritt (Anziehen) gescheitert. Meiner Meinung nach hatte ich eine großartige Idee, um neue Bewerber für eine meiner vakanten Stellen zu finden. In der Stellenanzeige setzte ich ein Bewerbungsgespräch voraus – morgens um drei Uhr. Die Ausschreibung fiel zwar auf, aber der Typ Mensch, den sie anzog, passte so gar nicht zu unserem Unternehmen. Ich hatte gehofft, ich würde so die Willigen finden, diejenigen, die alles tun würden, um den »richtigen« Job zu landen. Stattdessen schlugen nun Menschen bei mir auf, die scheinbar nach dem Zapfenstreich aus der Kneipe geflogen waren, und ein UPS-Zusteller, der im Wartezimmer einschlief. Ich merkte: Merkwürdige Interviewzeiten fielen zwar auf, waren aber unattraktiv. An dieser Stelle sollten wir uns daran erinnern, dass wir nicht anders sein wollen, nur um anders zu sein, sondern um die richtigen Interessenten anzuziehen.

Stell dir vor, du wärst Strafverteidiger. (Ja, ich weiß. Traumjob.) Um die Jury für dich zu gewinnen, versuchst du es mal mit einem ganz anderen Ansatz: Du ziehst dir während des Prozesses ein Clownskostüm an, inklusive der zu großen Schuhe, einem Wasser spritzenden Gänseblümchen am Revers und dieser *Trööt-Trööt*-Tröte. Ja, klar, das ist definitv anders. Das verschafft dir Aufmerksamkeit, ist aber total unattraktiv – außer der Prozess findet inmitten von Clowns statt. Das könnte vielleicht auf einer Geburtstagsfeier eines Fünfjährigen attraktiv sein (obwohl selbst das in den Sternen steht). Spätestens bei deiner zweiten Runde auf dem Mini-Rad durch den Gerichtssaal wird die Jury alles dafür tun, um von dir wegzukommen. Dabei ist dann die Beweislage nebensächlich, du hast den Fall verloren. Mit Pauken und Trompeten. Andersartigkeit bringt Aufmerksamkeit, aber Attraktivität bringt Begierde.

Sobald du die Aufmerksamkeit deiner potenziellen Kunden gewonnen hast und sie mit dir im Dialog stehen, musst du ihnen sagen, was sie jetzt zum Teufel noch mal machen sollen. Als ich mit Jeff Walker sprach, erklärte er mir, dass die Vermarktung jeden einzelnen Schritt beinhalte, den der Kunde tun müsse, um etwas zu kaufen – von der Entscheidung dafür bis zum Kauf selbst, was nur der letzte Schritt sei. Deine klare, eindeutige Anweisung sollte die Kaufinteressenten also auf den nächsten Schritt hinweisen.

Einen spezifischen Call-to-Action zu vergessen, ist der häufigste Fehler, den ich je gesehen und, zugegebenermaßen, gemacht habe – und das wiederholt. Einer der einprägsamsten und wohl auch teuersten und zeitintensivsten Fehler dürfte die Video-Serie zum One-Nut-Guy gewesen sein, die ich für die Promotion meines Buchs *Der Pumpkin-Plan* gemacht habe. Dafür engagierten wir einen mürrischen alten Schauspieler aus der Gegend sowie eine Filmcrew und machten eine Reihe von Filmaufnahmen.* Der erste Film schaffte es auf mehr als 100.000 Klicks, was großartig war. Das Problem war nur, dass ich keinen klaren und eindeutigen Call-to-Action eingefügt hatte.

Die Videos waren anders genug, um Aufmerksamkeit zu erregen, meine Leser fanden sie lustig (ein Indikator für Attraktivität) und fanden sich auch in der Message wieder, aber bis heute weiß ich nicht, ob die Aktion irgendwelche Verkäufe angekurbelt oder jemanden dazu veranlasst hat, sich in meiner Mailingliste einzutragen. Mir ist jedenfalls kein einziges Mal zu Ohren gekommen, dass jemand deswegen mein Buch gekauft hätte, und ich hatte nichts vorbereitet – und dafür stelle ich mich gleich doppelt verschämt in die Ecke –, um irgendwie zu tracken, ob es funktionierte.

Der dritte Schritt (Anweisen) muss allerdings nicht nur spezifisch, sondern auch angemessen sein. Wenn mein Marketingziel ein Hausverkauf ist, dann kann ich nicht, sobald ich deine Aufmerksamkeit habe, von dir verlangen, dass du mir sofort eine Million Dollar in die Hand drückst. Das wäre viel zu viel und viel zu früh – also *unangemessen*. Eine angemessene Anweisung wäre die Einladung zu einer Hausbesichtigung.

Eine übertriebene Aufforderung führt nur dazu, dass dein potenzieller Kunde weggeht (oder sogar wegrennt). Auf der anderen Seite führen unzureichende Aufforderungen dazu, dass jeglicher Fortschritt hin zu deinem Ziel ausgebremst oder gar gestoppt wird. Sobald du seine Aufmerksamkeit mit Einzigartigkeit auf dich gezogen hast und mit Relevanz aufrechterhältst, muss der Call-to-Action so spezifisch sein, dass der Interessent weiß, was er

---

* Man kann die Videos nach wie vor auf YouTube finden, wenn man nach »one nut« und »Michalowicz« sucht. Ja, ich bin mir meines eigenen Witzes bewusst.

zu tun hat. Er muss aber auch so angemessen sein, dass er ihn ohne Bedenken unternimmt und sich effizient in Richtung Ziel bewegt.

Marketingfehler sind also kein Fremdwort für mich, aber ich habe keinen einzigen bereut, weil ich aus allen etwas gelernt habe. Jedes Mal, wenn ich etwas falsch gemacht habe und fertig war, mich dafür in den Hintern zu treten, stellte ich mir die Frage: Was war im Prozess schiefgelaufen? Wo war alles aus den Fugen geraten? Im Rückblick stellte sich immer heraus, dass es ein Fehler in einem (oder mehreren) dieser drei einfachen Schritte des AAA war.

Es hat viele Jahre gedauert, bis ich die AAA-Tanzschritte wirklich »dechiffriert« und durchstiegen hatte. Ich testete das Framework an meinen eigenen Unternehmen und an denen von Kollegen, Kunden und Freunden, bis ich es so weit verfeinert und vereinfacht hatte, dass es mit Sicherheit kontinuierlich Resultate liefern würde. Und: Keiner der Schritte funktioniert je allein ohne die anderen.

Andersartigkeit fällt immer auf, aber sie kann die Leute auch abschrecken. Die Menschen interessiert das Anziehende, aber wenn es nicht anders ist, fällt es nicht auf. Die Andersartigkeit braucht Attraktivität, um zu wirken, und andersherum gilt dasselbe. Doch damit das Ganze funktioniert, braucht es eine Anweisung, eine Wegbeschreibung sozusagen. Ich hatte eine Marketingmaßnahme, die Aufmerksamkeit erregte und die die Menschen sich anschauten – das One-Nut-Video –, erzielte aber keine Ergebnisse damit. Ein klarer Anweisungsfehler.

Das AAA-Marketing-Framework funktioniert, weil es dazu passt, wie wir Menschen gestrickt sind, oder besser gesagt, wie unsere Höhlenmenschgehirne gestrickt sind: filtern, analysieren und auf Basis der Informationen handeln. Auffallen, Anziehen, Anweisen. Diese Reihenfolge, so einfach und das jedes Mal. Der Rest dieses Buchs wird dir zeigen, *wie* du AAA mit einem anderen Marketingsystem nutzen kannst, aber dein Marketing verbessert sich schon, indem du nur von diesem Framework *weißt.*

Ich möchte, dass du ab jetzt jedes Marketing, über das du stolperst, durch die Brille des AAA-Marketing-Frameworks betrachtest und bewertest. Das kann dein eigenes sein oder Fernsehwerbung, Spam, Postwurfsendungen, Werbung im Internet oder im Radio, Mailings, Werbeplakate,

Produktverpackungen, ein Elevator-Pitch, *einfach alles*. Frag dich dabei: »Ist das im Sinne des AAA?«

Probier es jetzt aus. Schau dir ein beliebiges Werbemittel an, das du gerade zur Hand hast. Da du ja gerade dieses Buch liest, kannst du dir zum Beispiel das Cover ansehen. Buchcover sind Verpackung und Verpackung ist Marketing. Egal, für welches Werbemittel du dich entschieden hast, frag dich: »Ist das im Sinne des AAA?« Geh dabei alle drei Schritte durch. Hebt es sich von der Konkurrenz ab? Ist es anziehend? Gibt es eine Anweisung? Falls du auf alles mit Ja antworten kannst, besteht es den Test. Falls du bei einer oder allen drei Fragen mit Nein antwortest, überleg dir, wie man es verbessern könnte. So einfach ist das.

Und jetzt will ich, dass du dir ein weiteres Werbemittel suchst und den AAA-Test erneut durchführst. Hast du das gemacht? Super! Und jetzt will ich, dass du es ein weiteres Mal machst. Mit diesem dritten AAA-Test hast du den Prozess verinnerlicht. Herzlichen Glückwunsch! Und gern geschehen.

Nachdem Gabe Piña mir verraten hatte, dass sein idealer Interessent ein Zigarrenverkäufer wäre, passten wir das AAA-Marketing-Framework entsprechend an – innerhalb von Minuten. Manchmal ist das Andersartige etwas, das du bereits machst, das deine Konkurrenten aber *nicht* machen, und das du einfach nur hervorheben musst. Das war bei Gabe der Fall. Er hatte bisher immer wieder anderen ausgeholfen, ohne etwas im Gegenzug zu verlangen. Seine Konkurrenz arbeitete aber nicht kostenlos, zumindest nicht jenseits des unentgeltlichen Beratungsgesprächs, das aber im Grunde ein verkapptes Verkaufsgespräch war. Gabe tat das hingegen aus reiner Freimütigkeit und nicht weil er dadurch etwas gewann. Dennoch war ihm aufgefallen, dass diejenigen, denen er schon mal geholfen hatte, ihn später auch engagierten. Darauf konnten wir aufbauen.

Wir überlegten uns, wie er weiterhin, jetzt aber der breiteren Masse, kostenlos behilflich sein könnte, um sich auf diese Weise von der Konkurrenz abzusetzen. Kostenloser Content vielleicht? Einen digitalen Download bereitstellen? Eine Werbekampagne mit Flyern und hilfreichen Tipps?

»Ich will aber keine pompöse Hochglanzbroschüre verschicken«, sagte er klipp und klar zu mir.

Wir sprachen während unseres Brainstormings unter anderem über Gabes liebstes Businessbuch, in dem es ausführlich um Philosophie ging und ein System, das er bei der Arbeit mit seinen Kunden nutzte. Er kam auf die Idee, dieses Buch seiner idealen Zielgruppe zu schicken.

Wir checkten die Idee anhand des AAA-Marketing-Frameworks: Es war eine andere Herangehensweise an die Vermarktung, was dabei helfen würde, aufzufallen. Check! Diese Herangehensweise würde auf seine idealen Kunden anziehend statt abstoßend wirken. Check! Und es beinhaltete eine klare und spezifische Anweisung. Check! AAA-geprüft und genehmigt!

Gabe kehrte von der Klausur in den Smoky Mountains zurück und war für einen Testlauf bereit. Er verschickte zehn Bücher mit jeweils einem Post-it darin, auf dem neben seinem Namen und seiner E-Mail-Adresse stand: »Ich hoffe, Sie finden das Buch genauso nützlich wie ich.«

Ein Buch per Post geschenkt zu bekommen, ist unerwartet und anders – zumindest für Gabes potenzielle Kunden, also fiel er auf. Allerdings hatten offenbar nicht allzu viele Menschen Zeit, das Buch auch zu lesen, und so stellten es sich die meisten vermutlich ins Regal und gingen ihren Alltagsgeschäften nach. Deshalb veränderte Gabe das Experiment ein wenig und versuchte es erneut.

Dieses Mal klebte er *fünf* Post-its in das Buch und markierte damit die wichtigsten Stellen mit »Dieser Ansatz bringt Ergebnisse! Ich hoffe, bei Ihnen auch« und »Überspringen Sie diese Seite nicht!« Er dachte, dass die Menschen das Buch vielleicht nicht lesen würden, aber sie würden sich die Post-its anschauen, (1) weil das einfach war und (2) weil Menschen eben einfach neugierig sind. Das letzte Post-it wies auf eine Zusammenfassung des Buchkonzepts hin und Gabe schrieb dazu: »Das wird Ihnen dabei helfen, dass Ihr Unternehmen seine Ziele erreicht. Schreiben Sie mir und ich werde mit Ihnen einmal die Schritte durchlaufen – kostenlos.« Darunter notierte er seine Handynummer.

Wieder verschickte Gabe das Buch an zehn neue ideale potenzielle Kunden. Dieses Mal hatte er die Elemente des AAA perfekt ausgeführt. Es war anders (ein Buch per Post), die potenziellen Kunden wurden angezogen (die Post-its sparten Zeit und steigerten die Erwartungshaltung) und es gab einen direkten Call-to-Action (Gabe eine Nachricht schicken, um kostenlose Hilfe zu bekommen). Gabe wusste, dass er, wenn er die potenziellen Kunden mit der kostenlosen Beratung vom Hocker hauen würde, in Zukunft von ihnen engagiert werden würde.

Dieser andersgeartete Marketingansatz funktionierte sogar noch besser als erwartet, denn Gabe akquirierte auf diese Weise nicht nur einen neuen Kunden, sondern sieben der potenziellen Kunden dankten ihm öffentlich für die Zusendung und posteten ein Bild der signierten Seite – nicht signiert vom Autor, sondern von Gabe. Genial! Sie schrieben als Kommentar dazu: »Danke, dass Sie mir dabei geholfen haben, mein Unternehmen zu verbessern« oder »Gabe Piña ist der Beste!« Kein schlechtes Ergebnis für einen zweiten Testlauf mit zehn Büchern.

Da das Experiment erfolgreich verlaufen war, startete Gabe im großen Stil durch. Er verschickte im Schnitt fünf Bücher pro Woche, was ihm im Monat zwei oder drei neue Kunden einbrachte. Manchmal riefen ihn auch Menschen an, die sich nicht direkt nach Erhalt des Buchs gemeldet hatten, und sagten jetzt etwas in der Art wie: »Hallo, ich habe vor ein paar Monaten ein Buch von Ihnen erhalten. Können wir uns darüber mal unterhalten?« Wenn er mehr Kunden will, verschickt er mehr Bücher, wenn nicht, verschickt er eben einfach weniger Bücher. *Gabe hat die Kontrolle über sein Unternehmenswachstum*. Und du kannst das auch.

Die Auswirkung auf Gabes Geschäftsergebnisse ist schlicht bahnbrechend und er hat es einzig dadurch erreicht, dass er dem Anders-Macher-System gefolgt ist. Und das Sahnehäubchen des Ganzen? Viele der Besitzer dieser Zigarrenläden revanchieren sich, indem sie Gabe Zigarren schenken. Seine Sammlung wächst nun schneller als je zuvor dank der Großzügigkeit seiner potenziellen Kunden. Verstehst du jetzt, was ich meine? Gabes Marketing hat ihm nicht nur Kunden eingebracht, sondern auch einen kontinuierlichen Fluss an Geschenken. Welches Marketing kann das schon von sich behaupten? Andersartigkeit bringt's einfach!

Andersartigkeit ist nur eine Reihe von Schritten

Ich will es gar nicht beschönigen: Du stellst dich gegen eine Macht, die dich bereits zu Boden werfen könnte, bevor du überhaupt das nächste Kapitel zu Ende gelesen hast. Die Rede ist von der Macht der Gewohnheit. Du bist ein Mensch, und das bedeutet, dass du lieber alles weiter so machen wollen würdest wie immer und wie es alle anderen in deiner Branche machen. Wir haben ein permanentes Bedürfnis nach Konformität. So sehr wir auch auffallen wollen, so sehr haben wir doch Angst davor, etwas zu tun, das auffallen könnte. *Angst ist die größte Hürde bei der Entwicklung eines außergewöhnlichen Marketings.*

Nur Handeln kann dir dabei helfen, dich dieser Macht der Gewohnheit zu widersetzen. Du musst der Angst ohne Umschweife in den Bauch boxen – ohne Rücksicht auf deine Nervosität. Und der einfachste Weg, um – komme, was wolle – in Aktion zu treten ist, die Schritte herunterzubrechen, nach der Devise »So klitzeklein, kein Stolperstein«.

Justin Wise ist ein Marketinggenie. Ihm würde ich sogar zutrauen, dass sein Nachname durch ein »Anders-Machen-Experiment« entstanden ist – so sehr macht er alles anders. Wise hat langjährige Erfahrung darin, seinen Kunden zu Ergebnissen zu verhelfen. Deshalb habe ich ihm die Leitung unseres Anders-Machen-Coachings anvertraut. Manche Menschen brauchen ein Coaching, damit sie ihre besten Ideen nicht verfrüht verwerfen und vor allem auch für sie einstehen. Justin und unser Team helfen den Menschen dabei, das Anders-Machen-System zu durchlaufen und die Experimente in die Tat umzusetzen.* Justin erklärt die Kraft hinter dem Herunterbrechen der Schritte, mit denen man dann andersgeartetes Marketing in die Tat umsetzen kann, so: »Was machen Ärzte nach einer Organtransplantation als Allererstes? Sie stopfen dich mit einer Unmenge von Medikamenten voll, damit dein Körper das Organ nicht wieder abstößt. Dein Körper sieht das Organ nämlich als Fremdkörper an und will es umbringen – dafür ist das

* Auf gogetdifferent.com findest du kostenlose Ressourcen auf Englisch zum Download und erfährst, wie wir dir dabei helfen können, die Andersartigkeit für dich gewinnbringend zu nutzen.

Immunsystem da. Die Medikamente aber überlisten das Immunsystem so, dass es sagt: ›Ah, diese Leber ist meine Leber. Dieses Herz ist mein Herz.‹ Indem wir den Prozess herunterbrechen, machen wir das Gleiche – wir überlisten uns geradezu, die gute, andere Idee *nicht* abzustoßen, also zu verwerfen. Kleine Schritte sind das Gegenmittel gegen die Abstoßung. Dadurch kann dein Unternehmen mit diesem neuen Marketing wachsen und gedeihen.«

Als ich Justin um ein Beispiel bat, das ich hier aufführen könnte, erzählte er mir von Valerie Donohue, der Besitzerin von ChatterBoss, einer Firma für virtuelle Assistenz aus Brooklyn, New York. »Val rief mich an und sagte: ›Hallo, ich möchte bitte, dass ihr meine Werbung für mich macht.‹ Ich erwiderte: ›Wir können das gern irgendwann machen, aber Werbeplätze sind richtig teuer. Mir wäre es lieber, wenn Sie das erst machen, wenn Sie bereits mehr Kunden haben, als Sie bedienen können.‹ Meistens wollen die Menschen mit Werbung neue Leads generieren, und wenn das nicht so wie erhofft funktioniert, heißt es, sie müssten nur größer denken. Es kann aber nicht die Lösung sein, jeden Monat 5.000 Dollar plus Agenturgebühr zu blechen. Es ist besser, man nutzt die Werbung für die Verstärkung der Lead-Generierung statt für die Erschaffung.«

Im Gespräch mit Val erfuhr Justin, dass sie Anzeigen schalten wollte, weil mehr als 70 Prozent ihres Geschäfts durch Empfehlungen eines einzelnen strategischen Partners zustande kamen, und sie ihre Lead-Quellen diversifizieren wollte, um wachsen zu können.

Als Justin Val – die Geschäftsführerin eines Unternehmens mit siebenstelligem Jahresumsatz – das AAA-Marketing-Framework vorstellte, war sie regelrecht schockiert, dass sie noch nie über »dieses Zeug« nachgedacht hatte. Während einer Coaching-Sitzung kamen sie auf eine andersartige Marketingidee zum Ausprobieren, denn wie Gabe Piña war auch Val schon immer großzügig zu ihren Kunden gewesen und hatte ihnen regelmäßig Geschenke geschickt.

Vals Unternehmen unterschied sich von anderen in ihrer Branche dadurch, dass ihre Mitarbeiter nicht nur aufgaben-, sondern auch lösungsorientiert arbeiteten. Sie beschloss daher, an potenzielle Kunden individuelle Baseballmützen mit der Aufschrift »Thinking Cap«, also »Denkmütze«, zu verschicken und sie einzuladen, Val für ein kostenloses Beratungsgespräch zu kontaktieren. Das war anders als die typischen Kugelschreiber und Wasserflaschen ihrer Konkurrenten. Und es war ein Wortspiel, das andeutete, dass ihre virtuellen Assistenten (Vas) einen Teil des Denkens für die von ihnen betreuten Geschäftsinhaber übernehmen konnten. Wenn die potenziellen Kunden ihre Firma beauftragten, konnten sie die Denkmütze abnehmen und sie den Vas übergeben.

Doch innerhalb weniger Minuten machte sich Angst breit. »Sie saß vor mir wie das Kaninchen vor der Schlange«, erklärte Justin. Es hatte ihr Spaß gemacht, sich die (verdammt gute) Idee mit der Denkmütze auszudenken, aber sobald Val an die Ausführung dachte, erstarrte sie. Sie war überwältigt von all den anstehenden Aufgaben. Oder besser gesagt, sie war überwältigt von all dem, was sie *nicht* wusste, aber wissen musste, um es zu schaffen. Ich nenne das »den Absturz« – wenn Enthusiasmus und Selbstvertrauen einen Sturzflug machen. Wenn du das Ruder nicht wieder nach oben reißen kannst, stürzt dein Selbstvertrauen mit der Ausrede »Das wird sowieso nicht funktionieren« oder »Lass es uns erstmal auf Eis legen« ab. Das ist der Punkt, an dem großartige andersgeartete Ideen sterben.

»Es ist wirklich kein Hexenwerk«, führte Justin aus, »aber wenn die Leute das Wort ›anders‹ hören, verwandelt sich das Ganze in ein nebulöses Konzept. Sie sind überwältigt, weil sie nicht wissen, was als Nächstes zu tun ist, obwohl es in Wirklichkeit nur eine Reihe von Einzelschritten ist – wie alles andere im Geschäftsalltag.«

Justin half Val, ihre Marketingidee in kleine, »nicht abstoßbare Organteile« zu zerlegen. Sie sollte zuerst das Werbegeschenk-Unternehmen anrufen und ein Angebot einholen. Dann eine Liste mit hundert Personen erstellen, mit denen sie zusammenarbeiten wollte, und sich danach deren E-Mail- und Postadressen besorgen.*

»Ich fragte sie immer und immer wieder: ›Und dann?‹, bis sie den Plan in überschaubare und machbare Schritte heruntergebrochen hatte und wusste, wer in ihrem Team welchen Schritt verantworten und durchführen würde«, erklärte Justin.

---

* Anm.: Dies bezieht sich auf die USA. Für das jeweilige Land muss geprüft werden, ob dies mit dem Datenschutz konform geht.

Vals erste Versendung von 50 Denkhüten brachte sofort Ergebnisse, indem ihr die potenziellen Kunden Fotos schickten, auf denen sie die Kappe trugen (da haben wir das Thema Wechselwirkung wieder), und sie erhielt darüber hinaus zwei neue Kunden, von denen einer ihr sofort einen Scheck über 12.000 Dollar ausstellte und der andere sie für 8.000 Dollar buchte. Die Angst überwinden, direkt in Aktion treten, zwei neue Kunden akquirieren, 20 Riesen kassieren? Gar nicht übel.

Um gegen diese Macht der Gewohnheit anzukommen, die dich nach unten ziehen will, unterteile dein erstes Anders-Machen-Experiment in einfache, überschaubare Schritte. Und erzähl dann jemandem davon, vor dem du über den Fortschritt Rechenschaft ablegen musst.

»Dein Buch ist großartig, aber die Aussagen darin treffen nicht auf mich zu. Ich bin Teil einer etablierten Branche, in der eine andersgeartete Strategie zu viel Veränderung und somit zu viel Zeit bedeuten würde. Echt klasse Idee, Mike, aber eben doch alles nur theoretisch.«

Mein alter Studienkollege Greg Eckler (sein Spitzname, den ich natürlich niemals verraten werde, ist Greg Elk-Terd* … uuuups) besitzt ein Immobilienbüro. Er bot mir freundlicherweise an, eine frühe Version meines Buchs zu lesen und mir kritisches Feedback zu geben, also schickte ich es ihm. Zwölf Tage später klingelte das Telefon.

»Wie geht's, wie steht's, My Cow Shits?«, fragte er. Spitznamen aus Studendenverbindungen sind quasi unsterblich, und meiner besteht eben aus dieser, sagen wir mal neckischen Abwandlung meines Nachnamens Michalowicz.

»Hallo Elk-Terd«, erwiderte ich.

Und dann sagte er: »Dein Buch ist großartig, aber die Aussagen darin treffen nicht auf mich zu …«

Vielleicht überrascht es dich nicht, wenn ich dir verrate, dass dies das am häufigsten gegebene Feedback zu *Mach den Unterschied* ist, das ich bekomme. Und vielleicht geht es dir sogar genauso. Dass die Umsetzung

* Anm. d. Ü.: Abwandlung von »elk turd«, also Elchscheiße.

einfach zu hart erscheint. Dass diese Andersartigkeit einfach zu lange dauern würde. Dass es immense Kraft kosten würde. Daher stellst du das Buch nach der Lektüre ins Regal und denkst: »Jepp, hab ich gelesen. Großartiges Buch. Wiiirkliiich großartiges Buch.« Und unternimmst nichts weiter. Das wäre aber eine Schande. Wieder mal eine Chance vertan.

So sehr ich mich auch auf unsere lebenslange Burschenschaftsregel der achtundvierzig Schläge durch die Brüder berufen wollte, weil er einen Älteren beleidigt hatte (schließlich bin ich acht Monate älter als er), entschied ich mich letzten Endes doch für die viel brüderlichere Tat und half ihm.

»Greg, bei *Mach den Unterschied* geht es nicht um große Veränderungen oder Schritte, sondern darum, das zu tun, was sonst niemand tut – auf kleinster Ebene. Schau dir die in deiner Branche üblichen Standards an und such dir dann die einfachste und am niedrigsten hängende Frucht aus, um dich von der Masse abzuheben. Schau also, wo es in deiner Branche nur Äpfel gibt und schleuse stattdessen eine Orange ein.«

»Na ja, alle Immobilienmakler behaupten doch dasselbe: Sie sind alle professionell, gründlich, großartig. Aber ehrlich gesagt sind wir besser als sie. Es frustriert mich, dass unsere Kunden das nicht sehen.«

»Maaaaaaaannnn …! Hast du das Buch *wirklich* gelesen?! Besser ist nicht besser! Besser wird nicht gesehen, denn es versteckt sich hinter dem Mantel des Brancheneinerlei. Ein besserer Apfel ist nicht zu erkennen, wenn er auf einem Haufen anderer Äpfel liegt. Du musst dafür sorgen, dass du den Leuten auffällst, bevor sie dich wirklich sehen und selbst erkennen können, warum du besser bist. Du musst eine Orange einschleusen. So einfach ist das!« Dann fügte ich noch hinzu: »Lass uns das Andersartige für dich jetzt gleich finden.«

Es sollte keine zwei Minuten dauern, bis uns die erste Idee kam.

Ich bat ihn: »Erzähl mir von der Kundenerfahrung. Erzähl mir, was jeder Immobilienmakler für den Hausverkauf macht.«

»Der Makler listet das Haus online, packt vielleicht ein Inserat in die Zeitung und stellt vor dem Haus ein »Zu-verkaufen«-Schild auf.«

»Warte mal. Stellt *wirklich jeder* so ein Schild auf? Bekommt jedes Haus eins?«

»Ja, das wird standardmäßig so gemacht«, erwiderte Greg.

Ziemlich fetter Hinweis an dieser Stelle: Wenn etwas standardmäßig in einer Branche gemacht wird, ist das eine bombastische Gelegenheit, um etwas anders zu machen.

»Wie und wo werden die Schilder aufgestellt?«, hakte ich nach.

»Auf das Grundstück des zu verkaufenden Hauses, möglichst nah an der Straße. Meistens sind es so Reklametafeln zum Reinstecken oder aufgehängte Schilder.«

»Wie oft werden die Schilder genauso aufgestellt?«

»Immer. Das ist einfach Usus«, sagte Greg.

»Was wäre, wenn die Schilder anders wären? Zum Beispiel eine kleine Windmühle. Wie die, die man so in Gärten sieht? Und was wäre, wenn das Schild daran befestigt wäre?«, bohrte ich weiter.

»Also, das habe ich noch nie irgendwo gesehen. Niemand ...«

Greg hielt inne. Dann beendete ich seinen Satz für ihn: »Ja, Greg. Genau. Niemand macht das.«

Eine Orange unter vielen Äpfeln.

Kleiner Tipp am Rande: Wenn du auch auf eine Idee kommst, die dich zu dem Satz »Niemand macht das« inspiriert, dann ist das eine andersgeartete Idee. Tada!

Greg hatte also seine erste Anders-Machen-Idee: ein Windmühlenhaus für »Zu-verkaufen«-Schilder.

Es anders zu machen, bedeutet in der Regel keine riesige Veränderung. Kleine Veränderungen, die sich abheben, gewinnen. Das Andersartige ist selten himmelschreiend, aber es ist immer untypisch. Es ist entscheidend, durch das weiße Rauschen der Gleichartigkeit zu dringen – und dafür braucht es selten viel.

Greg testet derzeit. Vielleicht funktioniert das mit der Windmühle, vielleicht auch nicht. Die Hauptsache ist, dass er eine kleine Veränderung ausprobiert, die er – sofern die Tests erfolgreich sind – nutzen kann, um sie als seinen eigenen Unternehmensstandard zu etablieren, der sich vom Branchenstandard abhebt.

Wenn sich jemand damit auskennt, dass Andersartigkeit funktioniert, dann Polizisten. Denk mal darüber nach. Sie *müssen* deine Aufmerksamkeit auf sich ziehen. Wie sonst solltest du mitbekommen, dass sie dich anhalten wollen, während du laut zur Musik mitgegrölt und dabei völlig übersehen hast, dass sich die Geschwindigkeitsbegrenzung geändert hatte? (Nicht, dass ich mich damit auskennen würde …)

Hier ein interessanter Fakt über US-amerikanische Sirenen: Sie wurden geändert. Wie auch die Rundumleuchten. Viele Reviere haben sich von den alten Varianten der blinkenden rot-blauen Lichter und dem typischen tief-hoch-tief-hohen Sirenengeheul verabschiedet. Stattdessen gibt es zufällige Varianten von blinkenden Lichtern und Piepsen, Hupen und Quietschen. Du kennst den Grund dafür bereits: Unsere Gehirne sind für das Ignorieren des Bekannten und das Wahrnehmen des Unerwarteten (also des Andersartigen) ausgelegt.

Jedoch wurden die Sirenen und Lichter nicht auf radikale Weise geändert, manche Menschen bemerken sie also nach wie vor nicht. Ich weiß, dass es mir schon so ergangen ist, weil mich ein geiles Lied im Radio abgelenkt hat, oder eine meiner Millionen grandiosen Ideen. Aber schmeiß ein paar zufällige, aber auffällige Geräusche in den Mix und schwupps, schon hast du meine Aufmerksamkeit. Und ich meinen »Ach-du-Scheiße-Moment«. War ich zu schnell unterwegs? Funktioniert mein Bremslicht vielleicht nicht? Werde ich wegen der Wahl meines Radiosenders verhaftet? Denn das sollte ich wohl. (Jetzt aber mal im Ernst: Ich bin ein Weißer, meine Gedanken und Ängste dürften in so einer Situation weitaus harmloser sein als die einer Person of Color. Ich kann mir nicht mal ansatzweise ausmalen, was manche Menschen bereits durchlebt haben, sei es Polizeigewalt oder die lähmende Angst, die von Sirenen und blinkenden Leuchten ausgelöst wird.)

Du musst nicht alles verändern oder auf eine total geniale Idee warten. Du musst nichts völlig Wildes oder Kompliziertes oder Teures tun. Es reicht, wenn du »anders genug« bist, um bemerkt zu werden. Ein paar neue Klänge. Ein zufälliges Muster. Das war's.

Du musst nicht furchtlos oder ein Superheld sein, um ein Anders-Machen-Experiment durchzuführen. Du brauchst nur ein paar gute Ideen, ein bisschen Mut und den eisernen Willen, es trotz deiner Ängste wirklich durchzuziehen. Im nächsten Kapitel gehen wir detailliert auf das Thema Ideenfindung ein. Selbst wenn du der Meinung bist, du hättest keine einzige kreative Zelle in deinem Körper, wirst du auf etwas kommen, das du ausprobieren kannst. Du hast mein Wort: Du kannst das.

Du bist dran

Bevor wir zum nächsten Schritt übergehen, sollten wir herausfinden, wie andere Menschen deine Andersartigkeit beschreiben würden. Offen gesagt: Ich will, dass du erkennst, für wie verdammt großartig und wertvoll dich die Leute in deinem Umfeld halten. Wenn du selbst nicht sehen kannst, wie einzigartig du und dein Unternehmen sind, dann wird dies das gesamte AAA-Marketing-Framework untergraben.

Du kennst doch bestimmt die Zerrspiegel, die es auf Jahrmärkten gibt. So ähnlich ist es bei der Selbstwahrnehmung. Die wenigsten von uns sehen ihr wahres Ich. Stattdessen übertreiben wir unsere Fehler und spielen unsere Stärken herunter, was uns in die Quere kommt, wenn wir auf inspirierende Ideen kommen wollen, und zum noch größeren Problem mutiert, wenn wir diesen Ideen Handlungen folgen lassen wollen. Gehen wir also an dieser Stelle die Korrektur dieser Verzerrung an.

Schritt 1: Liste zwölf Menschen auf, die dich (oder dein Unternehmen) kennen. Vier davon solltest du nicht länger als ein Jahr kennen. Weitere vier sollten dich (oder dein Unternehmen) länger als ein, aber weniger als zehn Jahre kennen. Und die letzten vier Leute sind Menschen, die dich (oder dein Unternehmen) länger als zehn Jahre kennen. Du musst nicht in aktiver Kommunikation oder Beziehung mit diesen Menschen stehen, du musst aber eine Möglichkeit haben, sie zu erreichen.

Schritt 2: Schicke ihnen die folgende Nachricht:

Der Autor des Buchs, das ich gerade lese, hat mir eine Aufgabe zur sofortigen Ausführung gestellt. Ich muss jemanden auswählen, der mich gut kennt, und ihm eine Frage stellen, ich würde mich also wirklich sehr über deine Hilfe freuen!

Was ist deiner Meinung nach mein »Anders-Faktor«, also etwas, das ich besser oder anders mache als die anderen? Deine Antwort darauf muss nicht lang sein, ein Satz reicht schon. Ich werde dein Feedback nutzen, um die Marktposition meines Unternehmens zu verbessern. Vielen herzlichen Dank für deine Hilfe!

Falls du explizit die Einzigartigkeit deines Unternehmens herausfinden willst, dann verändere den Text teilweise: »Ich soll jemanden kontaktieren, der mein Unternehmen gut kennt« und »Was ist deiner Meinung nach der ›Anders-Faktor‹ meines Unternehmens: Was machen wir besser oder anders als die anderen?«

Schritt 3: Du brauchst mindestens zehn Antworten, damit diese Übung effektiv sein kann. Falls du das im ersten Durchgang noch nicht erreicht hast, verschicke noch mehr Nachrichten. Ermittle aus den Antworten die drei am häufigsten genannten Beobachtungen zu deinem Anders-Faktor.

Schritt 4: Überleg anhand dieser Top 3, inwiefern sie dich und/oder dein Unternehmen charakterisieren und von der Konkurrenz unterscheiden und damit abheben.

KAPITEL 3

Die nötigen 100

Vielleicht sollte ich an dieser Stelle mal klarstellen, dass das Anders-Machen-Marketing nicht nur eine fixe Idee von mir ist. Nein, das Ganze basiert auf wissenschaftlichen Erkenntnissen – zum Großteil auf Neurowissenschaften, aber eben auch auf »Du-Wissenschaften«. Dieser Teil besteht aus den Bewertungen und Tests, bei denen *du allein* entscheidest, ob eine Marketingidee gut ist und deren Effektivität ausprobiert werden sollte.

Um der Wissenschaft Genüge zu tun, brauchen wir eine angemessene Stichprobengröße. Wenn du mal einen Statistiker in einer Bar – wie man das halt so macht – triffst und ausquetschst, wird er dir von dem wissenschaftlichen Konsens erzählen, dass die Stichprobe für ein zuverlässiges Ergebnis aus mindestens 100 Befragten bestehen müsse.

Die Datenwissenschaftlerin Dr. Piroska Bisits-Bullen spricht immer wieder über die datenbasierte Entscheidungsfindung. In ihrem Artikel »How to Choose a Sample Size (for the Statistically Challenged)« erläutert sie einige grundlegende Richtlinien, die sicherstellen, dass die analysierten Daten einen Hinweis darauf geben, ob das Experiment in großem Maßstab funktionieren würde.[2] Sie erklärt, dass eine gute Stichprobengröße 10 Prozent der Zielpopulation sein, aber niemals unter 100 Personen oder Organisationen liegen sollte. Wenn dein Zielmarkt also 5.000 potenzielle Kunden hat, dann brauchst du mindestens 100 und maximal 500 potenzielle Kunden für einen wirksamen Marketingtest. Für größte Sicherheit der Effektivität deines Marketings testest du mit 500, für möglichst niedrige Kosten reichen aber die nötigen 100. Du solltest dich also innerhalb dieses Bereichs bewegen.

100 potenzielle Kunden sind für die meisten Unternehmen bei einem Anders-Machen-Experiment mehr als genug. Das reicht, um eine kleine Kampagne zum Laufen zu bringen – und um den Anders-Machen-Marketingmuskel zum ersten Mal zu betätigen. Und wenn dein Experiment andersartig genug ist, reichen 100 potenzielle Kunden in der Regel, um die ersten ein oder zwei Neukunden zu akquirieren – eine Tatsache, die für Dienstleistungen, Produktverkäufe und so ziemlich jedes andere Vorhaben gleichermaßen zutrifft.

Behalte dabei im Hinterkopf, dass du dich auch zu der Stichprobengröße von 100 hocharbeiten kannst. So wie Gabe, der zigarrenvernarrte Buchhalter, der in der ersten Woche zehn Bücher versandte, dann zehn weitere in der darauffolgenden Woche und so weiter und so fort, bis er seine Stichprobengröße erreicht hatte. Er hatte das so gestaltet, weil es sein Konto entlastete, die Aktion zeitlich zu entzerren.

Also, wenn du nur 100 potenzielle Kunden anvisieren könntest, wer wäre es dann? Nach welchen perfekten Kandidaten lechzt du am meisten? Du musst das wissen, weil wir sie demnächst von dir überzeugen werden.

Um eine Sache klarzustellen: Ich will nicht, dass du dir den Typ Mensch ausmalst, den du an liebsten erreichen möchtest, sondern fordere dich zur Erstellung einer *tatsächlichen Liste* auf: Name der Person, Firmenname (falls erforderlich), E-Mail-Adresse, Anschrift und all dieser Kram. Falls du absolut keine Ahnung hast, wer auf der Liste stehen könnte, kann ich dir bereits an dieser Stelle sagen, warum dein Marketing nicht so fruchtet, wie du das gerne hättest. Ich will mich ja nicht als Obermacker hervortun (na ja, okay, vielleicht ein bisschen), aber wenn du nicht weißt, wer dich brauchen könnte, wie willst du dich dann an ihn vermarkten?

Nach großartigen Kunden zu angeln ist wie, na ja, nach Fischen angeln. Bevor du dir einen Platz suchst und einen Köder befestigst, musst du genau wissen, welchen Fisch du fangen willst. Du kannst den ganzen Tag Speerfische fangen wollen – wenn du das aber mit Würmern in deinem Gartenteich machst, wirst du dabei keine gute Figur machen und in deinem Klappstuhl sitzend ziemlich albern aussehen, während du einen Guppy an Land ziehst.

Der Schlüssel zu einem erfolgreichen Marketing ist das Wissen über Ziel, Weg und Sieg. Wiederhole diese Auflistung in deinem Kopf, bis sie sich ganz tief eingegraben hat. Ziel, Weg und Sieg … Ziel, Weg und Sieg. Diese drei für die Mission wichtigen Elemente sichern dir deine idealen Interessenten (das Ziel), dein ideales Angebot (der Weg) und dein ideales Marketingresultat (der Sieg). Verstanden? Berücksichtige diese drei Elemente und du wirst dich effektiver als jemals zuvor vermarkten. Und all das beginnt mit dem Ziel: deinem idealen Interessenten.

Das Ziel

Du weißt nicht, wer deine nötigen 100 Kunden sind? Hier kommt die Antwort, wie du sie schnell finden kannst. Als Erstes beginnst du mit deiner bereits bestehenden Kundenbasis – falls du schon eine hast, versteht sich. Falls nicht, mach dir keinen Kopf, denn ich werde auch zeigen, wie man eine solche Liste von der Pike auf aufbaut.

Druck eine Liste deiner Bestandskunden aus, absteigend sortiert nach dem Umsatz der letzten zwei Jahren. Es ist wichtig, dass du sie so sortierst, weil die Kunden dir mit der Menge an Geld zeigen, wie viel du ihnen wert bist. Wir wollen die Kunden klonen, die uns mögen und viel Geld bei uns lassen. Und auch wenn Bestandskunden nur bedingt repräsentativ für andere in ihrer Kategorie sind, sind sie doch eine Abkürzung zu ähnlichen Menschen.

Sobald du jene Kunden identifiziert hast, die dich am meisten wertschätzen, kommt die Schwärmen-Schaudern-Analyse: Mit welchen Kunden auf der Liste arbeitest du am liebsten zusammen? Das sind die Leute, bei denen du, wenn deren Nummer auf deinem Display erscheint, ganz aufgeregt wirst und dich freust. Du kannst es kaum erwarten, ihnen zu helfen. Mal einen Smiley neben alle diese Einträge auf deiner Liste.

Die Erschaudernlasser sind Kunden, bei denen du, wenn deren Nummer auf deinem Display erscheint, in deinem Kopf – und manchmal auch aus

Versehen laut sagst: »Oooooohhh Maaaaaaaann! Bloß nicht der/die. Das hat mir gerade noch gefehlt.« Du wirst diese Kunden, egal, wie gut du dich anstellst, niemals glücklich machen. Das sind die Kunden, die dich dazu bringen, dir Wasser und Wodka ins Gesicht zu spritzen und dir selbst ein paar Ohrfeigen zu verpassen, bevor du sie zurückrufst. Klar soweit? Mal einen böse schauenden Smiley neben deren Namen.

Als Nächstes kreist du die 10 Prozent an Kunden auf deiner Liste ein, die den größten Umsatz bringen (sie mögen dich am meisten) und die du als Schwarm deklariert hast (die magst du am meisten). Von der Sorte willst du mehr. Denk mal an einen ganz bestimmten Kunden mit viel Umsatz, den du besonders gerne magst, und stell dir vor, zehn Klone würden an deiner Tür klingeln und dir Geld auf den Tisch legen, weil sie unbedingt mit dir arbeiten wollen. Das wäre doch ein Gamechanger für dein Unternehmen, oder?

KUNDE	UMSATZ	SCHWÄRMEN/SCHAUDERN
Hoolinium Co.	50,000 $	☹
InterCommuTech	35,000 $	☺
Umbrella Co.	20,000 $	☺
North Integration Inc.	12,000 $	☹
GlobalTech	8,000 $	☹
Iscram	5,000 $	☺
Fan City Tickets	5,000 $	☺
Centralware	5,000 $	☹
Amplex	4,500 $	☹
Rangreen	4,000 $	☺

Die Schwärmen-Schaudern-Analyse

Mit dieser einfachen Information kannst du beginnen, eine Liste mit deinen 100 besten Interessenten für deine Stichprobe zu erstellen.

Aber was ist, wenn du niemanden zum Klonen hast? In diesem durchaus üblichen Fall klonst du eben einfach dich: Welche deiner Charaktereigenschaften sollen deine Kunden deiner Meinung nach haben? Wenn du das weißt, dann schau dir im nächsten Schritt die Menschen um dich herum an – deine Lieferanten, Freunde, alle in deinem Umkreis –, die dir ähneln. Wen davon magst du am liebsten? Diese Menschen können dir einen Einblick in die Community geben, die du anvisierst.*

Wie heißt es so schön: »Gleich und Gleich gesellt sich gern.« Das bedeutet, die Abkürzung zu deiner Liste der 100 besten Interessenten ist die Suche nach deren Klonen. Deren Konkurrenten und Lieferanten sind ihnen höchstwahrscheinlich ähnlich. Wenn Coca-Cola dein bester Kunde ist, dann besteht eine gute Chance, dass Pepsi es auch sein wird. Wenn der Autohersteller Ford dein bester Kunde ist, dann solltest du Goodyear (ein Reifenhersteller und einer von Fords Zulieferern), als möglichen Kunden im Blick behalten.

Mit dieser Vorgehensweise kannst du eine Gruppe erlesener Interessenten identifizieren:

1. Schreib alles auf, was du über den Avatar, der die Idealvorstellung deines besten und liebsten Kunden verkörpert, weißt.
2. Fang mit der Demografie an, also Branche, Position oder Funktion, Geschlecht, Alter, Familiensituation und religiöse Ausrichtung. Tauch dann tiefer in die Psychografie ein, indem du die größten Probleme und gewünschten Lösungen deiner Zielgruppe definierst. Du suchst schließlich tolle Kunden, deren größte Probleme du am besten lösen kannst.
3. Such nach Gruppen, Plattformen, Treffen, Konferenzen und Podcasts, wo dein Avatar sein Wissen teilt, dazulernt, unterhalten wird und, im Idealfall, nach den Lösungen für seine größten Probleme

* In meinem Buch *Der Pumpkin Plan* beschreibe ich das System, mit dem man sein Unternehmen schnell und organisch wachsen lassen kann, ausführlich. An dieser Stelle gebe ich nur die absoluten Grundlagen wieder. Wenn du also in die Tiefe gehen willst, um es richtig zu durchsteigen, besorg dir *Der Pumpkin Plan* bei deinem liebsten Buchhändler um die Ecke.

sucht. Dort musst du auch hin! Du willst diese Treffpunkte identifizieren und dich dort vermarkten.

4. Such online nach »Hilfe für [Avatar] bei [Problem]« oder »Hilfe bei [Problem] für [Avatar]«. Versetz dich bei der Recherche in deinen Avatar, um das Problem zu präzisieren. Gehen wir zum Beispiel davon aus, du hättest einen Tagesmutter-Service und beschreibst deinen idealen Kunden als Mutter mit mehreren jungen Kindern, dann könntest du beispielsweise nach »Hilfe für überforderte Mutter mit Zwillingen« suchen. Dabei findest du Webseiten, Informationsquellen, Treffpunkte und vieles mehr. Das sind alles Orte, an denen sich deine idealen Interessenten versammeln. Dort kannst du versuchen, mehr über sie herauszufinden, vielleicht mit dem Webseitenbetreiber kooperieren, um Wissen zu teilen und Kontakte zu knüpfen. Vielleicht kannst du dort eine Liste kaufen oder sogar anbieten, dass ihr zusammen eine Liste erstellt. Frag die Hosts, wie man an die Menschen direkt herankommen könnte, oder biete Ideen an, wie die Hosts auch davon profitieren könnten, wenn du deine Liste potenzieller Kunden erstellst. Der Datenschutz muss allerdings immer gewahrt bleiben.
5. Spezifiziere mithilfe einer Onlinesuche deinen idealen Interessenten. Nehmen wir zum Beispiel an, du hättest ein Produkt für die Nutzung in Flugzeugen und deine idealen Interessenten wären etablierte Piloten, die ein Mitspracherecht bei der Umgestaltung der Cockpits haben. Eine Suche nach »Piloten mit über 20 Jahren Berufserfahrung« oder »Wie erfahrene Piloten beeinflussen können, was in die Cockpits soll« ergibt viele Artikel für Unternehmen, die sich über genau diese Community unterhalten. Und das wiederum sind Menschen und Unternehmen, mit denen du in Kontakt treten kannst, um mehr zu lernen.
6. Die sozialen Medien sind ein mächtiges Tool, um deine Liste der idealen Interessenten aufzubauen. Ich meine damit nicht, dass sie unbedingt deine primäre Marketingplattform darstellen sollen, aber du kannst mit ihrer Hilfe großartige Listen erstellen, weil sie so zielgerichtet arbeiten. Biete den potenziellen Kunden etwas Kostenloses an, um ihre Kontaktinformationen im Gegenzug zu erhalten.

7. Wenn du im B2B-Bereich unterwegs bist, kannst du online nach einem idealen Interessenten suchen und die Worte »Konkurrent von« oder »Alternativen zu« davor hinzufügen. So einfach findest du tolle neue potenzielle Kunden. Eine Suche nach »Alternativen zu Mike Michalowicz« hat allerdings das Internet zum Absturz gebracht. Kleiner Scherz. Sie lieferte Ergebnisse auf einer Seite namens Goodreads und eine Liste von mehreren Dutzend Autoren, die »Goodreads-Nutzer auch mochten«. Einer war 50 Cent, wahrscheinlich aufgrund meiner kurzlebigen Hip-Hop-Karriere.* Oder, was wahrscheinlicher ist, weil er der Autor einiger verdammt beliebter Bücher ist, in denen es um die Erkenntnisse aus seiner Business-Karriere geht.
8. Du kannst auch Listen kaufen. Such online nach »Listen potenzieller Kunden« und nutze die Parameter deines idealen Avatars, um sie zu finden. Sofern das datenschutzrechtlich im jeweiligen Land möglich ist.
9. Such nach Anzeigen deiner idealen Interessenten (wiederum praktisch für B2B). Wenn du Dienstleistungen an Computerreparaturfirmen verkaufst, suche zum Beispiel nach »Firmen Computerreparatur in meiner Nähe« oder »Unternehmen Computerreparatur in [Gebiet angeben]« und du kannst dir daraus eine Liste bauen.
10. Für B2C bietet sich die Suche nach »[Avatar] Clubs«, »[Avatar] Treffen«, »[Avatar] Hilfe Gruppen« oder »[Avatar] Events« an.
11. Mach es wie früher und vernetze dich. Puste den Staub von deinen Visitenkarten und verlass das Haus. Geh an Orte, wo sich deine idealen Interessenten treffen, und besorg dir deren Visitenkarten (oder eine andere Kontaktmöglichkeit). Die Liste entsteht bei diesen Treffen, aber die Chancen ergeben sich mit der anschließenden Kontaktaufnahme.

* Mit »kurzlebiger Hip-Hop-Karriere« meine ich: so lange, wie die Gestaltung einer Webseite dauert – also ein paar Stunden. Falls du dir meine erstklassige Arbeit anschauen willst, dann such online einfach nach meinem Künstlernamen: Fat Daddy Fat Back, und lass dich von der Andersartigkeit flashen.

Bei alldem suchst du nach sogenannten Sammelpunkten – also nach Orten, an denen sich deine idealen Interessenten treffen und du dich eingliedern kannst. Such also so, wie auch diese Menschen suchen würden: Mit welchen Begriffen identifizieren sie sich? Welches Problem wollen sie lösen? Schau, wohin dich diese Suchanfragen führen, und finde dann einen Weg, um Zugang zu diesen Leuten zu bekommen. Der Türsteher wird oftmals der Host der Webseite sein, aber oft wirst du, wenn du auf verschiedene Arten versuchst, an die Informationen zu kommen, einen frei zugänglichen Weg finden.

Manchmal musst du eher situatives Marketing betreiben. Während ich zum Beispiel dies hier schreibe, bin ich gerade im Begriff, mir demnächst ein neues Auto zu kaufen. Eine Zeit lang wollte ich das neueste und größte Auto haben, aber irgendwie stecke ich gerade in einer Art umgekehrter Midlife-Crisis. Denn eines Morgens wachte ich auf und merkte, dass mir das gar nicht mehr so wichtig war. Jetzt macht es mir sogar eher Spaß herauszufinden, wie lange ich ein Auto behalten kann, bevor es tatsächlich ersetzt werden muss – also kurz bevor ich das Klebeband im Handschuhfach liegen haben muss, um mein Auto zur Not schnell zusammenzuflicken. An diesem Punkt bin ich zwar noch nicht, aber definitiv auf dem Weg dahin. Also: Wie findest du mich?

Tatsächlich auf mehreren Wegen. Zunächst ganz klassisch über Online-Marketing, denn Menschen suchen danach, was ihnen gerade im Kopf herumgeht. Ich habe schon viele Suchanläufe nach Autos gestartet und wenn ich jetzt meine Suchhistorie analysieren würde, würde sich zeigen, dass sich die Frequenz der Suche mit der Zeit gesteigert hat und zielgerichteter wurde. Das ist ein glasklarer Verhaltensindikator und du kannst mit großer Sicherheit Anzeigen schalten, um Interessenten anzusprechen, die für dein Angebot relevante Suchanfragen im Internet durchführen.

Außerdem gibt es bestimmte Trends. Dafür kannst du online nach »Wie oft kaufen Menschen neue Autos« suchen und du wirst eine Statistik dazu finden, die du wiederum dafür nutzen kannst, entsprechende Sammelpunkte zu identifizieren. Nehmen wir beispielsweise an, dass Menschen im Durchschnitt alle acht Jahre ein neues Auto kaufen, dann könntest du versuchen, Menschen zu finden, die vor acht Jahren ein Auto gekauft haben.

Das Wie

Jetzt kennst du das Wer (das Ziel), auf das du dich konzentrieren musst. Falls du nach wie vor keine 100 Einträge auf deiner Liste hast, ist das in Ordnung, aber ein paar solltest du parat haben. Lies nicht weiter, ohne in Aktion getreten zu sein. Zeig mir ein Ergebnis. Irgendeins. Um in Schwung zu kommen, gib mir zehn Namen. Das muss drin sein!

Die nächste Frage, die wir uns stellen müssen, ist die nach dem Wie. Welchen Marketingweg wirst du einschlagen, um deine nötigen 100 zu erreichen? Ich bin mir sicher, du hattest schon einige Ideen, immerhin hast du deine Bestandskunden analysiert, was bedeutet, dass du bereits irgendetwas verkaufst. Und selbst wenn deine Avatare auf dir selbst basieren, dürftest du dabei schon ein Angebot im Kopf gehabt haben. Wie lautet es?

Wenn du weißt, was du verkaufen willst, müssen wir jetzt noch den Grund herausfinden, weshalb diese über 100 Menschen unbedingt auf dein Angebot eingehen wollen würden. Ja, ich weiß, du machst Tausende von großartigen Sachen. Dennoch müssen die Leute wissen, ob du ihre Grundbedürfnisse befriedigst, damit du ihnen auffällst und sie dich interessant finden.

Werfen wir dazu erneut einen Blick auf meine Autosuche. Bei dieser Entscheidungsfindung gibt es für mich einen Hauptfaktor: Ich will Zeug transportieren können. Das mag ich einfach, weil es mir das Gefühl gibt, ich sei tough. Ich zerlege gern Feuerholz und bringe es dann nach Hause. Ich baue gern Sachen – mein nächstes DIY-Projekt ist ein Hochbeet. Meine Version des Wochenendsports trägt Arbeitsschuhe und ist schlammverschmiert. Es passt einfach nicht zu meinem Selbstbild, dass all das in einem kleinen Sedan vonstattengeht. In einem Pick-up schon eher. *Der* passt schon eher zu meinem Selbstbild. Das wichtigste Merkmal ist also, dass ich einen Pick-up will, und der Nutzen für mich ist, dass ich mich dadurch tough fühle.

Außerdem will ich einen Wagen mit Elektromotor. Mir ist zwar bewusst, dass das keinen riesengroßen Unterschied für die Umwelt macht, aber es ist ein Schritt in die richtige Richtung – außerdem mag ich den Gestank von Abgasen nicht. Außerdem möchte ich ein Auto, das klein genug ist, um leicht einen Parkplatz zu finden. Ich lebe in New Jersey, einem

Bundesstaat, wo die Leute schon fast gestapelt leben, und wenn man dann endlich mal einen Parkplatz findet, ist er eher von der engen Sorte. Außerdem soll das Auto mit allem Pipapo ausgestattet sein: Sitzheizung, alles vollautomatisch, und wenn es mich auch noch massieren kann, ist es eigentlich schon gekauft.

Der Hersteller, der einen Elektro-Pick-up mit allem nur erdenklichen technischen Schnickschnack anbietet, der mir das Gefühl gibt, ein besonders tougher Typ zu sein, und länger als zehn Jahre hält (ohne dass Klebeband zum Einsatz kommen muss), gewinnt meine Aufmerksamkeit. Ich bekomme, was ich will, und das dient mir als Kunden einfach am besten.

Frag dich also, was es im Speziellen bei deinem Angebot ist, das deinen Kunden am besten dienen wird. Bevor du dich vor deinen nötigen 100 vermarkten kannst, musst du verstehen, was sie im Innersten antreibt. Das AAA-Marketing-Framework spielt dir dabei in die Hände: Du hebst dich von der Konkurrenz ab, damit dein *Ziel* auf dich aufmerksam wird. Du ziehst sie an, indem du den größten Nutzen deines *Wegs* betonst. Und du leitest sie zur Handlung an, indem du den *Sieg* klar für dich definiert hast.

Der Weg

Das ideale Resultat allen Marketings ist, das zu erreichen, was du willst. Es könnte sein, dass du neue Kunden finden oder die aktuellen behalten willst. Es kann aber genauso gut eine Weiterempfehlung sein. Oder dass jemand dir seine Zeit schenkt. Jetzt, wo du deinen idealen Avatar (das Ziel) und die Art und Weise gefunden hast, mithilfe deines Marketings dein Produkt zu verkaufen (der Weg), definierst du nun das ideale Resultat, das du erreichen willst (der Sieg). Ziel, Weg und Sieg.

Stellen wir uns mal vor, du wärst Dachdecker. Dein ideales Resultat wäre, dass ein Kunde dich mit einem neuen Dach beauftragt. Das Problem dabei ist, dass potenzielle Kunden selten eine Liste von Dachdeckern zu Hause herumliegen haben, aus der sie sich dann einen aussuchen und anrufen. In der Regel ist das Dach undicht und der Hausbesitzer sucht auf dem Dachboden nach der Ursache, in der Hoffnung, dass jemand einen Eimer Wasser dort abgestellt und ein verirrtes Eichhörnchen diesen umgeworfen hat. Aber leider ist es doch ein undichtes Dach – und diese missliche Lage ist deine Chance für andersgeartetes Marketing. Doch du musst dein Ziel, deinen Weg und deinen Sieg kennen. Der Hausbesitzer mit dem undichten Dach ist das Ziel, der Weg ist das dichte Dach und der Sieg ist, wenn dich der Hausbesitzer dafür engagiert.

Behalte im Hinterkopf, dass das AAA-Marketing-Framework mit Ziel, Weg und Sieg zusammenspielt. Sobald du die Aufmerksamkeit der Leute gewonnen und eine Bindung aufgebaut hast, musst du sie mithilfe von angemessenen Schritten in Richtung deines idealen Resultats anweisen. Dein Sieg könnte sein, dass der Hausbesitzer 20 Riesen in ein komplett neues Dach investieren soll, aber wenn dein Werbemittel fordert: »Geben Sie mir sofort 20 Riesen!«, dürfte das eher unangemessen wirken. Du musst dich stattdessen gezielt in Richtung deines idealen Marketingresultats bewegen und dabei aufpassen, dass du potenzielle Kunden nicht abschreckst.

Während der Sieg also der Verkauf eines 20.000 Dollar teuren Dachs ist, besteht die erste Begegnung unseres potenziellen Kunden mit unserem Marketing vermutlich darin, dass wir ihn um seine Kontaktinformationen bitten: »Erhalten Sie hier unsere 10 wichtigsten Tipps rund um das Thema Dach« (wenn er uns dafür seine E-Mail-Adresse gibt). Oder: »Erhalten Sie noch heute ein Angebot für Ihr neues Dach – und das gratis!« (wenn er uns seine Telefonnummer verrät).

Auch an dieser Stelle gilt weiterhin, dass das ideale Resultat jedes Marketings ist, dass man das erreicht, was man will. Sobald du deinen Sieg für dich definiert hast, kannst du deine idealen Interessenten mithilfe von spezifischen, angemessenen Schritten in diese Richtung lenken.

Das »Anders-Machen-Experiment«-Arbeitsblatt

Du stärkst dein Selbstbewusstsein am besten, indem du etwas tust, indem du ein kleines Risiko nach dem anderen eingehst. Die Harvard-Professorin Teresa Amabile zeigt in ihrem Buch *The Progress Principle: Using Small Wins to Ignite Joy, Engagement, and Creativity at Work*, dass kleine, regelmäßige Erfolgserlebnisse effektiver beim Erreichen des großen Ganzen sein können. Sie erklärt:

»Menschen beenden ihren Tag eher mit einem Gefühl der intrinsischen Motivation, wenn sie bei der Arbeit einen wirklichen Fortschritt verzeichnen konnten, der ihnen am Herzen liegt – vorangetrieben von ihrem Interesse und ihrer Freude an der Arbeit.«

Um dir bei diesen kleinen Risiken zu helfen, habe ich das »Anders-Machen-Experiment«-Arbeitsblatt erstellt, das du dir gratis auf gogetdifferent.com herunterladen kannst. Oder, wenn dir das lieber ist, kannst du deine Erfahrungen auch einfach auf einem Blatt Papier oder in deinem eigenen Journal festhalten. Jedenfalls werden wir uns in diesem und in den nächsten drei Kapiteln mit Teilen dieses Arbeitsblatts beschäftigen. In Kapitel 7 werden wir gemeinsam den gesamten Ablauf von vorn bis hinten durchgehen, um herauszufinden, ob deine Anders-Machen-Marketingidee tatsächlich funktioniert.

Um etwas Klarheit zu schaffen, fang am besten mit der Zielsetzung, an, in dem du Details zu deinem Ziel, deinem Weg und deinem Sieg notierst. Das hilft bei der Umsetzung deines Experiments, also überspring diese Phase auf keinen Fall!

Damit du weißt, dass du nicht allein bist und immer ein Beispiel an der Hand hast, werde ich das Arbeitsblatt ebenfalls ausfüllen.

ANDERS-MACHEN-EXPERIMENT – ARBEITSBLATT

FÜR ____________________

DATUM ____________ TEST NR. ____

Phase 1: Zielsetzung

Ziel
Wer ist der ideale Interessent?

Weg
Welches Angebot würde dieser Person am meisten dienen?

Sieg
Wie lautet dein ideales Marketingresultat?

Phase 2: Investition

CLV: ____________________
Der typische Customer-Lifetime-Value (Umsatz) pro Kunde

Abschlussrate: jeder ____________
Deine wahrscheinliche Abschlussrate der potenziellen Kunden (z. B. jeder 5.)

Investition pro potenziellem Kunden: ____________
Der Geldbetrag, den du für die Akquise eines Kunden investieren würdest

NOTIZEN:

Phase 3: Experiment

Medium: ____________________
Welche Marketingplattform wirst du nutzen (z. B. Webseite, E-Mail, Postwurfsendung, Werbetafel etc.)?

Idee:

Ist das im Sinne des AAA?

- ❑ **Auffallen**
  Kann es nicht ignoriert werden?
- ❑ **Anziehen**
  Ist es eine sichere Chance?
- ❑ **Anweisen**
  Ist es eine spezifische und angemessene Aufforderung?

Phase 4: Messung

Intentionen	Ergebnisse
Startdatum: ____________	Enddatum: ____________
Geplante Stichprobe: ____________	Erreichte Stichprobe: ____________
Geplante Abschlussquote: ____________	Erreichte Abschlussquote: ____________
Geplante Investitionen: ____________	Getätigte Investitionen: ____________

Beobachtungen:

Urteil:	**Ausweiten & tracken** Als laufende Strategie benutzen	**Erneut testen** Neue Stichprobe testen	**Verbessern** Optimieren und erneut versuchen	**Aufgeben** Neues Experiment starten

Das Arbeitsblatt für das Anders-Machen-Experiment

Phase 1: Zielsetzung	
	Ziel Wer ist der ideale Interessent?
	Weg Welches Angebot würde dieser Person am meisten dienen?
	Sieg Wie lautet dein ideales Marketingresultat?

Phase 1: Zielsetzung – Die erste Phase eines Anders-Machen-Experiments, bei dem potenzielle Kunden, Angebot und gewünschtes Ergebnis festgelegt werden

Was ich bei der Zielsetzung eingetragen habe:

> Ziel: »Außenseiter«-Entrepreneure mit Produkten oder Dienstleistungen, die den Alternativen der Konkurrenz überlegen sind, aber aufgrund von ineffizientem Marketing Probleme mit der Sichtbarkeit haben.
>
> Weg: Mein Buch **Mach den Unterschied**, das ein einfaches, aber mächtiges Framework zur Verfügung stellt, das meine idealen Interessenten für immer und ewig nutzen werden.
>
> Sieg: Sie kaufen mein Buch.

Mein Ziel ist natürlich der ideale Leser, daher richte ich mein Anders-Machen-Marketing auch auf diese Zielgruppe aus. Andere Menschen könnten jedoch ebenso davon angezogen werden. Vielleicht würde das Marketingteam eines großen Unternehmens ebenfalls von meinem Buch profitieren. Vielleicht wäre es auch für einen nicht ganz so »außenseiterischen« Entrepreneur hilfreich. Der springende Punkt ist, dass ich mein Angebot zwar auf eine bestimmte Community ausgerichtet vermarkte, aber die anderen, die vielleicht auch ins Netz gehen könnten, nicht ausschließe.

Bei meinem Weg habe ich eingetragen, dass mein Fokus auf dem Marketing für dieses Buch liegt. Klar, ich habe auch andere Angebote, etwa

Coachings oder Live-Auftritte, aber ich muss es auf eine Sache herunterbrechen, die ich anschließend vermarkte. Tu das auch! Pick dir pro Anders-Machen-Experiment eine bestimmte Sache heraus, die du an eine spezifische Community vermarktest. Du kannst danach unendlich viele weitere Experimente für weitere Angebote starten, wenn du magst oder wenn das nötig ist.

Mein Sieg ist der Verkauf meines Buchs. Dabei konzentriere ich mich auf dieses eine ideale Marketingresultat. Ich muss also mein Buch auf eine Art und Weise vermarkten, die mein Ziel dazu bringt, es zu kaufen. Nur darum geht es. Sobald ich dieses Ergebnis erreicht habe, kann ich weitere Anders-Machen-Marketingmaßnahmen testen und gegebenenfalls einführen. Zum Beispiel könnte einer der idealen Leser andere Menschen zum Kauf des Buchs animieren. Doch auch hier gilt: Es muss einfach bleiben, also pro Experiment nur eine Aktion für einen Typus der idealen Interessenten.

Wie viel würdest du maximal investieren?

Das ist eine der wichtigsten Fragen: Wie hoch ist der Customer-Lifetime-Value (CLV) bei der Abschlussrate deiner idealen Kunden, also der Umsatz, den du von ihnen im gesamten Verlauf aller Verkäufe erwartest? Du kannst auch gern andere Bemessungsgrundlagen für das CLV auswählen wie Gewinn oder Bruttogewinnspanne, aber der Einfachheit halber würde ich dir empfehlen, den Gesamtumsatz über die Dauer der Geschäftsbeziehung als Basis zu nehmen und ein System, wie ich es in meinem Buch *Profit First* vorstelle, um sicherzustellen, dass der Profit wirklich bei jeder Transaktion inklusive ist.

Falls es dir schwerfällt, den CLV deines idealen Kunden zu schätzen, dann schau dir die Zahlen deiner bisher besten Kunden an und multipliziere deren Jahresumsatz mit der Anzahl an Jahren, von denen du ausgehst, dass du sie noch als Kunden haben wirst. Ich will nicht, dass du dich in den Details verlierst, wir brauchen an dieser Stelle aber zumindest einen ungefähren Betrag. Bringt der ideale Kunde 100 Dollar an Umsatz über die gesamte Zeit, die er bei dir kauft? Oder sind es 1.000 Dollar, 20.000 Dollar oder eher 75.000 Dollar? Sind es vielleicht sogar über 100.000 Dollar? Mach eine grobe Schätzung.

Lass uns jetzt anschauen, wie wahrscheinlich es ist, dass du diesen idealen Kunden akquirieren wirst. Wie hoch ist die Wahrscheinlichkeit – wenn du dich direkt und effektiv an einen der nötigen 100 idealen Interessenten vermarktest –, dass du ihre Aufmerksamkeit erregst und sie als Kunden gewinnen kannst? Das ist deine Abschlussquote. Doch bevor du diese Frage beantwortest, will ich erstmal deine beste Schätzung auf Basis deines besten Marketings hören, wenn du dich dabei so richtig in Zeug legst. Wie viele überzeugst du: die Hälfte? Jeden Fünften? Jeden Zehnten? Falls du nicht weißt, wie du darauf antworten sollst, dann schau dir die Zahlen der Abschlussquoten in der Vergangenheit an. Oder such dir die durchschnittliche Umwandlungsrate in deiner Branche heraus.

Wenn du jetzt den CLV und deine Abschlussquote betrachtest, wie viel würdest du pro potenziellem Kunden investieren, um ihn für dich zu gewinnen? Sieh es wie eine Wette, wie beim Blackjack, Poker oder wenn du vor der Oscar-Verleihung Wetten auf die Gewinner abschließt. Du überlegst dir dabei, wie viel du aufs Spiel setzen willst, basierend auf dem Pool (CLV) und den Gewinnchancen in diesem Pool (Abschlussrate). Wie hoch wäre dein Einsatz? Das ist mein voller Ernst. Du kennst die Höhe des Preisgelds. Wie viel ist dir das Risiko eines Traumkunden-CLV wert?

Wie viel hast du gesetzt? 10 Dollar? Oder 100? Ein idealer Kunde, der dir statt deinem Konkurrenten 10.000 Dollar einbringt, könnte sogar eine Wette über 300 oder 400 Dollar wert sein. Und wenn deine Chancen bei jedem Fünften oder jedem Dritten liegen, könnte es sogar ein paar Tausend Kröten wert sein. Unabhängig von der Summe, die du gewählt hast, sind wir jetzt an einem wichtigen Punkt angelangt: deiner Marketinginvestition pro potenziellem Kunden.

Ich weiß, dass all dies abseits jeder Wissenschaft abgelaufen ist und dass du die Zahlen noch mal anhand richtiger Berechnungen betrachten musst, aber das Ziel an dieser Stelle war ja auch nur eine grobe Schätzung. Damit du ein Gefühl dafür bekommst, welche Marketingausgaben sich für dich bei den idealen Kunden richtig anfühlen.

Jetzt, wo du dir der wichtigsten Kennzahlen bewusst bist, dem CLV eines idealen Interessenten, der Abschlussquote und dem Marketinginvestment, haben wir die Parameter beisammen, um ein andersgeartetes Marketing zu starten, mit dem du Ergebnisse erzielen kannst.

Falls deine Investition pro potenziellem Kunden in diesem Beispiel bei 100 Dollar lag, gehe ich davon aus, dass dir sofort klar war, dass so etwas Lahmes wie E-Mail-Marketing oder sonstiger Firlefanz, der in deiner Branche üblicherweise betrieben wird, nichts reißen kann. Bei Weitem nicht.

Während ich dieses Buch schrieb, löcherte ich meine Community immer wieder mit Fragen über ihre Marketingprobleme. Auf diese Weise lernte ich Linda Weathers kennen. An einem Sonntag um 15:54 Uhr schrieb ich:

»Ich bin auf der Suche nach der Geschichte eines Unternehmers, der mit dem Marketing einfach nicht weiterkommt und aufgeben will. Oder er hat bereits aufgegeben und ist der Meinung, dass es eben so sein musste.«

Vier Minuten später erreichte mich ihre Antwort:

»Ich habe seit meiner Gründung vor neun Monaten versucht, das in den Griff zu bekommen. Ich habe aufgegeben und stattdessen jemanden dafür engagiert, aber nichts ist passiert. Ich habe Tausende ausgegeben, um das Marketing zum Laufen zu bekommen, habe mit Dutzenden sogenannter Spezialisten zusammengearbeitet, selbst Sachen gepostet, darüber gelesen, was man posten sollte, und so weiter und so fort. Ich bin Buchhalterin und optimiere/gestalte Steuererklärungen. Das ist eine Art von Unternehmen, über die niemand gern redet. Ich bringe meinen Kunden jährlich bis zu 30.000 Dollar in Steuerersparnissen (bei meinem ersten Kunden war es tatsächlich diese Summe). Ich sicherte mir eine Domain für meine Webseite und engagierte einen Webdesigner nach dem anderen, bis ich einen fand, der genau die Art von Webseite bauen konnte, die ich mag und die alles ordentlich und professionell darstellt, was ich mache. Trotzdem findet keinerlei Kundenakquise darüber statt.

Ich fand einen Coach, der Leuten beibrachte, wie man Marketing betrieb, und sagte ihm, dass ich nicht mehr weiter lernen und noch mehr Geld ausgeben wollte. Er erklärte sich bereit, das Marketing für mich zu übernehmen. Er sagte mir, ich hätte so ein immenses Wissen und jeder, der mit mir persönlich spräche, würde mich sofort engagieren wollen. Er meinte, er könne mir 30 bis 50 Kontakte für Erstgespräche innerhalb der ersten 30 Tage besorgen. Fünf Monate und 8.000 Dollar später habe ich immer noch nichts erreicht. Er hat es irgendwann geschafft, wenigstens eine Person dazu zu bringen, mich anzurufen – allerdings jemanden, mit dem ich früher zusammengearbeitet und den ich gefeuert hatte.

Ich mache also den ganzen Tag nichts anderes, als am Schreibtisch zu sitzen und zu grübeln, wie ich Neukunden akquirieren könnte. Ich sitze so ziemlich von morgens um acht bis abends um neun am Computer, und manchmal sogar länger, und lerne neue Dinge, die mir helfen sollen, neue Kunden zu gewinnen. Momentan habe ich nur acht Stunden wöchentlich an tatsächlicher Arbeit mit den paar Kunden zu tun, die ich schon hatte, als ich noch in Teilzeit angestellt war. Ich bräuchte aber locker das Zehnfache, um wenigstens die Miete abzudecken. Es ist sehr entmutigend, dass irgendwie nichts so recht funktionieren will.«

Lindas Antwort war keine leichte Kost für mich. Ich hatte das Gefühl, sie war einer dicken, fetten Marketinglüge auf den Leim gegangen, die da lautet: Wenn dein Marketing nicht funktioniert, dann liegt das daran, dass du nur nicht genug davon machst.

Mir war sofort klar, dass ich Linda helfen wollte, also lud ich sie zu einem Call mit mir ein. Fünf Minuten später trafen wir uns das erste Mal – via Zoom. Sie führte das Gespräch aus ihrem Schlafzimmer heraus, weil sie ihre Schwester und deren Freund bei sich wohnen ließ, um Mietkosten zu sparen, und dementsprechend wenig Privatsphäre hatte sie. Sie arbeitete auch aus diesem Zimmer. Und vielleicht versuchte sie auch manchmal, in diesem Zimmer ein wenig zu schlafen, aber mich beschlich der Verdacht, dass das kein wirklich erholsamer Schlaf war.

Im Verlauf der nächsten Stunde schilderte mir Linda ihre Situation. Sie hatte vor etwas über einem Jahr gegründet, aber noch immer keine Stammkunden. Da sie nicht wusste, wie sie Leads generieren könnte, hatte sie in drei verschiedene Maßnahmen investiert. Rate mal, wie viel Geld sie dafür ausgegeben hat. Wie viel hättest du am ersten Tag dafür riskiert? Am 60. Tag? Am 200. Tag?

Linda hatte bisher mehr als 50.000 Dollar ausgegeben. Sie hatte keine Ahnung, was sie bezüglich des CLV erwarten sollte, weil sie gerade erst mit ihrem Unternehmen an den Start gegangen war, aber sie wagte es, ihre Ersparnisse auf den Kopf zu hauen und sich zu verschulden, um an Leads zu kommen. Als ich das hörte, machte mich das ziemlich wütend. Diese sogenannten Marketingexperten, die ihr das Blaue vom Himmel versprochen hatten, sollten sich wirklich schämen. Leute mit leeren Versprechungen auszubluten, ist einfach beschissen, wenn nicht sogar kriminell! Ich würde bei so was am liebsten deren Häuser ordentlich mit Klopapierrollen bewerfen. Direkt vor dem nächsten fetten Regenguss. Du würdest mir helfen, oder? Ja, wusste ich doch.

Linda erzählte mir, dass einer dieser feinen »Experten« ihr 5.000 Dollar monatlich abgeknöpft hatte, mit dem Versprechen auf eine Flut von Leads. »Als im ersten Monat keinen einzigen Lead generiert worden war, sagte er zu mir, ich müsse mehr tun«, gestand Linda mir. »Also verdoppelte ich den Betrag.«

Ein paar Monate und Tausende Dollar dieser typischen Horrorstory später hatte sie noch immer keinen einzigen neuen Kunden, und wie so viele andere Entrepreneure, die irgendwann bei mir aufschlagen, war sie am Ende der Fahnenstange angekommen. Doch nach wie vor ging sie davon aus, dass sie wohl nicht genug investierte. »Ich fragte mich, ob ich einfach nur durchhalten musste«, erklärte sie. Ja, nee.

Wir sind anfälliger für solchen Quatsch, der schnelles Geld verspricht, wenn die Zeiten hart sind, wenn wir uns sehnlichst wünschen, dass etwas, *irgendetwas* funktioniert. Wenn wir in traditionelle Marketingmethoden investieren, wie die bezahlte Lead-Generierung und bezahlte Werbung, diese aber schlechte Ergebnisse liefern, haben wir oftmals das Gefühl, dass wir etwas falsch gemacht hätten. Oder nicht genug gemacht hätten. Und allzu oft bringen uns skrupellose »Experten« dazu, dass wir genau das fühlen. Es stimmt aber einfach nicht.

»Linda, das Framework, das ich dir gleich erklären werde, kostet dich keinen müden Cent«, sagte ich zu ihr. »Du musst dich einfach nur bereit erklären, die Sache etwas anders anzugehen.«

Voller Dankbarkeit und Eifer stimmte sie zu, dem Anders-Machen-System zu folgen, mithilfe meiner Anweisung. Ich bat Linda (so wie dich) um ihre Liste der nötigen 100 idealen Interessenten. Dann erarbeiteten wir gemeinsam eine innovative E-Mail-Kampagne, die sie selbstständig verschicken konnte. Sie hatte innerhalb von drei Wochen zwei neue Kunden und einen Interessenten gelandet.

In. Drei. Wochen.

Vergleichen wir mal die Ergebnisse: Ihre traditionellen Lead-Generierungs-Versuche kosteten sie innerhalb von neun Monaten 50.000 Dollar, aber brachten keinen einzigen Kunden. Das Anders-Machen-System kostete sie gar nichts, sie investierte eine Viertelstunde Trainingszeit und das Ganze brachte ihr innerhalb von drei Wochen zwei Kunden und einen weiteren potenziellen.

Es ist wichtig, dass du dir deiner nötigen 100 bewusst bist *und* dessen, wie viel du ausgeben würdest, um sie zu bekommen. Erinnere dich daran, dass dies dein Maximalbetrag ist, der tatsächlich aber auch bei null liegen kann.

Du bist dran

Falls du die ersten zwei Seiten des Arbeitsblatts noch nicht ausgefüllt haben solltest, dann mach das jetzt. Du brauchst diese Informationen, um deinen ersten andersgearteten Schritt zu gehen. Denk daran, dass du die Vorlage einfach unter gogetdifferent.com herunterladen kannst. Oder, wenn dir das lieber ist, du auch ein leeres Blatt Papier zur Hand nehmen oder die Experimente in deinem Journal festhalten kannst.

Bevor du dich an das nächste Kapitel machst, ist es wichtig, dass du weißt, welche potenziellen Kunden du anziehen möchtest, was du verkaufen möchtest, was du damit erreichen möchtest und wie viel du dafür ausgeben würdest. Diese Klarheit wird dir bei deinem gezielten Marketing helfen, es also effektiver machen. Überspring diesen Schritt bitte auf keinen Fall.

Phase 1: Zielsetzung

Ziel: Wer ist deine Zielgruppe, dein idealer Interessent?

Weg: Was hast du ihm zu bieten?

Sieg: Wie lautet dein ultimatives Marketingresultat?

Phase 2: Investition

CLV: Wie hoch ist der Customer-Lifetime-Value deines idealen Kunden?

Abschlussrate: Wie hoch ist die Wahrscheinlichkeit, dass du diesen Kunden akquirierst, wenn du dein absolut Bestes gibst?

Investition pro potenziellem Kunden: Basierend auf deiner Wahrscheinlichkeit, wie viel Geld würdest du pro Marketinganlauf in die Hand nehmen, um einen dieser Kunden zu gewinnen?

Phase 2: Investition	
CLV: ______________________ Der typische Customer-Lifetime-Value (Umsatz) pro Kunde **Abschlussrate: jeder** ____________ Deine wahrscheinliche Abschlussrate der potenziellen Kunden (z. B. jeder 5.) **Investition pro potenziellem Kunden:** ____________ Der Geldbetrag, den du für die Akquise eines Kunden investieren würdest	**NOTIZEN:**

Phase 2: Investition – Die zweite Phase eines Anders-Machen-Experiments, wo der Customer-Lifetime-Value und das damit einhergehende Marketingbudget pro potenziellem Kunden festgelegt werden.

Ich bin dran

So habe ich meinen Teil ausgefüllt:

CLV: 28.000 Dollar

Abschlussquote: 1 zu 5

Investition pro potenziellem Kunden: 1,00 Dollar

Notizen: Der CLV gilt für nur einen einzigen Leser. Meine Tantiemen (Umsatz) pro Buch liegen bei 3,50 Dollar. Im Schnitt werden acht meiner Bücher gelesen. Das sind also 28 Dollar für mich. Ich werde andere Anders-Machen-Marketingpläne entwerfen, um den wirklich engagierten Lesern auch andere Dienstleistungen anbieten zu können.

Als Autor verkaufe ich ein physisches Produkt, ein Buch. Manche Formate bringen mehr Tantiemen, manche weniger, aber im Schnitt sind es nach meinen Berechnungen 3,50 Dollar.

Ich muss mein Marketing in ein paar Schritte aufsplitten, um die Menschen angemessen anweisen zu können. Daher werden sie bei der ersten Kontaktaufnahme um ihre Kontaktinformationen gebeten. Beim nächsten Kontakt biete ich ihnen dann vielleicht den Kauf meines Buchs an. (Außer es ist meine Mutter. Dann kaufe ich das Buch einfach für sie und behaupte, es sei ein Geschenk meines Vaters. Das ist eine Frage der Ehre.)

KAPITEL 4

Sich von den anderen abheben und Aufmerksamkeit erregen

Eine Woche nachdem Jesse Cole seiner langjährigen Freundin Emily einen Antrag gemacht hatte, fuhren sie nach Savannah, um dort ein Baseballspiel einer Minor-League-Mannschaft im historischen Grayson-Stadion anzuschauen. Zu jener Zeit besaß Jesse bereits ein Collegeteam, die Gastonia Grizzlies. Er hatte mithilfe von Kreditoren und Investoren das Geld für das junge Team zusammengekratzt. Er freute sich darauf, die Grizzlies an die Spitze zu bringen, und auf sein neues Leben mit Emily.

»Es war ein perfekter Samstagabend. 28 Grad. Blauer Himmel – der perfekte Tag für ein Baseballspiel im Stadion«, erzählte er mir, als wir uns über mein Buchprojekt unterhielten. »Doch als wir an den majestätischen Steinsäulen in Richtung Haupttribüne vorbeiliefen, sahen wir vielleicht gerade mal 200 Menschen dort sitzen.«

Noch schlimmer war laut Jesse, dass es sich wie die »Energie im Wartezimmer beim Zahnarzt« anfühlte – als würden die Leute nicht auf Spiel, sondern auf eine Wurzelbehandlung warten.

»Ich hatte noch nie ein so leeres Stadion gesehen«, sagte Jesse. »Also rief ich nach dem Spiel den Bevollmächtigten der League an und sagte ihm: ›Hey, falls dieses Profiteam je das Stadion verlassen sollte, dann stelle ich mich hiermit für die Nachfolge zur Verfügung.‹ Ich wusste, wir könnten den Baseball in Savannah verändern.«

Bühne frei für das Schicksal. Zwei Monate später verlangten die New York Mets, denen die Minor-League-Mannschaft gehörte, ein neues Stadion für 38 Millionen Dollar von der Stadt – oder sie würden gehen. Als die Mets ihr neues Stadion nicht erhielten, bekamen Jesse und Emily die Schlüssel zu dem alten Stadion und die Chance, ein weiteres Baseballteam aufzupolieren.

Die ersten Monate in Savannah waren schwierig. Obwohl sich das Team rund um den Geschäftsbetrieb wirklich anstrengte, blieben die Anwohner skeptisch. Viele schienen Baseball nicht mal zu mögen. Nach drei Monaten hatte sich gerade mal ein einziges Saisonticket verkauft. Jesse und Emily waren nun fast pleite und mussten alles – inklusive ihres Betts – verkaufen, um sich über Wasser zu halten.

Aber sie gaben nicht auf. Sie inserierten in der lokalen Zeitung und stellten dort einige ihrer verrückten, familienfreundlichen Ideen für die nächste Saison vor: All-inclusive-Tickets, tanzende Baseballspieler und ein breakdancender First-Base-Trainer. Denn Jesse hatte eine Vision: Er wollte, dass College-Baseball eher wie die Harlem Globetrotters war als die Major-League. Er sah Baseball als den Hauptakt in der Zirkusarena an, der umgeben war von fast ununterbrochenem Entertainment.

Man sollte meinen, dass diese Pläne irgendeine Art von Resonanz erzeugen hätten, aber stattdessen hörte man nur die Grillen zirpen. Niemand reagierte. Niemand reagierte, *weil es niemand mitbekam.*

»Wir brauchten dringend Aufmerksamkeit«, erklärte Jesse. »Und um diese zu bekommen, mussten wir etwas wirklich anderes ausprobieren.«

Bühne frei für das Schicksal, Teil 2: Sie organisierten einen Wettbewerb zur Namensgebung für das Team. Es standen viele brauchbare Vorschläge zur Auswahl, die sehr nach Savannah *klangen.* Die so klangen, wie ein Baseballteam *klingen sollte.* Die Sailors. Die Captains. Die Specters. Und dann gab es einen Vorschlag, der so ganz anders klang: die Bananas.

Savannah ist nicht für seine Bananen berühmt. Es gibt nichts Bananiges in Savannah. Der Name reimt sich, aber da hört es auch schon auf. Nein, da gab es noch einen Zusatz, einen entscheidenden Zusatz: Es war andersartig. Unerwartet. Also wählten sie diesen aus.

An dem Tag, als Jesse und das Team den Namen verkündeten, verwandelten sie sich vom Unbekannten zum Stadtthema. Erst wollten die örtlichen Zeitungen mit ihnen sprechen, dann auch die überregionalen. Plötzlich gingen die Saisontickets weg wie geschnitten Brot. Und noch vor dem allerersten Spiel kauften die Menschen weltweit bereits ihre Merchandise-Artikel. Das Stadion war am Eröffnungstag der ersten Saison der Savannah Bananas ausverkauft. Tatsächlich war es für jedes Spiel der Saisons von 2017 bis 2019 ausverkauft.

Ich kenne Jesse seit Jahren und habe die Geschichte, wie er eine Million Dollar Schulden in Profit verwandelte, bereits in *Profit First* vorgestellt, und seine wichtigste Entdeckung, die ihm bei der Verschlankung seines Unternehmens half, habe ich in *Clockwork* beschrieben. Als ich überlegte, mit wem ich mich für dieses Buch über andersgeartetes Marketing unterhalten wollte, stand er logischerweise ganz oben auf der Liste. Jesse ist der *Meister* der Andersartigkeit. Sein Buch *Find Your Yellow Tux* ist ein absolutes Muss für alle Unternehmer, die aus der Masse herausstechen wollen. Wenn du es liest, wirst du sofort verstehen, warum er und ich Marketing-Seelenverwandte sind.

Im Sommer 2020, als alle Sportmannschaften aufgrund der Corona-Pandemie pausieren oder ihre Aktivitäten einschränken mussten, war seine Mannschaft die einzige, die ihre Ticketbesitzer weiterhin bei Laune hielt. Tatsächlich hatten die Savannah Bananas trotz der Pandemie ein profitables Jahr. Zum Vergleich: Der Major-League-Baseball verlor im selben Zeitraum 4 Milliarden Dollar, weil versucht wurde, alles beim Alten zu belassen, obwohl die Leute nicht mehr zu den Spielen gehen konnten.[3] Jesse schreibt all seinen Erfolg der Tatsache zu, dass er immer einen Aufmerksamkeitsplan statt eines Marketingplans habe.

»Tatsächlich haben alle einen Marketingplan. Aber wie viele der Leute haben einen Plan, wie sie die Aufmerksamkeit die ganze Zeit aufrechterhalten?«, fragte Jesse mich. »Man gewinnt, indem man anders ist, weil es die Aufmerksamkeit erregt, und zwar immer.«

Die Menschen kennen nur dein Marketing, bis sie mit dir zusammengearbeitet haben, also vermarkte dich dementsprechend. Ein guter Marketingplan ist einfach eine Verstärkung des guten Marketings. Wenn du also nicht bewiesen hast, dass dein Plan die Aufmerksamkeit deiner potenziellen Kunden gewinnen kann, dann verstärkst du am Ende etwas, das gar nicht funktioniert. Du weißt ja bereits, dass du die entscheidende Millisekunde für dich nutzen musst. Also, entwickle zuerst eine Herangehensweise, die im Blinzel-Match besteht und auffällt, und entwirf dann einen Marketingplan, den du weitläufig nutzen kannst.

Ich werde in diesem Kapitel ein paar meiner Strategien mit dir teilen – und eine von Jesse –, mit denen du auf Marketingideen kommen kannst, die andersartig genug sind, um aufzufallen, um so deinem Unternehmen zu mehr Wachstum zu verhelfen. Bevor wir aber damit loslegen, möchte ich dich bitten, die »geniale Idee« aus deinem Kopf zu streichen. Könntest du irgendwann, eines Tages, über etwas stolpern, das man als »geniale Idee« sehen könnte? Sicherlich. Aber Fakt ist, dass du weder brillant noch provokant oder hyperintelligent sein musst, um anders zu sein. Und du musst auch nicht wie ich sein. Ich bin ein komischer Kauz. Ich habe andauernd merkwürdige und verrückte Sachen im Kopf und schiebe meine Ängste zur Seite, um neue Ideen auszuprobieren. Das musst du nicht tun. Es könnte völlig ausreichen, das, was du hast, ein klein wenig zu optimieren. Stell dir also selbst nicht die Falle der Enttäuschung oder Frustration, weil du extrem hohe Erwartungen an dich stellst, etwas Revolutionäres zu erschaffen. Elementar, grundlegend und einfach reicht, solange es andersartig ist.

Versuch dich an einem anderen Medium

Einer der einfachsten Wege, um dein Marketing von anderen abzuheben, ist die Nutzung eines anderen Mediums – anders als das, was du bisher genutzt hast, und anders als das, was in deiner Branche üblich ist. Wer sagt denn, dass du es mit Facebook-Ads machen *musst*? Oder Postwurfsendungen? Oder Videos? Niemand – so sieht's nämlich aus. Okay, die meisten in deiner Branche behaupten das zwar, aber niemand, *der etwas davon versteht*, sagt das. Was ich damit sagen will: Die sogenannten Marketingexperten und Werbegurus, die Leute bei den Treffen der Handelskammer, die »schon ein paar Branchenjahre auf dem Buckel« haben, sind alle nicht deine Chefs.

Natürlich musst du darüber nachdenken, ob deine nötigen 100 dein Marketing tatsächlich *sehen* werden, wenn du das Medium wechselst, denn nicht alle Medienwechsel werden funktionieren. Beispielsweise werden die Geschäftsführer auf der Vorstandsebene deine Coupons nie zu sehen bekommen, die du postalisch geschickt hast, auch wenn sie ihren Assistenten vielleicht auffallen. Es ist aber wahrscheinlicher, dass sie einfach im Papierkorb landen werden, bevor sie überhaupt den Schreibtisch im Vorzimmer erreicht haben.

Geh also den Minischritt und frage dich: »Was wäre, wenn ich einfach das *Medium* ändere, mit dem ich mein Marketing betreibe?« Manchmal kann eine kleine Veränderung einen großen Unterschied machen. Um deine grauen Zellen so richtig anzufeuern, habe ich hier ein paar Beispiele für Marketingmedien aufgelistet: Videos, Schilder, Broschüren, Direktpost, Influencer-Marketing, Printmedien, Verpackung, Außenwerbung, Innenwerbung, Telefon, Webseite, Pay-per-Click, SEO, Social Media, Affiliate-Marketing, E-Mail, Fernsehen, Vorträge, Empfehlungsmarketing, gestützte Weiterempfehlung, Branchenmessen, Konferenzen, Mobile-Hotspot-Werbung*, PR, Listeneinträge, Unterstützungserklärungen … Die Liste geht weiter und weiter.

Versuch es mit einem Medium, das üblicherweise niemand sonst in deiner Branche benutzt. Wenn alle Text-E-Mails schreiben, verschick doch mal eine mit einer Videobotschaft. Wenn die anderen keine Prospekte verschicken, solltest du es tun. Wenn sie es tun, gestalte deine anders. Etwas ist anders, wenn es atypisch ist.

---

* Es gibt eine schier endlos lange Liste an Marketingmedien. Ich stolperte über das »Mobile-Hotspot-Marketing« während einem meiner Flüge. Jemand hatte seine Bluetooth- und WLAN-Verbindung auf dem Handy in »Die CIA« umbenannt. Lustig! Und jedes Mal, wenn ich das WLAN anschalten wollte, sah ich »Die CIA«, wie auch alle anderen Flugzeuginsassen. Also änderte ich meinen Hotspot-Namen in »Kaufen Sie *Profit First* beim Händler Ihres Vertrauens«. Meine Hoffnung war, dass die anderen Fluggäste dachten: »Da muss ich doch mal nachschauen, was das ist.« Niemand sonst, den ich kenne, macht das. Also bis jetzt zumindest, und daher ist es immer noch andersartig.

Eine meiner Lieblingsgeschichten über Direktwerbung ist die von Kasey Anton, der jetzt Spark Business Consulting gehört und die einen Profit-First-zertifizierten Master hat – ihr gehörte aber auch mal ein piekfeines Restaurant in Boston.

»Es lag in einer Gasse im Back Bay«, schrieb sie mir in einer E-Mail, nachdem ich sie um Details gebeten hatte. »Man musste sozusagen ›zu den Eingeweihten‹ zählen, um bei uns zu Abend zu essen, doch trotz all diesem Rambazamba, dieser sexy Exklusivität, hatten wir Probleme, unter der Woche genügend Gäste an die Tische zu locken.«

Kasey hatte eine Idee – eine, die ihre Partner hassten. Sie wollte den Gästen, die bei ihrem letzten Besuch eine Kommentarkarte ausgefüllt und ihren Namen, ihre Adresse und ihr Geburtsdatum eingetragen hatten, postalisch eine Geburtstagskerze schicken. Zudem sollte ein Gutschein für einen Hauptgang ihrer Wahl beiliegen, auf dem stand: »Das Abendessen geht auf uns!«

»Meine Partner waren der Meinung, es sei unter unserer Würde, so offensichtlich zu werben«, erklärte Kasey. »Ich dachte mir, man half so einfach jemandem, seinen Geburtstag zu feiern, was ich an dem ganzen Gastrogeschäft von Anfang an am meisten mochte: die Feierlichkeiten.«

Ihren Partnern ging es aber primär um die Ästhetik, aber sie hatten keinen Marketingplan – also wirklich keinen. »Einer der Partner besuchte höchstpersönlich erstklassige Restaurants, um dort ›zu sehen und gesehen zu werden‹ und dabei ganz nebenbei die Leute zu uns ›einzuladen‹. Mein anderer Partner, unser Koch, blieb einfach in der Küche, in dem Glauben, dass man nur gut genug kochen müsse, dann würden die Leute schon ›von selbst kommen‹. Mir hing die Warterei zum Hals raus und die Rechnungen lösten sich auch nicht von selbst in Luft auf. Also tat ich das, was meiner Meinung nach getan werden musste, und investierte in meine Marketingidee, um zu sehen, was sich daraus ergeben würde.«

Sie ging die Kommentarkarten durch, die ihre Kellner bei den Gästen eingesammelt hatten, sortierte sie monatlich nach Geburtstagen und Jubiläen und übertrug diese in eine Tabelle, sodass sie ganz einfach Label ausdrucken konnte. Dann erstellte sie das Angebot in Word. »Ganz ohne Kleingedrucktes, keine Gratiszugaben à la ›Zwei zum Preis von einem‹, kein Mindestverzehr, weil ich dachte, das hinge eh allen zum Hals raus«, erklärte sie weiter.

(Jepp, stimmt, das tut es, Kasey. Uns hängt der immer wieder gleiche Scheiß zum Hals raus.) »Ich wollte einfach nur sagen: ›Hallo, du hast Geburtstag, herzlichen Glückwunsch! Lass mich dir dafür ein Abendessen spendieren.‹ Nicht mehr, nicht weniger. Die einzige Einschränkung bestand darin, dass das Angebot nicht an einem Freitag- oder Samstagabend gültig war, weil wir da generell schon ziemlich ausgelastet waren.«

Kasey ging davon aus, dass die wenigsten Leute an ihrem Geburtstag allein essen gehen würden, das Restaurant also zumindest ein bisschen an den anderen Gästen, die zur Begleitung mitkamen, verdienen würde. Und so war es auch. Die Geburtstagskerzen erweckten das Interesse, weil dies keine typische Werbung war, und wer kriegt keine leuchtenden Augen (hüstel), wenn er eine Geburtstagskerze bekommt?

»Auch wenn meine Partner ein wenig spöttisch auf die Aktion herabschauten, beschwerte sich kein einziger Kunde. Sie *liebten* die Idee, und die anderen Gäste konnten es kaum erwarten, uns ihre eigenen Kundenkommentare auf Karten zu schreiben, damit sie auch auf die Liste gesetzt würden.«

Kasey hielt den Return on Investment (ROI) der Kerzenidee fest. Abgesehen von den Kosten für den Gratis-Hauptgang waren die restlichen Aufwendungen sehr niedrig: ungefähr 200 Briefmarken und Papierbögen, ein wenig Druckertinte und ein paar Packungen Geburtstagskerzen. Also für weniger als 200 Dollar hatten sie eine Werbeaktion am Start, die ihnen mehr als 18.000 Dollar an neuem Umsatz in einem Monat einbrachte.

Kasey ließ die Aktion weiterlaufen, bis sie das Restaurant 2008 verkaufte. »Bis heute bin ich der Meinung«, sagte sie zu mir, »dass dies die entscheidende Aktion war, die uns über Wasser gehalten hat.«

Erkennst du, was allein die Veränderung des Mediums erreichen kann? Und wie viel Kraft eine simpel umzusetzende Idee entfalten kann?

Ideen ausgraben

Wie viel wäre es dir wert, wenn du Mäuschen spielen und anderen dabei zuhören könntest, während sie über dein Angebot sprechen? Das ist unbezahlbar, das verrate ich dir. Brainstormen in der Gruppe ist einer der besten

Wege, um auf eine Menge andersgearteter Marketingideen zu kommen, dabei aber die tief verwurzelten Vorurteile und die reflexartigen Urteile gegen unsere eigenen Ideen zu umgehen.

Vielleicht hast du eine ähnliche Übung bereits in der Vergangenheit ausprobiert. Die »Ideenausgrabung« ist eine von mir erfundene Gruppen-Brainstorming-Methode, die zu Teilen aus Popcorn, aus »Mike« und aus Unternehmens-Genie-Regeln besteht. Ich nutze sie mit meinem Team und mit meinen Kunden.

Und so funktioniert's:

1. Versammle eine Gruppe von mindestens fünf Menschen um dich, die Bock darauf haben. Versuch dabei, Leute mit unterschiedlichem Werdegang und Erfahrungshorizont zu finden, auch welche, die wenig bis gar nichts mit deiner Branche zu tun haben.

2. Benennt eine Person zum Moderator, der den Blick auf die Uhr und die Regeln hält. Gib dann der versammelten Gruppe die folgenden Informationen:
   a. eine Kurzzusammenfassung deines idealen Avatars (also deines idealen Interessenten),
   b. eine Kurzzusammenfassung deines Angebots und wie es deinem Avatar helfen würde,
   c. das Problem deines Avatars, das dein Angebot am besten löst,
   d. die typische Art, wie deine Konkurrenz das gleiche oder ein ähnliches Angebot bei euren potenziellen Kunden vermarktet.

3. Schnapp dir ein Notizbuch und einen Stift. Dreh deinen Stuhl um 180 Grad, sodass du die Gruppe zwar hören kannst, die Teilnehmer aber dein Gesicht nicht sehen können. Falls ihr das Ganze in einem virtuellen Raum macht, schalte einfach deine Kamera und dein Mikro aus.

4. Stell einen Timer auf maximal 30 Minuten. Nun teilen alle in der Runde einer nach dem anderen ihre neue und andersgeartete Idee,

wie du dein Angebot vermarkten könntest. Schreib alle Ideen kommentarlos mit. Du wirst ohnehin keine Zeit für Wertungen haben, denn sobald die Gruppe einmal in Wallung kommt, wirst du nur so zugeworfen mit Ideen.

5. Die Goldene Regel bei dieser Übung: Niemand kommentiert die Ideen. Ihr geht einfach zur nächsten Idee über oder baut auf der vorherigen auf, aber unterbrecht niemals den Fluss. Keine Stille Stunde, sondern einfach Ideen. Nur eine inexistente Idee ist eine schlechte Idee. Hier übertrumpft ganz klar Quantität die Qualität.

6. Falls die Gruppe mal steckenbleiben sollte, kommt der Moderator zum Einsatz und versucht sich an einer der folgenden Techniken:
   a. Sperrenaufhebung: Er versucht, alle Barrieren aufzulösen, indem er die Gruppe fragt, wie sie vermarkten würde, wenn es grenzenlose Zeit, Budget oder andere Ressourcen gäbe.
   b. Sperreneinführung: Er erschafft eine unerwartete Barriere, um die Gedanken in neue Bahnen zu lenken. Er könnte zum Beispiel sagen, dass der ideale Avatar blind sei oder auf einer Insel lebe oder eine geheime Superkraft hätte.
   c. Inspirierende Objekte: Er sucht ein Objekt im Raum aus und bittet die Teilnehmer um Marketingideen, die dieses Objekt mit einbeziehen oder irgendwie damit zu tun haben.
   d. Haarsträubende Gedanken: Er bittet die Gruppe um Herangehensweisen, die zwar spaßig, aber auch riskant sind – die Art von Idee, die einen um Kopf und Kragen bringen könnte. Manchmal fangen die besten Ideen völlig absurd an!
   e. Personenwechsel: Er bittet die Gruppe darum, sich vorzustellen, eine berühmte Persönlichkeit – egal ob lebend oder tot – würde das Angebot vermarkten. Oder was wäre mit einem Kind? Oder ein völlig branchenfremder Fachmann, wie ein Klempner, der Strumpfhosen vermarktet? Oder ein Strumpfhosenmodel, das Sanitärarbeiten vermarktet? Wie würden andere es machen?

Diese Ideenausgrabungsübung ist vor allem für Menschen praktisch, die, auf sich allein gestellt, Probleme bei der Ideenfindung haben. Du wirst sicherlich nicht alle Ideen nutzen – womöglich keine einzige –, aber du wirst auf jeden Fall ein paar Rohdiamanten entdecken, die das Schleifen wert sind. Am Ende dieses Kapitels werde ich noch eine Geschichte mit dir teilen, wie eine meiner Kundinnen diese Übung genutzt hat, um auf eine absolut erstklassige Idee zu stoßen, mit der sie ihr ultimatives Marketingresultat innerhalb von zwei Wochen erreicht hat. Es funktioniert wirklich!

Mach das Gewöhnliche und das Verborgene kenntlich

Beim Brainstorming um andersgeartete Ideen ist es wahnsinnig hilfreich, das Gewöhnliche im Blick zu haben, weil es das Außergewöhnliche auslöst. Das ist wichtig. Denn um Farbe sehen zu können, brauchen wir Schwarz und wir brauchen Weiß. Um Töne vernehmen zu können, brauchen wir die Stille. Um anders vermarkten zu können, musst du wissen, wie die Leute üblicherweise vermarkten.

Der erste Schritt ist also simpel: Halte die branchenübliche Vermarktungsmethode fest. Beschreib dein Angebot. Was sind die gleichen ersichtlichen Features und Vorteile, für die sich deine Konkurrenz brüstet? Falls deine Konkurrenz nicht das *exakt* Gleiche verkauft wie du, dann verkauft sie höchstwahrscheinlich etwas Ähnliches, sonst würdest du sie nicht als Konkurrenz wahrnehmen, oder? Falls es dir hilft, dann stell dir an dieser Stelle das Bild deines Feindes vor. Welchen Aspekt seines Angebots würde er in seinem Marketing hervorheben? Betont er zum Beispiel die Langlebigkeit seines Produkts? Oder den schnellen Service? Falls deine Konkurrenz mit Vergleichen arbeitet: Wie zeigt sie in der Werbung, dass ihr Angebot besser als das der anderen ist?

Wenn du die Vorteile deines Angebots auflistest, denk dabei an Erfahrung und Ergebnisse. Wie zeigt deine Konkurrenz, dass ihr Produkt den Kunden am besten nützt? Der Vorteil ist hierbei das »Damit können Sie …« Das Feature ist also die einzigartige Funktion, während der Vorteil das ist, was man aus diesem Feature für sich ziehen kann. Beispielsweise könnte das

Feature »Hellere Beleuchtung« sein, dann wäre der Vorteil »Damit können Sie weiter sehen«.

Betrachte als Nächstes die allgemeine Nutzung deines Angebots. Wie benutzt dein Zielmarkt dein Produkt oder deine Leistung? Falls du zum Beispiel reflektierendes Tape verkaufen willst, wird es dann am ehesten auf Baustellen genutzt, um die gefährlichen Stellen abzusperren? Oder nutzen es Jogger für ihre Schuhe und Kleidung, damit sie von Autofahrern nachts besser gesehen werden?

Auf deiner Liste hast du nun also festgehalten, wie die »grauen Anzüge« sich vermarkten. Jetzt geht es um die »roten Anzüge« und das Brainstorming für einen andersgearteten Ansatz. Einschränkungen stoßen kreatives Denken an, also erwäge die folgenden Punkte:

- Was wäre, wenn du dein Produkt bei einer bestimmten Person, die du persönlich kennst, vermarkten müsstest? Was würde ihre Aufmerksamkeit wecken, wenn du dich inmitten einer Menge von Hunderten anderen Menschen befändest?
- Was wäre, wenn du so engmaschig vermarkten müsstest, dass du nur ein einziges Feature und einen einzigen Vorteil nennen dürftest? Wie könntest du diese dermaßen verstärken, dass die anderen Punkte unwichtig würden?
- Was macht dein Angebot zu etwas Atypischem? Worüber redet sonst niemand?
- Was wäre, wenn du keine einzige der branchenüblichen Marketingmethoden nutzen könntest? Was würdest du dann ausprobieren?
- Was könnten Gründe sein, dein Angebot auf keinen Fall zu nutzen? Welche sind die Punkte, die die meisten Menschen nicht mögen? Wie könnten genau diese Punkte zu etwas werden, das einige wenige ideale Interessenten lieben würden?
- Was macht dein Angebot nicht? Welche Features hat es nicht? Und warum macht genau das dein Produkt oder deine Leistung besser?

Lass uns kurz in diesen letzten Punkt eintauchen: die fehlenden Features und Vorteile deines Angebots. Das Ziel dieser Auflistung ist die Quantität, nicht die Qualität. Sammle einfach, was geht. Auswählen kannst du später. Viel später.

Als ich Jesse anrief, um mir von ihm erklären zu lassen, wie er es geschafft hatte, dass die Savannah Bananas ein profitables Jahr in der Saison 2020 gehabt hatten, obwohl aufgrund von Covid-19 alle Events weltweit ausgesetzt worden waren, forderte ich ihn zu einer Runde »Das Gewöhnliche und das Verborgene« heraus. Ich ließ meinen Blick über den Schreibtisch schweifen und wählte das erstbeste Objekt aus, das mir auffiel: ein einfacher Taschenrechner.

»Schauen wir doch mal, wie geil wir das vermarkten könnten«, sagte ich zu ihm.

Da Jesse nun mal mein Seelenverwandter im Marketing ist, wusste ich, er würde sofort mitspielen.

Erst listeten wir alle Features und Vorteile auf, die die meisten Unternehmen im Marketing für diesen Taschenrechner erwähnen würden: lange Akkulaufzeit, geringes Gewicht, akkurat, einfache Tastenbedienung et cetera. Der allgemeine Nutzen war schnell benannt: Sachen ausrechnen. Nicht allzu kompliziert also.

Jetzt hatten wir die »Gewöhnlich-Liste« fertig und konzentrierten uns auf das Verborgene. Was waren die nicht vorhandenen Features und Vorteile dieses einfachen alten Taschenrechners?

An dieser Stelle sollte ich vielleicht erwähnen, dass sich meine Schreibpartnerin AJ Harper im Laufe des Gesprächs dazugeschaltet hatte. Das ist wichtig, weil AJ Marketing hasst. Ehrlich, sie *haaaaaaaasst* Marketing. Obwohl sie der folgenden Aussage vielleicht widersprechen würde, habe ich die These, dass sie es nur so sehr hasst, weil sie meint, sie sei nicht gut darin. Außerdem hat sie eine tief verwurzelte Angst vor dem Herausstechen. Im Laufe des Gesprächs hatte sie ein paar Mal erwähnt, dass es Jesse und mir einfach in der Natur lag, auf kreative Ideen jenseits der Masse zu kommen. (Seelenverwandte, habe ich das schon oft genug erwähnt? Ich möchte nur sicherstellen, dass du das auch wirklich mitbekommen hast.) Auch wenn das teilweise richtig ist, so ist es doch *richtiger*, dass wir üben. Wir bauen unseren Marketingmuskel mit Training auf. Andauernd. Es ist total einfach und du kannst das auch üben, zum Beispiel jetzt sofort. Hast du Bock?

Nimm das erstbeste Objekt, das dir auffällt, und überlege dir dafür Marketingideen. Das kann alles sein. Zum Beispiel eine Royal-Schreibmaschine von 1937, eine Flasche Cabernet Sauvignon von Caymus oder ein Bartglätter von Xikezan. Ja, das waren tatsächlich die ersten drei Sachen, die ich in meinem Büro erspäht habe. Und noch mal ja, ich weiß, dass das wie der Anfang eines Horrorfilms klingt. Die Mordwaffe? Der Bartglätter natürlich. Das Opfer? Der Weihnachtsmann.

Was ich aber eigentlich damit sagen will: Du kannst deinen Marketingmuskel mit *allem* trainieren, aber es darf nichts sein, was du selbst herstellst oder anbietest. Wir können uns bei dem Kram anderer Menschen richtig viel trauen, aber werden feige bei unserem eigenen Zeug. Also trainiere mit andersgearteten Marketingideen für andere. Klar soweit?

Zurück zu Jesse, AJ und mir. Da waren wir also und versuchten, auf grandiose Marketingideen für einen spottbilligen Taschenrechner zu kommen. Wenn wir so etwas machen, hört AJ die meiste Zeit eher unserem Geplänkel an verrückten Ideen zu, was sie manchmal zum Lachen (oder zum Augenverdrehen) bringt. Doch diesmal sagte sie plötzlich aus dem Nichts heraus: »Na ja, ein Taschenrechnet hat kein GPS. Wir benutzen dauernd den auf unserem Handy, und das hat GPS.« Clever, AJ! Da ist oftmals genauso viel Macht in den Features, *die* du anbietest, wie in denen, die du *nicht* anbietest.

Wir dachten angestrengt über die Vorteile dieses »Nicht-Features« nach. Letzten Endes war es ganz einfach: Du kannst Sachen eintippen, ohne dass die Regierung es tracken kann. Und wenn man dieses verborgene »Nicht-Feature« mit dem gewöhnlichen Feature einer langen Akkulaufzeit kombinierte, dann hatte man – tadaa! – eine neue Zielgruppe: die Prepper. Falls du tatsächlich Taschenrechner verkaufst, dieser Avatar aber einfach nicht zu dir passen würde, dann überleg dir, inwiefern dieses fehlende Feature deinem idealen Avatar etwas bringen könnte.

Verstehst du jetzt besser, was Brainstorming in der Gruppe bringen kann? Selbst jemand, der Marketing *hasst* und total skeptisch der Idee gegenübersteht, einen einzigartigen Weg für die Vermarktung von etwas zu finden, kann auf eine Idee kommen, die eine genauere Betrachtung wert ist.

Finde deinen Superlativ

Du weißt bereits, was passiert, wenn du dich darauf konzentrierst, besser als deine Konkurrenz zu sein – nichts. Genauer: gar nichts. Und noch mal, weil man es nicht oft genug sagen kann: *Besser ist nicht besser. Anders ist besser!* Dein Unternehmen arbeitet womöglich schon anders als die Konkurrenz, aber diese Abgrenzung allein reicht nicht, um aufzufallen. Als Erstes brauchst du Aufmerksamkeit. Sobald du diese hast, haben alle Gründe, weshalb du besser bist als alle anderen in deiner Branche, einen Effekt.

Das, was das Anders-Machen-Marketing anders (da ist dieses Wort schon wieder!) macht, ist die Tatsache, dass es mit der Aufmerksamkeit beginnt. Du wirst großartige Bücher, Systeme und Strategien finden – unter anderem welche, die ich wärmstens empfehle wie *StoryBrand: Wie Sie mit starken Geschichten Ihre Kunden überzeugen* von Don Miller, *The 1-Page Marketing Plan* von Allan Dib, *Purple Cow* von Seth Godin und *Duct Tape Marketing* von John Jantsch[4] –, und dein Unternehmen wird definitiv von deren Nutzung profitieren. Dieses Buch ist dennoch anders (Cha-Cha-Cha), denn hier geht es um die ersten Millisekunden, in denen du entweder das Interesse der potenziellen Kunden weckst – oder eben nicht. Eine attraktive Message ist nichts, wenn niemand einen Blick darauf wirft.

Jetzt sagt vielleicht eine leise Stimme in deinem Kopf: »Ja, aber Mikey-Mike, unser Kram ist besser als besser, denn es ist tatsächlich das Beste auf dem Markt.« Weißt du, ich werde keine Diskussion mit der leisen Stimme anfangen, denn es kann gut sein, dass ihr wirklich die Besten seid. Aber das allein reicht nun mal nicht, um die Leads dann zu generieren, wenn ihr das wollt. Es hilft bei persönlichen Weiterempfehlungen, wenn man der Beste ist, aber wenn man andersgeartetes Marketing betreibt, hat man die Kontrolle über die Menge an Leads.

Es gibt einen weiteren Aspekt, der dir zusammen mit dem Produkt-/Dienstleistungs-»Besten« helfen wird, aufzufallen. Das ist die Botschaft oder Positionierung, die sonst niemand in der Branche für sich beanspruchen kann: die Marketingmethode der Superlative.

Der Markt für scharfe Soße ist, um es milde auszudrücken, heiß umkämpft. Als ich für ein Dinner, das wir veranstalteten, nach einer Soße suchte, fand ich mehr als 120 Marken – die unzähligen Geschmacksrichtungen noch gar nicht mitgerechnet. Insgesamt lieferte eine schnelle Suche im Internet eine Liste von über 500 scharfen Soßen. Da gab es Torchbearer, Angry Goat, Bravado, Puckerbutt, Tahiti Joe's, Iguana, Original Juan, Ring of Fire, Ghost Scream, Crazy Jerry', Bone Suckin' Sauce, Lottie's, Blind Betty's, Ole Smokey, Stubb's, Texas Pete und Tabasco. Wer nicht ausgerechnet zu den wenigen Hot-Sauce-Spezialisten zählt, wird wohl die wenigsten dieser Namen kennen. Am bekanntesten ist vermutlich Tabasco, der Platzhirsch unter den scharfen Soßen. Das ist die Standardmarke, auf die man zurückgreift, wenn man sich sonst im Dschungel der Auswahl verirren würde. Um diese Firma zu schlagen, muss man anders vermarkten. All diese anderen Marken sind anders, viele sind vielleicht besser als Tabascos scharfe Soße, und einige wenige sind sogar ausgesprochen lecker. Aber das ist alles wertlos, solange du keine Marketingstrategie der Superlative fährst. Genau das hat Frank's RedHot gemacht.

Die Firma wurde bereits 1918 von Jacob Frank gegründet und sie produziert bis heute eine mildscharfe Soße. Höchstwahrscheinlich kennst du die Marke nicht seit deiner Kindheit, aber wenn du dich ein wenig im US-amerikanischen Markt bewegst, ist die Wahrscheinlichkeit hoch, dass du ihre geniale Marketingkampagne kennst. Ihr Marketing ist so erfolgreich, dass die Spots – zumindest während ich dieses Buch schreibe – in den USA noch regelmäßig im Fernsehen und Radio laufen. In dem Werbeclip kommt Ethel vor, eine ältere Feinschmeckerin, der das Herz auf der Zunge liegt. Als Ethel im Clip zu Frank's RedHot befragt wird, antwortet sie: »Den Scheiß schmeiß ich mir auf alles drauf!« Stell dir mal vor, deine süße alte Omi würde das sagen.

Eine Großmutter, die über scharfe Soßen spricht und sagt, dass sie den Scheiß auf alles draufschmeiße, ist anders. Eine nette Stimme älteren Semesters, aber mit dem Mundwerk eines Bauarbeiters. Das ist anders. Das gehört zu den *verrücktesten* Sachen in der Hot-Sauce-Szene. Frank's RedHot hat den Nagel auf den Superlativ-Kopf getroffen – und ich kaufte für unser Dinner daher nicht den Platzhirsch Tabasco, sondern Frank's RedHot. Es wurde anders vermarktet, deswegen fiel es mir auf. Ich kaufte den Superlativ. Ich packe den Scheiß zwar nicht auf alles drauf, aber weil Ethel sagt, ich könne, kaufe ich einfach noch mehr.

Dein Marketing kann das verrückteste, lustigste oder komischste sein. Oder das ernsteste oder tiefgründigste. Es muss einfach nur der Superlativ in seiner Kategorie sein. Extreme werden wahrgenommen und bleiben in den Köpfen der Menschen hängen.

Die Wahrscheinlichkeit, dass du noch sagen kannst, wann dir mal in deinem Leben am kältesten war, ist ziemlich hoch. Bei mir war es das eine Mal, als ich das sagenumwobene Eisbärentauchen* auf Coney Island durchgezogen habe. Du kannst dich noch an die Zeit erinnern, als du mal am kränksten warst. Du kannst dich sicher noch an deinen größten Erfolg erinnern. Oder an den schönsten Urlaub aller Zeiten. Das sind alles einzigartige Superlative und Extreme.

Im Gegensatz dazu ist es ziemlich schwierig, sich an die Hunderte Male in den letzten zwanzig Jahren zu erinnern, in denen dir »ziemlich kalt« war. Oder die unzähligen Male, als du irgendwie Schnupfen hattest. Das Extreme fällt auf. Die »Fasts«, »Irgendwies« und »Ziemlichs« sind weißes Rauschen und schnell vergessen. Wenn du möchtest, dass deine idealen Interessenten dich wahrnehmen – und bei allem, was dir heilig ist, willst du das –, dann kannst du den Superlativ für dich nutzen.

Was ist dein Marketing-Superlativ? Ich kann dir das nicht verraten, das musst du schon für dich selbst herausfinden. Es ist sicherlich nichts, was du dir bei der Konkurrenz abschauen kannst. Das kannst nur du, wirklich nur du allein, wissen. Die gute Nachricht ist, dass du es ziemlich leicht herausfinden kannst. Wie das geht, kann ich dir aber verraten.

Eine einfache Onlinesuche nach Worten, die mit »ste« enden, resultiert in Tausenden von Begriffen, was selbst die *pedantischsten* aller Sprachkünstler befriedigen dürfte. Ich habe meine absoluten Favoriten in alphabetischer Reihenfolge aufgelistet – ein Wort pro Buchstabe des Alphabets. Aber nicht nur zum Anschauen und Schmunzeln. Hier ist der Deal: Während du dir die Liste durchliest, überlegst du dir, welcher Begriff eine Verstärkung dessen ist, was du von Natur aus bist. Und falls du im Marketing unterwegs bist: Welcher Superlativ stellt am ehesten die Werte deines Unternehmens dar? Bei

* Anm. d. Ü.: Die US-amerikanische Variante des hiesigen Eisschwimmens oder Winterbadens.

Frank's RedHot kommt die dreisteste und unverblümteste Ausdrucksweise zum Vorschein. Die Verstärkung der Savannah Bananas ist, dass sie das spaßigste Baseballteam der Welt sind. Dein bestes Extrem ist das Maximum deiner selbst.

Absurdesten

Bulligsten

Charismatischsten

Dreckigsten

Eisigsten

Frechsten

Gereiztesten

Heißesten

Interessantesten

Jagdtriebigsten

Klebrigsten

Lebhaftesten

Merkwürdigsten

Nettesten

Ordentlichsten

Provokantesten

Qualitativsten

Räumigsten

Süchtigsten

Tödlichsten

Undichtesten

Vorlautesten

Witzigsten

Xerischsten (Ich weiß zwar auch nicht, was es heißt, aber mein Sohn Tyler, der sich super mit Umweltschutz auskennt, erwähnte den Begriff während einer Wanderung, das muss es also geben.)

Yuppihaftesten

Zimperlichsten

Welchen dieser Begriffe oder welches völlig andere Extrem würdest du für dich als einzigartige Marketingperspektive beanspruchen? Ohne auch nur eine Sache daran zu verändern, wie könntest du jetzt sofort die Vorteile deines Angebots mithilfe eines Superlativs anders beschreiben? Erstelle deine eigene Liste anhand der »Du-bist-anders«-Übung am Ende von Kapitel 2. Teile dann deine Liste mit deinem Team. Welches Wort beschreibt dein Unternehmen auf andere Art? Welcher Begriff verstärkt das, was dein Unternehmen bereits ist? Sobald du das herausgefunden hast, überleg dir, welches Medium (zum Beispiel eine E-Mail-Kampagne, Mailings, Anrufe, Messen, Tattoos) am besten diese Qualität darstellen könnte. Wie kannst du deine

Botschaft so verfeinern, dass deinen idealen Interessenten dein Extrem definitiv ins Auge fällt?

Mix es

Als Anders-Macher willst du normalerweise – *Halt! Stopp!*

Bevor ich jetzt hier weitermache, muss ich dich auf eine Sache hinweisen, denn wir hatten gerade einen ziemlichen wichtigen Moment, du und ich. Ist dir aufgefallen, dass du nun ganz offiziell ein Anders-Macher bist? Das ist eine ziemlich große Sache und hier ist der Beweis dafür: Wofür steht AAA? Richtig! »Auffallen« (»Anders« wäre auch akzeptabel), »Anziehen« und »Anweisen«. So sieht's aus. Ein weiterer Test: Welche Frage stellst du auf ewiglich bei jedem kleinen Stück Marketing? »Ist das im Sinne des AAA?« Sauber! Du wirst Marketing nie wieder mit demselben Blick sehen können, dank deines AAA. Ha! Außerdem verstehst du in Zukunft alle meine Insider-Witze, du neuester Seelenverwandter im Marketing. Japp, genau, wir sind jetzt so was wie Seelenverwandte.

Aber jetzt genug der Bindungspflege und zurück an die Arbeit.

Als Anders-Macher willst du normalerweise das aktuelle Marketing deiner Branche betrachten, damit du dieses weiße Rauschen, das alle ignorieren, vermeiden kannst. Mit der Mixermethode willst du dir die Leute außerhalb deiner Branche und deren Marketingmethoden anschauen, um diese – zumindest teilweise – nachzuahmen. Das, was bereits in einer anderen Community abläuft, kann das Potenzial haben, in deiner als neu und anders wahrgenommen zu werden. Wenn du also Marketing betrachtest, dann schaue dir immer – und ich meine *I* bis *M* bis *MER* – *immer* an, wie Menschen außerhalb deiner Branche vermarkten. Es liegen wertvolle Nuggets versteckt in diesen endlosen Weiten. Ein Weg, um nicht in der Masse der eigenen Konkurrenz zu versinken, ist, im Marketing der Masse einer völlig anderen Branche zu versinken. Das ist die beste Variante von F&E, also Forschung und Entwicklung. Du weißt schon: flink stibitzen und eigenhändig nachschnitzen.

Ich bin alt genug, um mich noch an die Zeit zu erinnern, als Banken Drive-Through-Fenster einführten. Woher hatten sie wohl diese Idee?

Logisch, von Fast-Food-Restaurants. Gut, das ist eine Veränderung in der Dienstleistung, aber du kannst diese Mix-Methode ebenso beim Marketing anwenden. Beispielsweise hat McDonald's Spielzeug als mächtiges Marketinginstrument eingeführt. Kinder haben ihre Eltern früher angebettelt, mit ihnen zu McDonald's zu fahren, für ein einfaches billiges Plastikspielzeug. Vernon Hill, der Gründer der Commerce Bank, nutzte eine ähnliche Marketingtechnik. Nachdem ihm aufgefallen war, wie oft Hunde, nicht Kinder, als Beifahrer mit zur Bank kamen, ließ er seine Mitarbeiter den Kunden im Drive-Through Hundeleckerli mitgeben. Nun waren es nicht die Kinder, die unbedingt zu McDonald's wollten, sondern die auf Pawlow'sche Art konditionierten Hunde, die bellten und sabberten, wenn Herrchen oder Frauchen an einer Commerce Bank vorbeifuhr. Hill verkaufte seine Bank 2008 für 8,5 Milliarden Dollar an die TD Bank.

Lass uns also ein wenig gemixtes Marketing für dein Unternehmen betreiben, damit die nächsten 8,5 Milliarden am besten in *deine* Tasche wandern. Nehmen wir mal an, du besäßest eine Staubsaugerfirma. Die meiste Marketingwerbung läuft über das Fernsehen – die halbstündigen Infomercials, in denen zwei Schauspieler allen möglichen komischen Kram wegsaugen, der normalerweise niemals auf dem Boden landen würde, außer man lebt im Hinterzimmer eines Infomercial-Studios. Wer bitte schüttet trockenen Reis über den Boden, lässt Rotwein darüber fließen, berieselt das alles mit Dreck und packt dann noch ein Sahnehäubchen obendrauf? Genau, der Typ von ShamWow macht das! Inzwischen weißt du ja, dass du *kein* noch besseres Infomercial drehen wirst, in dem noch krasserer Kram weggesaugt wird. Nein. Du wirst anders sein. Also schaust du dir zur Inspiration das Marketing anderer Firmen in anderen Branchen an.

Nehmen wir zum Beispiel die Pharmaindustrie. Wir alle kennen die lange Liste der Nebenwirkungen am Ende jeder Werbebotschaft, die uns in fröhlichem Ton vorgelesen wird*, während ein fröhlicher Mensch durch ein Feld voller Gänseblümchen läuft. Du weißt genau, was ich meine: Eine junge Frau dreht sich auf einer Wiese um sich selbst und wirft dann ihr Kind in die Luft, während die männliche Stimme aus dem Off proklamiert: »Kann zu

---

* Anm. d. Red.: Das scheint in den USA üblich zu sein.

plötzlichem Herzversagen führen. Könnte dazu führen, dass Ihre Innereien sich in Eintopf verwandeln. Aber immerhin haben Sie keine trockenen Augen mehr.« Wenn wir uns davon eine Scheibe abschneiden, könntest du eine Parodie auf eine solche Werbebotschaft machen und dir lustige »Nebenwirkungen« ausdenken, die eine Nutzung deines Staubsaugers mit sich bringt: Könnte dazu führen, dass Ihre Schwiegermutter Sie umarmt. Könnte Ihre Kinder dazu inspirieren, freiwillig im Haushalt zu helfen. Ist dafür bekannt, die Ohrringe der Geliebten Ihres Mannes zu finden. Siehst du? Lustig. Also, *diese* Werbung würde auffallen.

Eine großartige Variante der Mix-Methode nennt sich »Metierauswahl«, die dem Personenwechsel aus der Ideenausgrabung ähnelt. Überleg dir, wie die aufgelisteten Menschen an das Marketing deines Angebots herangehen würden:

Deine Mutter, Großmutter oder Schwiegermutter

Religionsführer

Flugbegleiter

Tarzan (denk dran, er kennt zwar nur wenige Wörter, aber ist super »charismatisch« … zumindest oben ohne, laut meiner Frau.)

MMA-Kämpfer

Rettungsschwimmer

Piloten

Barkeeper

Bauern

Fernsehmoderatoren

Exotische Tänzer

Bibliothekare

Clowns

Und zu guter Letzt der ziemlich seltene exotisch tanzende Bibliothekarsclown

Mix-Methoden eröffnen einen Zugang zu Teilen deines Gehirns, von deren Existenz du nicht mal wusstest. Versuch es in einer Gruppe und schau, auf was ihr alles kommt – aber lasst den exotisch tanzenden Bibliothekarsclown weg. Der ist dann doch zu bizarr. Und falls er dir nicht zu bizarr vorkommen sollte, dann hast du wohl gerade deinen Superlativ gefunden: *Du* bist am bizarrsten.

Umbenennen

Wenn ich dir sage, dass ich Anwalt bin, kann ich sofort aufhören zu reden, denn du weißt, was ein Anwalt macht. Es ist ein bekanntes Label, das den Inhalt schnell und effizient vermittelt. Das Problem dabei ist, dass das Label sofort ein Bild im Kopf des potenziellen Kunden erzeugt. Allerdings ein allseits bekanntes, standardisiertes Bild. Ein Anwalt ist eben ein Anwalt. Das ist Alltagsrauschen, sodass die einfache Aussage dessen, was du machst, dich automatisch in die Zone einer marginalisierten Allerweltstätigkeit packt. Bis du das Label veränderst, bist du im Kopf deiner idealen Interessenten nur einer von vielen – und bleibst unbeachtet.

Ein Lkw-Fahrer ist ein Lkw-Fahrer. Ein Landschaftsgärtner ist ein Landschaftsgärtner. Ein Personal Trainer ist ein Personal Trainer. Ein Buchhalter ist ein Buchhalter. Bis er das nicht mehr ist.

Martin Bissett ist der Gründer von Upward Spiral Partnership, einem Beratungsunternehmen, das sich darauf spezialisiert hat, seinen Buchhaltungskunden wiederum mehr Kunden zu bescheren. Auch wenn er selbst ein Buchhalter ist, verwendet er dieses Label für sich nicht – stattdessen ist er ein »Wissenspartner«. Jetzt muss er nicht mehr gegen die anderen Buchhalter in der Branche konkurrieren und auch nicht gegen die ach so beliebten »vertrauenswürdigen Berater«. Er ist eine Ein-Mann-Veranstaltung, der einzige Wissenspartner, kurz WP, in der Gegend. Ein andersartiges Label ist der schnellste und beste Weg, um dich von deinen Konkurrenten abzusetzen. Das muss nicht mal eine radikale oder extreme Veränderung sein, sondern einfach nur anders als die Mehrheit.

Welches Label könntest du für dich übernehmen, das ganz anders ist als die üblichen Label in deiner Branche? Bedenke dabei: Abgehobene Titel werden nicht funktionieren, weil sie am häufigsten genutzt werden. Die »Königin der sozialen Netzwerke« oder der »Zar der Buchhaltung« oder der »Beste Burger der Welt« – all diese Titel wurden schon millionenfach auf der Welt vergeben. Mach es nicht wie die vielen. Mach es auf eine neue Art. Sei anders!

Finde Gegensätze und Schlupflöcher

Gegensätze und Schlupflöcher können einige der besten andersgearteten Marketingideen erschaffen. Erstelle dafür als Erstes eine Liste der Standardaspekte deines Angebots und deiner Branche. Dabei kannst du die Stichpunkte aus der Gewöhnliches-und-Verborgenes-Übung nutzen. Was ist der Standard in deiner Branche, in Bezug auf das Marketing, die Angebotsabgabe und die Beschreibung deines Unternehmens?

Überleg dir nun, welche Regeln in deiner Branche herrschen. Was machen alle, ohne es zu hinterfragen? Was ist auf keinen Fall erlaubt? Was wird immer erwartet? Was ist sowieso selbstverständlich?

Schau dir im Anschluss jeden Standard auf deiner Liste an und überleg dir Gegenteile und/oder ein Schlupfloch. Frag dich dann: Würde der gegenteilige Ansatz für deinen andersgearteten Marketingstil funktionieren? Würde es auf dich aufmerksam machen, wenn du das Schlupfloch für dich ausnutzt?

Ich habe diese Methoden schon mit großem Erfolg für mich genutzt. Mir war aufgefallen, dass es unfassbar schwer war, meine Bücher bei Amazon neben meinen Mitbewerbern platziert zu bekommen. Es kam überaus selten vor, dass der Algorithmus mich bei Amazon neben zum Beispiel Malcolm Gladwells *Überflieger* als Lektürevorschlag listete. Aber ich fand ein Schlupfloch.

Auf der Webseite von Amazon im US-amerikanischen Raum gibt es einen Bereich, der »Videos zu diesem Produkt« heißt, den man in der Nähe der biografischen Angaben zum Autor findet. Ein paar der Millionen Augenpaare, die sich jährlich Malcolm Gladwells Buch anschauen, scrollen vielleicht weiter nach unten, um noch mehr darüber zu erfahren. Und weil ich eine ehrliche Video-Rezension zu seinem Werk hochgeladen habe, kann ich bis zu 60 Sekunden der Aufmerksamkeit der Leser erhaschen. Selbstverständlich zeigt das Video mich in meinem Büro mit meinen stolz im Regal präsentierten Büchern im Hintergrund. Der Betrachter sieht also eine einzigartige Sammlung meiner bisherigen Publikationen hinter mir (Auffallen), während er den gewünschten Content bekommt (Anziehen) und wird von seiner Neugier getriggert, sich diese doch mal anzuschauen (Anweisen).

Der Knackpunkt dabei: Ich habe gerade eine meiner Anders-Machen-Strategien mit dir und allen anderen, die dieses Buch lesen, geteilt. Das »Risiko« für mich dabei ist, dass du und die anderen Leser, die auch ihr Zeug auf Amazon verkaufen, jetzt diesen Prozess nachahmen. Das wird meine Videos natürlich abschwächen, aber weißt du was? Das ist in Ordnung. Das ist das Spiel, das wir hier spielen. All diese Videos werden sich gegenseitig plattmachen und früher oder später zu weißem Rauschen verwandeln. Bis das jedoch passiert, werde ich weiter meine Anders-Machen-Videostrategie auf Amazon fahren. Und wenn der Zeitpunkt gekommen ist, es anders zu machen, werde ich Strategien nutzen, die ich in meinen Anders-Machen-Experimenten schon längst herausgefunden habe.

Denk wie ein Journalist

Eine der wichtigsten Strategien, die Jesse Cole und sein Team für die Ideenfindung nutzen, ist, wie ein Reporter zu denken: »Wenn wir Ideen auf Herz und Nieren prüfen, ist eine der ersten Frage: ›Wäre das nachrichtenreif?

Wäre das schon eine Story wert?‹ Wenn wir das bejahen können, geben wir der Sache eine Chance.«

Ein großartiges Beispiel dafür ist die Geschichte über die Namensfindung der Savannah Bananas. Das war andersgeartet genug, kontrovers genug, um die Aufmerksamkeit der überregionalen Presse *und* der sozialen Medien zu erregen (mehr dazu in Kapitel 5). Außerdem war es für die richtigen Menschen eine reizvolle Kiste. Zudem kam die Anweisung gleich inklusive: Werde neugierig, schau auf die Webseite der Savannah Bananas, um herauszufinden, was das Ganze zu bedeuten hat, und erzähl deinen Freunden von diesem verrückten Namen für ein Baseballteam.

Jesse ließ auf diese Strategie gleich eine weitere nachrichtenreife Nummer folgen: Die Bananas präsentierten ihr Teammaskottchen – Split – erstmals in einer örtlichen Grundschule. Sie wussten, dass die regionale Presse bei so einem Event erscheinen würde: Hunderte Kinder, die ganz wild nach einem Typen in einem Bananenkostüm sind, das ist einfach gutes Fernsehen.

Jesse hat ein Händchen für solche Sachen und im Laufe der Jahre hat er es geschafft, weltweit mediale Aufmerksamkeit zu erregen. Kein Team aus der Minor League oder der Bestenliste wurde so oft auf *ESPN* gezeigt wie die Bananas! Und diese Menge an Aufmerksamkeit hat sich ganz direkt im ROI niedergeschlagen. Beispielsweise boten die Bananas Barack Obama öffentlich gegen Ende seiner zweiten Amtszeit ein Praktikum an, und weil das für mediale Aufmerksamkeit sorgte, verkauften sie an diesem Tag weitaus mehr Merchandise-Artikel als an jedem anderen Tag in dem Monat – und das außerhalb der Saison.

Wenn du über deine eigene Ideenliste nachdenkst, dann sei dabei wie ein Journalist. Was würde mediale Aufmerksamkeit erregen? Eine gute, einzigartige Story. Eine Story mit unerwarteten Bildmotiven. Eine Story mit einem unerwarteten Ende. Alles, was potenziell von den Medien wahrgenommen werden könnte, kann dazu beitragen, dass deine idealen Interessenten darauf aufmerksam werden, selbst wenn die Medien die Story letztlich doch nicht aufgreifen.

»Ja, und ...«

Hast du jemals die Sendung *Whose Line Is It Anyway?** gesehen? Es ist eine saukomische Sendung, in der Schauspieler, die in Improvisation geschult sind, auf Vorschläge des Moderators oder des Publikums reagieren und Szenen – manchmal sogar Lieder – in dem Moment frei erfinden. Improvisation (kurz auch: Impro) ist eine Art ungeplantes Theater, wobei die Darbietung spontan und gemeinsam erschaffen wird. Eine meiner liebsten Einlagen ist, wenn die Schauspieler ein Objekt in die Hand gedrückt bekommen, etwa eine Heugabel oder einen Strandball, und schnell Ideen darüber austauschen müssen, was dieses Objekt sonst noch darstellen könnte. Ein Poolspielzeug aus Schaumstoff wird dann zum Telefon, zu einer Bazooka und zu einem Schnurrbart. Sie kommen auf andere Interpretationen eines Alltagsgegenstands, indem sie sich fragen: »Was könnte das noch sein?«

Das klingt wie ein ziemlich einfaches Spiel, aber die Schauspieler könnten es komplett in den Sand setzen – wenn sie ihre eigenen Ideen oder die eines anderen infrage stellten. Denn letztlich ist die Grundlage der Improvisation der Wille, alles so anzunehmen, wie es einem gegeben wird, und stur darauf aufzubauen. Eine Grundregel beim Impro lautet: »Ja, und ...« Das erlaubt es allen, den Ideenfluss weiterzuspinnen und ist auch der Grund, warum das Zuschauen bei – und die Teilnahme an – einer Impro so unfassbar viel Spaß macht. Wenn stattdessen einer der Schauspieler »Ja, aber ...« sagen würde, würde dies den Fluss unterbrechen und die Darbietung ruinieren. Es ist einfach vorbei, sobald du dich oder die anderen infrage stellst. Das ist wie ein Knick im Wasserschlauch, der den steten Fluss verlangsamt, bis er nur noch ein enttäuschendes Tröpfeln ist.

Meine Frau Krista und ich nahmen mal an einem Improvisationskurs an der New Jersey School of Dramatic Arts teil. Nachdem unser Kursleiter Bob Sapoff ihr bei einer völlig natürlich wirkenden Darbietung als Dracula, der einer Gruppe Kindergartenkindern *Kleine Miss Mizzi* vorliest, zugesehen

* Anm. d. Ü.: Zuerst eine britische Comedy-Serie (1988–1999), später adaptiert als US-amerikanische Version (2007–2013), die von kurzen Impro-Sketchen und Spielen, manchmal mit Gastauftritten von bekannten Schauspielern, lebte.

hatte, schlug er mir das folgende Szenario vor: »Du bist eine Ameise, die ihren Hund im Wald spazieren führt. Und los!«

Eine Ameise? Eine verdammte Ameise? Ich hatte wenigstens etwas Menschenähnliches erwartet. Einen Zombie vielleicht. Oder einen Riesen. Kein sechsbeiniges Insekt mit dickem Hintern.

Statt also der goldenen Impro-Regel »Ja, und …« zu folgen, vollzog ich ein »Irgendwie schon, aber …« Ich wollte nicht auf dem Boden herumkriechen und von einem unsichtbaren Hund durch den Wald gezerrt werden. Also machte ich meine Ameise riesig. Ich gestaltete die Ameise nach meinen existierenden Vorstellungen und verwehrte mich der eigentlichen Idee. Ich folgte nicht dem Fluss.

Als Bob begriff, dass meine Ameise eher die Dimension eines Neufundländers hatte, sagte er zu mir: »Mach das nicht. Blooooooß nicht.«

Ich zog es dennoch durch. Selbst der große Sapoff konnte mich nicht vor mir selbst retten. Der Sketch war ein Reinfall. Der auf die Riesenameise pinkelnde Hund war dabei nur der letzte Sargnagel. Ich hatte eine tatsächlich hundsmiserable Ameise erschaffen. Erbärmlich.

Innerhalb von Sekunden war die Impro durch und ich setzte mich schamgebeugt auf meinen Stuhl, weil ich die Chance vertan hatte – und weil nun meine Frau bis an unser Lebensende mit ihrer Dracula-Mizzi-Sache angeben würde dürfen, und das zu recht.

Die »Ja, und …«-Regel verlangt von dir, auf dem, was du hast, aufzubauen. Es wäre so viel besser gewesen, wenn ich der Idee, dass die Ameise einen Hund spazieren führt, treu geblieben wäre, und ihr vielleicht einen Napoleon-Komplex verpasst hätte. Und mir den Hund vielleicht als Dänische Dogge vorgestellt hätte. Und dann die Szene so gespielt hätte, dass ich mich an die Leine hängen musste, hoffend, dass ich den Spaziergang überleben würde, während ich Kommandos von mir gab. Ja, ja, ja. Hätte, hätte, Fahrradkette.

Denk also daran, für alle Ideen offen zu bleiben, wenn du mitten im Brainstorming bist. Verwirf nichts vom Fleck weg mit deiner eigenen Variante von »Irgendwie schon, aber …« oder »Das wird nicht funktionieren, weil …« oder »Haben wir doch schon mal versucht«. Dein sehr menschlicher Instinkt, dich anzupassen und dem Erwarteten zu entsprechen, kann überhandnehmen, und schwupps, hast du deine Idee bis zur Bedeutungslosigkeit verändert. Spiel mit Möglichkeiten herum, ganz wertfrei und offen. Entwirf ein durchsichtiges Werbeplakat. Nutze Geruchsmarketing, um deine fachmännischen Dienstleistungen anzubieten. Lass deine Tankstellenangestellten altmodische Uniformen tragen und biete einen passenden Service dazu an. Sei die winzige Ameise, die vom Wind durch die Luft gewirbelt wird, während sie sich mit Ach und Krach an einer Leine festhält, die am Hals eines riesigen Hundes befestigt ist, und schau, wohin es dich verschlägt. Die Aussicht von dort ist fantastisch.

Gib der Andersartigkeit den nötigen Raum und die Zeit

Im Hinterzimmer unseres Büros in Boonton, New Jersey, steht ein Schild, auf dem groß die Aufschrift »The Mad Lab« prangt. Es ist der visuelle Anker für das Andersartige in meinem Unternehmen. Es ist ein Quell der Inspiration, Ideen und des Hinterfragens des Status quo.

Um direkt in das richtige Mindset zu kommen, haben wir eine Schaufensterpuppe in einem Laborkittel mit dem passenden Namen »Abby Normal«* in die Ecke des Zimmers gestellt. Zusätzliche Laborkittel hängen für alle am Haken, die den Raum betreten. Wir alle benehmen uns anders, wenn wir ein Kostüm tragen, warum also nicht? Eine Wand ist wie ein riesiges Whiteboard konzipiert, sodass wir Ideen aufschreiben und auch wieder wegwischen können. Eine riesengroße Pinnwand aus Kork hängt an einer anderen. Die dritte ist tapeziert mit unzähligen zufälligen Wörtern. Die vierte Wand hat ein Regalsystem, in dem wir die Ideen anderer Unternehmen, Marken oder von wem auch immer sammeln und aufbewahren können. In der Mitte steht ein Tisch, an dem wir mit einer Lavalampe zwischen uns die Ideen diskutieren. Der Teppich hat das Muster einer verdrehten optischen Täuschung, ein Discoball hängt an der Decke,

---

* Ein Shout-out an dieser Stelle an Mel Brooks und sein Team für den lustigsten Film aller Zeiten: *Young Frankenstein.*

und ein Mr. und eine Mrs. Potato Head werden nach Belieben in verfänglichen, definitiv nicht jugendfreien Stellungen an unterschiedlichen Orten platziert.

Unabhängig davon, wie viel Platz du hast und ob du zu Hause, in einer Wabe in einem Großraumbüro, in deinem Auto, in einem schönen Büroraum oder in einem riesigen Warenlager arbeitest: Entwickle deine eigene Version des Mad Lab, des verrückten Labors. Gib den kreativen, außergewöhnlichen Ideen den nötigen Raum, damit sie sich aus dem Nichts entwickeln können, um dann zu wachsen und zu gedeihen. Selbst ein Beistelltisch mit bunten Stiften, Notizblöcken und komischem Spielzeug zum Herumpfriemeln kann dich schon daran erinnern, dass du Raum und Zeit für das Andersartige schaffen musst. Sieh diesen Beistelltisch als deinen Anders-Machen-Experimentierkasten an.

Bleib dir treu

Ich habe einen schrägen Sinn für Humor, den nicht jeder toll findet: eine Mischung aus Wortspielen, Badezimmerhumor und völlig hirnverbrannten Komödien (#captainobvious). Manche meiner Witze machen eine Bauchlandung (#aua). Zugegeben, einige sind auch einfach beschissen (#doppelaua). Klar, jedem Tierchen sein Pläsierchen. Es ist total okay, wenn einer deiner Kumpels etwas lustig findet, du aber nicht. Bei mir als Autor ist es aber so, dass mein spezifischer Sinn für Humor die Meinung der Leser prägen kann. Die meisten meiner Leser lieben ihn. Manchmal törnt er die Das-Leben-ist-zu-kurz-zum-Lachen-Fraktion ab, aber die Leute kämpfen sich dennoch bis zum Ende durch, weil sie wissen, dass sie den Inhalt brauchen, um ihr Unternehmen zu retten oder wachsen zu lassen. Ich wurde schon öfter, als ich es zählen könnte, darauf angesprochen, dass ich das Thema »nicht ernst genug« nähme, um wirklich über Profitabilität, Systematisierung, organisches Wachstum und so weiter schreiben zu können. In ganz seltenen Fällen macht mein Stil die Leser sogar wütend. Damit meine ich: Sie können ihn *wiiiiiiirklich* nicht leiden. Das sind zwar absolute Einzelfälle und Ausnahmen – aber trotzdem: Das wurmt mich.

Wie alle anderen Menschen auf diesem Planeten habe ich mit der Angst vor der Zurückweisung zu kämpfen. Wie viel von *mir* ist zu viel? Fast alle Business-Bücher, die ich gelesen habe, waren todernst geschrieben, aber eben auch (zumindest für mich) trotz ihres erkenntnisreichen Inhalts stinklangweilig zu lesen. Alles in mir schreit danach, eine gute Lektüre zu bieten, aber die Angst lässt mich dann doch oft zurückschrecken, mein wahres Ich sich völlig austoben zu lassen – aus Angst, es könnte Leser verschrecken.

Diese Angst, »zu viel Mike« zu sein, wurde mir bewusst, als ich auf einer Party bei einem bekannten Autor eingeladen war. Auch wenn seine Bücher eher zum Mainstream zählen, so ist doch der harte Kern seiner Community eine bestimmte Zielgruppe mit bestimmten Glaubenssätzen. Es war eine großartige Party und es haute mich schier aus den Socken, wie nett und gastfreundlich der Autor war.

Eine kleine Gruppe blieb bis zum Ende und beschloss den Abend mit einem alten Whiskey und ein paar feinen Zigarren. Unser Stumpenkenner Gabe Piña wäre beeindruckt gewesen. Als wir dann ein Foto von uns als letzte Gäste machen wollten, sagte der Autor: »Wartet kurz. Ich muss den Whiskey wegstellen. Das wird meine Community nicht so geil finden.«

»Wow«, dachte ich. »Dieser Typ verkauft eine irre Menge an Büchern, vielleicht muss ich doch mal überdenken, wie ich mich vermarkte. Vielleicht hilft es ja doch, eine Fassade aufzubauen, die anders wirkt, als ich selbst es tatsächlich bin.«

Was soll ich sagen: Dieser Gedanke hielt sich ungefähr zwei Sekunden lang in meinem Kopf, dann schüttelte ich ihn ab. Ich war angefressen – nein, ich war stinksauer auf mich selbst, weil ich diesen Gedanken auch nur eine Sekunde zugelassen hatte. Dieser Autor, der einen Arsch voll Bücher verkauft hat und immer noch verkauft, vermarktet sich auf eine Art, die nicht ihn selbst darstellt. Wenn es wirklich bedeutet, dass ich ein großer Fake, ein kleiner Fake oder ein irgendwas-dazwischen Fake sein muss, um bei den Großen mitspielen zu dürfen, dann wird das für mich wohl einfach nichts werden. Nur damit wir uns richtig verstehen: Ich will diesen Autor keineswegs verurteilen, aber ich würde *mich selbst* verurteilen, wenn ich so tun würde, als wäre ich jemand, der ich nun mal nicht bin. Ich bin, wer ich bin.

Deine Chance, dich selbst anders zu vermarkten, liegt einfach darin, noch mehr du zu sein, und zwar authentisch.

Klar kannst du so lange so tun, als ob, bis du es tatsächlich Erfolg hast, aber dann wirst du ein Leben lang ein Doppelleben führen, bei dem du Aspekte deiner selbst vor den Leuten, für die oder mit denen du arbeitest, verstecken musst. Diese Diskrepanz wird immer da sein.

Ich habe diese Whiskey-Anekdote mit dir geteilt, weil ich dir zeigen wollte, dass auch ich – manchmal – Angst davor habe, anders zu sein. Natürlich will ich, dass die Welt mich mit wohlwollendem Blick betrachtet. Niemand möchte sich der Kritik aussetzen, indem er etwas tut, was andere Leute nicht gutheißen. Aber ich kann nun mal nicht mit der Selbstkritik leben, weil ich mich wie jemand verhalte, der ich nun mal nicht bin. Das Risiko der Authentizität ist es wert, wenn nicht sogar nötig. Es ist viel riskanter, wenn du deiner Community gegenüber unaufrichtig bist. Das birgt nämlich das Risiko, dass es auffliegt und du dich dann wie ein Fernsehprediger vor die laufende Kamera stellen musst und schluchzend die Worte wiederholst: »Ich habe gesündigt. Ich habe gesündigt.« Oder, was noch schlimmer wäre, du kämst damit durch und würdest Stück für Stück deine Seele verkaufen.

Während ich dieses Buch schrieb, erhielt ich eine E-Mail von Skylar Bennett, dem Besitzer von Tough Apparel, der eins meiner Bücher gelesen hatte. In der zweiten Zeile stand: »Ich bin mir nicht sicher, ob ich jemals zuvor in meinem Leben, also wirklich jemals, so viel gleichzeitig gelacht und geweint habe wie bei der Lektüre der ersten 30 Seiten Ihres Buchs.« Holy Moly, das ging runter wie Öl, sag ich dir.

Mach es anders. Sei konsequent und kompromisslos du selbst. Die Leute, die dich brauchen, werden dir auf ewig dankbar dafür sein. Und die, die dich nicht brauchen? Die werden dankbar sein, dass sie nicht auf ein Fake hereingefallen sind.

Ernestina Perez brauchte 15 neue Patienten, um ihr gestecktes Umsatzziel zu erreichen, aber sie hatte absolut keinen Plan, wie sie das schaffen sollte. Besser gesagt: Sie hatte keinen *neuen* Plan.

Sie hatte als Therapeutin in Chicago im Mai 2019 ihre Praxis eröffnet: Artfulness Counselling. Zu dieser Zeit war sie unter der Woche Vollzeit in einer anderen Praxis angestellt und widmete sich am Wochenende ihren privaten Patienten.

Im Juli holte sie eine Angestellte an Bord, eine weitere Therapeutin. Für einen beständigen Fluss an Patienten hatte sie Zocdoc gebucht, einen Dienstleister für Lead-Generierung, der pro Therapeut 3.000 Dollar jährlich kostet.

»Die meisten unserer Patienten suchten uns auf, weil wir Latinas sind«, erzählte mir Ernestina in einem Interview für dieses Buch. »Wir sprechen Spanisch und verstehen die lateinamerikanische Kultur. Sie können sich mit uns identifizieren.«

Im Frühjahr 2020 änderte Ernestina den Praxisnamen zu Latinx Talk Therapy, und um einen größeren Einfluss auf ihre Community zu haben, musste sie expandieren. Ihr Gedanke: Wenn sie 15 neue Patienten finden könnte, wären sie und ihre Angestellte ausgebucht und gleichzeitig wären genügend liquide Mittel für eine weitere Anstellung vorhanden.

Ihre idealen Patienten sind Menschen lateinamerikanischen Ursprungs, die entweder in den USA geboren wurden oder sehr jung immigriert sind, sodass sie die US-amerikanische Kultur übernommen haben. Zum Großteil spricht deren Familie Spanisch zu Hause und diese Person ist die erste in der Familie, die je einen Therapeuten aufgesucht hat.

»Ich wusste nicht, wie ich lateinamerikanische Patienten finden könnte. Ich hatte bis jetzt einfach Glück gehabt, dass sie zufällig über mich gestolpert waren«, erklärte sie. »Wir erreichten sie nicht über unsere Inserate im *Psychology Today* oder über Zocdoc.* Ich fragte mich also, wo ich all diese Empfehlungen herbekommen könnte. Ich kannte keine andere Praxis, die so sehr auf eine bestimmte Nische ausgerichtet war, konnte also kein System einer anderen Praxis übernehmen, bei der das in ihrer Nische funktioniert hatte. Wie sollten wir also expandieren, wenn ich nicht wusste, wie wir das anstellen sollen?«

---

* Anm. d. Ü.: Patienten nutzen Zocdoc, um Termine bei Ärzten in ihrer Nähe zu finden und zu buchen, die von ihrer Versicherung abgedeckt sind (ähnlich wie Doctolib).

Ernestina besuchte in diesem Frühjahr mit einer Gruppe Gründer eine meiner Anders-Machen-Sitzungen. Sie stellte sich dabei als Versuchskaninchen für die Übung der Ideengrabung zur Verfügung. Nachdem sie der Gruppe ihr Patientenziel vorgestellt hatte, machte sie ihre Kamera bei Zoom aus und stellte das Mikro stumm, schrieb aber wie eine Wilde mit, während die anderen Gründer Ideen darüber, wie sie ihr Unternehmen andersgeartet vermarkten könnte, in den virtuellen Raum warfen, was wiederum in ihrem Kopf eigene Ideen entstehen ließ. Am Ende der 20-minütigen Übung hatte sie 40 neue Strategien, um ihre Praxis anders zu vermarkten.

Als sie mir ihre Liste vorstellte, schlug ich ihr vor, ein Anders-Machen-Experiment durchzuführen, um eine der Strategien auszuprobieren. Ich regte an, sie solle mit einem Video beginnen, weil das a) unter Therapeuten eher ungewohnt war, es b) fast bis gar kein Budget erforderte und c) in ziemlich kurzer Zeit gemacht werden könnte. Der Schlüssel für Ernestina – und für dich – liegt darin, dass man den Muskel für das andersgeartete Marketing trainiert, und zwar sofort. Andersgeartetes Marketing, eine kleine, günstige, fast mühelose Art, um loszulegen. Die größte Hürde dabei ist der Mut, es einfach mal anders zu machen. Und das Ziel ist es, bei niedrigen Kosten und möglichst geringem Aufwand zu sehen, ob es funktioniert (oder eben nicht).

»Ich diskutierte mit meiner Schwester darüber, Videos zu drehen, die einfach anders waren«, erzählte mir Ernestina. »Sie schaut immer mal wieder eine Sendung im Kabelfernsehen namens *In 90 Tagen zum Altar – Dating ohne Grenzen**, und sagte zu mir: ›Warum gibst du den Paaren in der Sendung nicht einfach Ratschläge?‹«

Ernestina kannte die Sendung nicht, aber nachdem sie sich ein paar Folgen angeschaut hatte, erkannte sie das Potenzial. In einer Folge durchliefen ein US-Amerikaner und seine kolumbianische Verlobte einige Konflikte aufgrund ihrer kulturellen Unterschiede. Bereits nach einer Minute hatte sich aus einem kleinen Konflikt ein handfester Streit entwickelt, wobei die Frau dem Mann sogar ein Glas Wasser ins Gesicht kippte.

---

* Anm. d. Ü.: Im Original heißt die von TLC produzierte Show *90 Day Fiancé* (2014–), bei der ein Partner einen US-amerikanischen Pass besitzt, der andere Partner aber ein K-1-Visum beantragt (hat), das nur ausländischen Verlobten von US-Bürgern angeboten wird und beiden 90 Tage Zeit gibt, zu heiraten.

»Als ich mir das ansah, war mir sofort klar, warum die Kolumbianerin so reagierte. Ihr Verlobter war ein Chauvi«, erklärte Ernestina. »Meine Schwester fragte mich, wie die zwei es denn aus diesen Problemen heraus zu einer gesunden Beziehung schaffen könnten, und ich erwiderte: ›Na, *das* kann ich dir aber sagen!‹«

Ernestina nahm also ein Video auf, wie sie die Streitigkeiten des Paares beobachtete und währenddessen erklärte, wie man diese Probleme besser angehen könnte. Was soll ich sagen? Das Video ist der absolute Knaller! Ernestina dabei zuzuschauen, wie sie versucht, ihre professionelle Fassade aufrechtzuhalten, während eine Frau ihrem Freund Wasser ins Gesicht kippt – einfach fantastisch. Sie lud das Video (»Therapist Reacts – *90 Day Fiancé* Jennifer and Tim«) auf Instagram hoch.

»Ich hatte keine Ahnung, wie so ein Video zu neuen Patienten führen sollte oder ob es sich auf meine Arbeit auswirken würde. Therapeuten sollen schließlich professionelle, zurückhaltende Zuhörer sein. Aber hier musste ich einfach ich sein. Und ich hatte Angst, dass jemand, der dieses Video anschaute, enttäuscht sein würde, weil ich eine Reality-Show kommentierte«, erklärte sie mir. »Aber es hat wirklich geklappt! Die Leute sahen es und begriffen, dass sie in solchen Momenten, in denen die Emotionen sie überwältigten, Hilfe brauchten, und machten dann Termine bei uns aus.«

Ihre kommentierte Fassung dieser Folge von *Dating ohne Grenzen* hatte innerhalb einer Woche fast 25.000 Views. Ihr standardmäßiges Werbevideo über ihr Angebot, das sie vor über einem Jahr gepostet hat, dümpelt noch immer bei unter 600 herum. Sie hatte eigentlich geplant, noch mehr Therapist-Reacts-Videos zu posten, entschied sich jedoch dagegen, weil ihr dieses eine bereits ihr Ziel überschritten hatte. Und das, obwohl es ein Testvideo war! Sage und schreibe 31 Menschen hatten sich aufgrund des Videos mit Rückfragen in der Praxis gemeldet und sie konnte 23 neue Patienten verbuchen – also acht über dem gesetzten idealen Resultat.

Laut dem United States Department of Labor's Bureau of Labor Statistics sind heutzutage über 552.000 Fachleute im Bereich der psychischen Gesundheit in den USA tätig. Ernestina ist also eine von einer halben Million. Den Regeln der Mathematik zufolge stehen die Chancen auf Erfolg nicht gerade auf ihrer Seite. Leute, die vier zufällige Zahlen auf dem Lottoschein ankreuzen, haben sogar eine bessere Chance auf einen Gewinn.

Dennoch hat es Ernestina mithilfe eines Anders-Machen-Experiments innerhalb einer Woche geschafft, ihr Expansionsziel zu erreichen, mit dem sie seit der Praxisgründung zu kämpfen gehabt hat. Inzwischen hat sie ihr Team, ihre Patientenzahl und den Wiedererkennungseffekt ihrer Marke vergrößert – sie plant sogar schon eine Gemeinschaftspraxis, um ihre Mission noch besser zu erfüllen. Ernestina dient den Mitgliedern einer Community, die sie brauchen, und das kann sie tun, weil diese Menschen sie jetzt sehen. Sie hat sich der Verantwortung gestellt, anders zu vermarkten, damit sie ihrer Zielgruppe am besten helfen kann. Und dafür musste sie nicht mal radikal ihr Unternehmen verändern oder ein Vermögen für Hilfe im Marketing ausgeben. Sie hat es geschafft, indem sie einen einzigen andersgearteten Ansatz ausprobierte.

Auch du musst unbedingt die vollständige Kontrolle über deine Lead-Generierung gewinnen. Wie du bereits gelernt hast, ist Mundpropaganda super, aber eben unkontrollierbar. Du bist dann von deinen Kunden abhängig, musst also darauf warten und hoffen, dass sie jemandem von dir und deinem Angebot erzählen. Das lässt sich nicht steuern, das ist völlig willkürlich. Wenn du, wie Ernestina, dafür bezahlst, dass dir Leads zugespielt werden, dann stehst du letztlich vor einer kleinen Gruppe Menschen, die alle von einer großen Menge deiner Konkurrenten umworben werden. Das kann zwar klappen, aber diese kleine Gruppe ist eben auch schnell gesättigt, und zudem kann es für dich auf Dauer ganz schön teuer werden. Außerdem bist du bei bezahlten Inseraten immer den Algorithmen, Vorlagen und Regeln der jeweiligen Webseite ausgeliefert.

Bezahlte Werbung ist dein Bußgeld dafür, dass du nicht anders bist, und ein Mangel an kontinuierlichen potenziellen Kunden ist deine Gefängnisstrafe.

Warum funktionierte Ernestinas kostenloser Ansatz besser als der altbewährte, teure Lead-Generierungsservice, den sie gebucht hatte? Es funktionierte, weil es etwas anderes für diesen Markt war. Anders genug, um sofort die Aufmerksamkeit der gewünschten Zielgruppe auf sich zu ziehen, ansprechend genug, um sie bei der Stange zu halten, *und* verlockend genug, um sie kontaktieren zu wollen. Das ist die Macht der Andersartigkeit. Ja, klar, es gibt Millionen Videos da draußen mit allen möglichen Inhalten. Aber für Leute aus der lateinamerikanischen Community, die einen Therapeuten brauchten, war dieses Video etwas anderes und das machte den Unterschied aus. Deshalb war es überzeugend.

Warum konnte die Marketingkampagne von Reddit überzeugen, obwohl sie nur 500 Dollar gekostet hat – für Sticker? Die Leute klebten das Unternehmenslogo mit dem lächelnden Alien auf ihre Laptops und posteten Fotos davon auf den sozialen Medien. Die angestrebte Community liebte damals diese radikale Andersartigkeit der Sticker. Heutzutage sind Laptops mit Aufklebern keine Seltenheit, also schon wieder weißes Rauschen. Reddit gehörte zu den ersten Unternehmen, die ihre Kunden dazu aufforderten, ihre Laptops mit Aufklebern zu »verschandeln«. Das war anders, das holte den Sieg.

Warum kam Beyoncés Album mit ihrem Namen ins *Guinness Buch der Rekorde* als am schnellsten verkauftes Album aller Zeiten auf iTunes? Weil sie es *ohne vorherige Werbung* veröffentlichte. Sie lieferte es auf eine andere Art ab – ein Ansatz, der außerhalb des Standards lag und daher ihre Werbung *wurde.*

Du musst nicht Reddit oder Beyoncé sein, um anders zu sein. Du kannst aber das nächste Reddit oder die nächste Beyoncé werden, indem du es anders machst. Du musst dafür nicht außerordentlich, besonders kreativ oder besonders klug sein. Du musst nicht von Natur aus gut im Brainstorming sein oder viel Erfahrung im Geschäftsleben haben. Allein die Tatsache, dass du glaubst, absolut keine Ahnung von Marketing zu haben, verschafft dir einen Vorsprung vor denjenigen, die denken, dass Marketing ihre Stärke sei. Denk an das Meer der grauen Anzüge, die alle auf der Suche nach ihren Seelenverwandten sind. Sie alle denken, dass sie etwas Besonderes über Marketing wüssten, dabei wissen sie nur, wie man vermarktet wie alle anderen.

Es anders zu machen, ist keine Sache nur für die paar kreativen Köpfe, denen die gottgegebene Schüssel brillanter Ideen in den Schoß gefallen ist. Du kannst lernen, wie das geht, denn es ist ein einfacher Prozess. Dieses unglaublich tolle Ding, das du dir so hart erarbeitet hast, das du erschaffen und auf die Welt losgelassen hast – du *kannst* potenzielle Kunden dazu bringen, dass es ihnen auffällt. Auch wenn es sich viel riskanter anfühlt,

Anders-Machen-Experimente durchzuführen, so liegt doch das größere Risiko darin, es nicht zu tun.

Ernestina war wirklich nervös bei der Aufnahme ihres Videos. »Ich gewöhnte mich gerade erst langsam daran, vor anderen zu reden«, erzählte sie mir. »Ich musste mich selbst aus der Reserve locken, weil meine Community mich brauchte. Ich musste über mich hinauswachsen.«

Ihr wurde richtig schlecht während der Aufnahme. »Ich dachte: ›Was, wenn die Leute mein Video sehen und meine Praxis dann nicht mehr ernst nehmen?‹ Das ging mir ständig durch den Kopf.« Sie begriff aber, dass das größte Risiko nicht darin bestand, als Witzfigur wahrgenommen zu werden, sondern gar nicht erst wahrgenommen zu werden.

Weil sie über sich hinausgewachsen ist, weil sie »das Risiko eingegangen« ist und sich ihren eigenen Marketing-Dreh ausgedacht hat, ist Ernestinas Selbstbewusstsein in ihre Andersartigkeit immens gestiegen – und damit auch ihre Chancen im Business. Sie wurde, seit sie das Video gepostet hat (nur zur Erinnerung: ein Video, ein einziges verdammtes Video), von mehreren Organisationen kontaktiert, die sie für Vorträge angefragt haben, zum Beispiel HispanicPro, eine Netzwerkorganisation für Fachleute im Großraum Chicago. Und, das wird dich jetzt vielleicht nicht überraschen: Sie hat mittlerweile noch mehr Videos gedreht.

»Ich habe jetzt die Fähigkeit, Ideen zu entwickeln«, sagte sie. »Ich kenne die Strategien. Ich habe festgestellt, dass die Community, der ich diene, es wirklich mochte, wenn ich etwas anderes gemacht habe. Ich muss mich einfach nur immer wieder daran erinnern, dass es funktioniert, wenn ich auf mich aufmerksam mache, und dass ich es immer wieder tun muss.«

Du fühlst dich wie ein Anfänger? Du denkst, Marketing sei nicht so dein Ding, oder dass du darin wirklich schlecht wärst? Super! Du bist bereit, alle Regeln zu brechen, also lass uns loslegen.

Du bist dran

Jetzt folgt die Brainstorming-Phase und es absolut wichtig, dass du hierbei offen bleibst für alle Möglichkeiten. Während du dich durch das Buch arbeitest, musst du nicht mit einer »riesigen« oder »großen« Idee aufwarten. Frag dich lieber, welche kleine Veränderung du anstoßen kannst, die anders genug wäre, um aufzufallen, die die Leute dazu bringt, zu sich selbst zu sagen: »Wow, das habe ich so ja noch nirgendwo gesehen!« Fang dort an, mit kleinen, einfachen Unterschieden.

1. Leg drei Medien fest, über die du deine Marketingbotschaften transportieren kannst und die am überzeugendsten sind. Hier eine (unvollständige) Liste:

Printmedien

Postwurfsendungen

Packaging

Außenwerbung

Rundfunk

Telefon

Webseite

Pay-per-Click

SEO-Marketing

E-Mail

Soziale Medien

Affiliate-Marketing

Vorträge

Empfehlungsnetzwerk

Weiterempfehlungen

Messen

Joint-Venture-Werbeaktionen

Kleiner Profi-Tipp am Rande: Such dein Medium bloß nicht basierend auf den Best Practices deiner Branche aus oder weil »alle es so machen«. Überleg dir lieber, bei welchem du eine Chance für Andersartigkeit siehst.

2. Überleg dir verschiedene andersgeartete Marketingideen für dieses ausgewählte Medium. Nutz dafür die in diesem Kapitel vorgestellten Methoden als Startpunkt: Zieh ein völlig anderes Medium als sonst für dein Marketing in Betracht. Grab nach Ideen mithilfe der Gruppen-Brainstorming-Methode. Stell die gewöhnlichen und die verborgenen Aspekte deines Angebots heraus. Finde deinen Superlativ, dein Extrem. Mixe deine Marketingidee mit einer aus einer anderen Branche. Benenne um. Finde Gegensätze und Lücken. Denk wie ein Journalist und überleg dir Storys, die es in die Presse schaffen könnten.

3. Wähle deine beste Idee aus. Welche hat deiner Meinung nach das meiste Potenzial, auch wenn sie dich ein wenig nervös macht? Führe detaillierter aus, inwiefern diese Idee anders wäre. Wie werden potenzielle Kunden auf dein anderes Marketing aufmerksam? Wie wird das Medium dafür genutzt? Schubs dich selbst aus deiner Komfortzone, aber bleib dabei immer authentisch.

4. Frag dich, ob das Ganze AAA-konform ist. Das wirst du letztlich nur mithilfe von Anders-Machen-Experimenten herausfinden, aber entwickle deine Idee so weit wie möglich, um sicherzustellen, dass sie nicht ignoriert werden kann und eine sichere Möglichkeit mit einer spezifischen und angemessenen Anweisung bietet. Hake jeden AAA-Schritt ab, wenn du dir sicher bist, dass deine Idee ihn erreicht.

Phase 3: Experiment	**Medium:** ______ Welche Marketingplattform wirst du nutzen (z. B. Webseite, E-Mail, Postwurfsendung, Werbetafel etc.)? **Idee:**	**Ist das im Sinne des AAA?** ❑ **Auffallen** Kann es nicht ignoriert werden? ❑ **Anziehen** Ist es eine sichere Chance? ❑ **Anweisen** Ist es eine spezifische und angemessene Aufforderung?

Phase 3: Experiment – die dritte Phase eines Anders-Machen-Experiments, in der das andersgeartete Marketingkonzept vorgestellt und bewertet wird, ob es den Richtlinien des AAA-Marketing-Frameworks entspricht.

Ich bin dran

Während ich an meinem aktuellen Anders-Machen-Experiment arbeite, habe ich bereits das Ziel (Leser), den Weg (*Mach den Unterschied*-Buch) und den Sieg (gekauftes Exemplar) festgelegt. Ich habe zudem für mich festgelegt, dass ein 28-Dollar-CLV eines Kunden locker (zumindest für mich) die 1-Dollar-Investition pro Interessent rechtfertigt. Jetzt muss ich nur noch die Chance andersartig gestalten.

Zuerst arbeite ich mich durch meine Ideen. Eine Kampagne mit Werbeprospekten würde auffallen, dabei wird es aber äußerst schwierig, die Kosten pro Interessent unter einem Dollar zu halten. Videos wären günstig und einfach zu erstellen, sind aber ein übliches Medium für Autoren meines Genres. Mir ist aufgefallen, dass fast alle Autoren ein recht typisches Bücherregal hinter sich zeigen. Was wäre also, wenn ich ein radikal anderes Bücherregal hinter mir nutzen würde, um meine Bücher in Szene zu setzen?

Sobald ich meine Idee ausgewählt habe, schreibe ich sie auf mein »Anders-Machen-Experiment«-Arbeitsblatt:

Medium: Alle Videos werden aufgezeichnet und live gesendet.

Meine Idee: Ein unerwartetes Bücherregal.

Auffallen: In diesem Stadium des Experimentaufbaus konzentriere ich mich auf das Auffallen und arbeite beim Anziehen und Anweisen eher Pi mal Daumen. Die Idee ist definitiv andersartig, das kann ich also abhaken. Der Knackpunkt ist, dass alle ein eher traditionelles Bücherregal zeigen. Daher muss ich genau das vermeiden. Wenn man nach »einzigartiges Bücherregal« online sucht, stolpert man über großartige Designs. Eins, das aussieht wie die USA, eins, dessen Form die Buchstaben für READ, also »Lies«) ergibt (eine eingebaute Anweisung), wiederum ein anderes sieht aus wie ein quergestelltes Klavier. Diese sind alle andersartig und ich glaube, alle würden funktionieren.

Ein andersgeartetes Bücherregal – diese Idee fühlt sich gut an, jetzt muss sie nur noch zu meiner Marke passen und die Leute bei der Stange halten (Anziehen).*

* Ich habe übrigens ein Video dazu gedreht, in dem ich mein Bücherregal-Experiment detailliert vorstelle. Du kannst kostenlos darauf und auf andere Ressourcen auf gogetdifferent.com zugreifen.

KAPITEL 5:

Interessenten anziehen und begeistern

Wir wurden von ein paar Geeks mit zusammengeklebten Brillen dem Erdboden gleich gemacht.

Ich gründete mein erstes Unternehmen, Olmec Systems, im Jahr 1996, kündigte also im Alter von 23 Jahren meinen Job als »Computertyp«, um mein eigenes Unternehmen zu starten – als »Computertyp«. Mein Budget lag ungefähr bei null, wie auch bei unserer direkten Konkurrenz: Geek Squad. Deren Gründer Robert Stephens hatte sein Unternehmen bereits zwei Jahre zuvor ins Leben gerufen, mit gerade mal 200 Dollar in der Tasche. (Alle Achtung, Mann, das ist die Art Start-up, wie ich sie liebe!)

Weil ich professionell wirken wollte, traf ich mich im Anzug mit meinen Kunden, immer mit dem gleichen schlecht sitzenden Teil mit viel zu großen Schulterpolstern. Ich konnte mir keinen zweiten Anzug leisten, und schon gar nicht etwas Stylisches (also mit noch größeren Schulterpolstern), aber ich dachte, ich sähe trotzdem angemessen aus, so wie ich eben aussehen sollte. Stell dir einen schlaksigen Typen in einem großen, ausgebeulten Anzug einer Vogelscheuche ähnlich vor. Das war ich. Manchmal trug ich mein hellbraunes Polo-Shirt mit dem Unternehmenslogo darauf. Ich war stolz auf dieses Logo, weil es mich satte 1.000 Dollar gekostet hatte. Japp, du hast richtig gelesen. Eintausend 1996er Dollar, was umgerechnet heute so was wie sieben Milliarden sein dürften. So fühlte es sich zumindest an. Und es war die Hälfte meines Start-up-Budgets. Ich war davon ausgegangen, dass dieses Logo mein Unternehmen legitimieren und meine potenziellen Kunden anziehen würde. Das war Fehler Nummer eins. Der zweite Fehler war die Tatsache, dass ich aussah wie alle schlaksigen Computertypen auf diesem Planeten.

Und Geek Squad? Die tauchten bei Meetings mit ihren dunklen Brillengestellen auf, die in der Mitte von Tesa zusammengehalten wurden – das wohl berühmteste »Logo« für alle Nerds dieser Welt. Aber das war noch nicht alles an ihrer Uniform, denn sie sahen aus wie Geek-Agenten des FBI: weiße, kurzärmlige Anzughemden ohne Taschen, schwarze Hosen (Hochwasserhosen, sodass man wunderbar ihre schneeweißen Socken sehen konnte), schwarze Schnürschuhe und eine schwarze Krawatte mit einem Pin mit dem Unternehmenslogo. Sie hatten das Logo sogar in ihre Schuhsohlen arbeiten lassen, sodass sie, wenn sie den Bürgersteig entlang durch den Minnesotawinter stiefelten, überall Geek-Squad-Abdrücke im Schnee hinterließen. Genial! Simpel. Anders. Genial!

Was aber noch wichtiger war: Sie nannten sich selbst nicht Computertechniker oder Computertypen oder -mädels oder was auch immer. Sie waren Doppelagenten, Spezialagenten und Vertreter der Spionageabwehr. Robert Stephens, der Gründer des Geek Squads, nannte sich selbst Hauptkommissar. Ich aber nannte mich CEO und Kaffeekocher. Erst später sollte ich begreifen, dass alle anderen Unternehmer den exakt gleichen selbstironischen Witz machten. Die Geek Squad hatte diese ganze Sache mit den neuen Labels drauf wie sonst was, während ich versuchte, irgendwie reinzupassen. Das war Fehler Nummer drei.

Auf mich wirkte ihr Branding damals wie eine Spielerei. Ich hielt sie für einen Witz, und war damit nicht allein. Die gesamte Konkurrenz in unserem Bereich machte sich über die Geek Squad lustig. Dachten die etwa täglich, es sei Halloween und Zeit, sich zu verkleiden? Ernsthaft jetzt.

Aber dann zerlegten sie uns. Genau genommen schlachteten sie uns ab. Vielleicht war ja doch *Halloween* (der Film) und sie waren Michael in seiner blassen, weißen Maske, auf uns einhackend.

Die Leute von Geek Squad zogen die Aufmerksamkeit gleich von Anfang an auf sich. Sie waren nicht besser bei der Arbeit als wir und hatten auch keinen besseren Service anzubieten – wenn überhaupt hatten *wir* den besseren Service. Doch sie schlugen uns und Hunderte anderer Computerunternehmen, indem sie sich selbst anders vermarkteten. Geek Squad fuhr nicht mehr mit Fahrrädern zu ihren Kunden (wahre Geschichte), sondern in richtigen Autos: Volkswagen Käfer in Schwarz und Weiß mit dem Unternehmens-Logo auf der Tür. Und diese anders aussehenden Autos gewährleisteten, dass sie in der Stadt in aller Munde waren. Ihre Uniformen erreichten einen so ikonischen Status, dass die Minnesota Historical Society sie 2000 mit in ihre Dauerausstellung aufnahm. Du wirst leider keinen einzigen meiner Vogelscheuchenanzüge oder meiner Polo-Shirts mit Kaffeeflecken in einem der Museen in New Jersey finden. Ich bin mir ziemlich sicher, du würdest sie nicht mal im Secondhand-Laden finden.

Der Schlüssel zum Erfolg von Geek Squad war nicht nur, dass sie wahrgenommen wurden, sondern dass ihre Marketingmaßnahmen die Aufmerksamkeit der richtigen Kunden auf sich zogen und diese in eine längere Anziehung verwandelten. Nachhaltige Anziehung entsteht, wenn man einen Nutzen sieht und sich bei der Verfolgung dieses Nutzens sicher fühlt. Potenzielle Kunden werden also von deinem Marketing angezogen, wenn sie das Gefühl haben, dass sie mehr zu gewinnen als zu verlieren haben, wenn sie deiner Botschaft und deinem Call-to-Action folgen. Der ganze FBI- oder Men-in-Black-Vibe, den die Geek Squad zur Schau trug, flößte den Leuten Vertrauen ein, weil es sie an das *echte* FBI erinnerte. Die Leute gaben ihnen wegen der Uniformen einen Vertrauensvorschuss und Neugier hielt sie bei der Stange.

Während wir, die Konkurrenz, uns über die Verrücktheit von Geek Squad lustig machten, rannten ihnen die Kunden die Bude ein. Ihre Aufmachung war lustig, ließ Geeks cool wirken und gab den Kunden ein Gefühl von Sicherheit. Auch wenn Stephens ein System entwickelt hatte, mit dem er einen durchgehend guten Computerservice anbieten konnte – der Nutzen –, so konnte das Unternehmen doch nicht von sich behaupten, dass es besser war als der Otto (oder Mike) Normalanbieter im Bereich Computerreparaturen. Es war einfach anders, ob das Angebot besser war, interessierte dann niemanden mehr.

Acht Jahre nach der Gründung, also 2002, verkaufte Robert Stephens Geek Squad an ein anderes Unternehmen in Minnesota, Best Buy, für schlage und schreibe 3 Millionen Dollar plus einen fetten Anteil an den zukünftigen Umsätzen. Er blieb im Unternehmen und half dabei, es auf mehr als eine Milliarde Jahresumsatz wachsen zu lassen. Ich verkaufte mein erstes Computerunternehmen für ein paar Hunderttausend Dollar bei einem Private-Equity-Deal. Klar, ich hatte ein nettes Sahnehäubchen bekommen, aber Stephens die ganze Torte. Ich kann es nicht oft genug wiederholen: Andersartigkeit gewinnt!

Ich hoffe, du hast inzwischen eine Liste mit andersgearteten Marketingideen, die du ausprobieren könntest. Aber denk daran, dass man sich leicht in der Aufregung einer neuen Marketingidee verlieren kann, wenn man sicher ist, dass sie auffallen wird, und dann den nächsten Schritt im AAA-Marketing-Framework vergisst: das Anziehen.

Wir müssen sicherstellen, dass dein Anders-Machen-Marketing deinen idealen Avatar anzieht, diesen potenziellen Kunden, mit dem du am liebsten zusammenarbeiten möchtest und dem du am liebsten deine Dienstleistung oder dein Produkt verkaufen willst. Halte die Liste deiner Ideen während der Lektüre dieses Kapitels griffbereit und frag dich: »Wird sich mein idealer Avatar dank meines Anders-Machen-Marketings sicher fühlen?« und »Zeigt mein andersartiger Ansatz ihm einen eindeutigen Nutzen auf?«

Welche Anziehungsfaktoren kannst du nutzen?

Das Anziehen im AAA-Marketing-Framework ist dafür gedacht, die Aufmerksamkeit deiner potenziellen Kunden aufrechtzuerhalten. Du musst sie immer wieder aufs Neue von dir überzeugen. In dem Moment, in dem sie dich für uninteressant halten, bist du erledigt. Um sie bei Laune zu halten und zur nächsten Handlung zu bewegen, solltest du überlegen, welche Anziehungsfaktoren du einsetzen kannst.

Es gibt Dutzende Bücher über das Konzept der Interessentenanziehung und noch mehr Techniken. Dale Carnegies *Wie man Freunde gewinnt – die Kunst, beliebt und einflussreich zu werden* war meine erste Lektüre zu diesem

Thema. Seither habe ich mindestens 50 weitere für mich entdeckt und gelesen. Ich habe das Ganze auf die wichtigsten und effektivsten Anziehungsfaktoren heruntergebrochen, um dir ein wenig zu helfen.

- **Autorität**[5]: Das bedeutet, dass wir einer Person oder einer Marke verstärktes Vertrauen entgegenbringen, weil wir sie als führend in ihrer Kategorie, Branche oder Sparte ansehen. Wir gehen automatisch davon aus, dass sie mehr Wissen, Expertise, Fähigkeiten oder Einfluss hat als wir, und vertrauen daher darauf, dass ihre Einschätzung zu ihrem jeweiligen Bereich besser ist als unsere. Menschen, die dies wertschätzen, »umgeben« sich gern mit der Autorität, um von ihr zu lernen und somit die eigene Chance auf den sozialen Aufstieg zu verbessern. Beispielsweise würde ein Arzt in einer Werbung für ein neues Medikament mehr davon verkauft bekommen als ein Rennfahrer. Autorität mit wahrnehmbarer praktischer Expertise ist einflussreicher. Der Rennfahrer könnte hingegen Reifen besser verkaufen als der Arzt.

- **Vertrauenswürdige Quelle**[6]: Das ist eine Person oder eine Marke, in die wir bereits Vertrauen setzen und der wir folgen würden. Sie hat nicht unbedingt eine Autoritätsposition inne, aber wir haben in der Vergangenheit bereits gute Erfahrungen mit ihr gemacht. Wir haben eine Vertrautheit mit einer solchen Quelle und können vorhersehen, wie unsere Erfahrung mit ihr sein wird. Beispielsweise wirst du, wenn sich deine Mutter schon mal um dich gekümmert hat, eher eine Hühnersuppe essen, wenn du krank bist, weil sie es dir empfiehlt, als wenn ich das tun würde – außer du hast schon mal Erfahrungen mit meiner medizinischen Hilfestellung gesammelt. Außerdem würdest du eher ihr Rezept zur Hand nehmen, wenn sie dir schon mal eine gekocht hat und du die Suppe geliebt hast, als irgendein anderes Rezept.

- **Wiederholung**[7]: Je öfter wir eine wiederkehrende Botschaft hören, desto mehr zieht sie uns an. Wenn wir die Message in unserem Kopf wiederholen, haben wir irgendwann das Gefühl, wir hätten sie erschaffen. Wenn uns ein Gedanke auffällt, den jemand ausspricht oder

der in der Werbung vorkommt, den wir selbst auch schon mal hatten, werden wir davon angezogen. Wie oft hast du bereits den Satz »Besser spät als nie« gehört? Wahrscheinlich sehr oft – so oft sogar, dass du ihm vertraust und er sich wahr anfühlt. Aber ist es wirklich besser, später irgendwo anzukommen als gar nicht? Vielleicht manchmal, aber sicherlich nicht meistens. Ist es besser, zu spät zu einem Meeting zu kommen, als gar nicht aufzukreuzen? Klar. Aber es ist doch viel besser, pünktlich zu sein. Redewendungen, Floskeln und vermeintliche Tatsachen, die wir oft wiederholen (oder hören), werden vertrauenswürdiger, nur weil sie oft genug wiederholt werden, und das obwohl sie nicht immer – oder gar nicht – wahr sind.

- **Sozialer Status**[8]: Wir wollen für unsere Gemeinschaft wichtig und relevant sein. Wenn etwas unser Ansehen in irgendeiner Form erhöht – uns stärker, gesünder, cooler, lustiger, besser macht –, werden wir also davon angezogen. Wenn dir sozialer Status wichtig ist, wird die Werbung für ein Haarprodukt, das dir verspricht, dass danach »alle Freunde neidisch auf dich sein werden«, oder eine Autowerbung, die dir versichert, dass »die Menschen bereits vor dem Öffnen der Türen wissen werden, wie erfolgreich du bist«, dich anziehen.

- **Ausrichtung**[9]: Wir werden von dem angezogen, was wir bereits wissen und fühlen. Die Ausrichtung bestätigt uns in dem, was und wer wir sind. Eine Erweiterung dessen sind Bestimmung und Tugend/Gerechtigkeit, die unser Werte- und Glaubenssystem ansprechen. Dann kommt der Bestätigungsfehler (Confirmation Bias) ins Spiel – die Tendenz, dass wir eher Sachen bevorzugen, an die wir ohnehin schon glauben, und solche anzweifeln oder ignorieren, an die wir nicht glauben. Wenn du also ein Angebot für ein nahrhaftes Fertiggericht hast und du Menschen anziehen willst, die bereits in ihre Gesundheit und Wohlbefinden investieren, dann wäre eine gute Marketingidee etwas, das sich um »Du bist, was du isst« dreht, weil es an ihre Identität und ihren Glauben anschließt. Wenn jemand aber glaubt, dass alle Kalorien gleich sind, dann wird er deine Werbung ignorieren oder als irrelevant abtun.

- **Sicherheit**[10]: Wir sehnen uns nach Sicherheit und Geborgenheit vor körperlichem Schaden oder Unbehagen, finanziellen Sorgen oder vor sozialer Ablehnung durch unsere Gemeinschaft oder Ideologie. Wir werden von Nachrichten angezogen, die uns das Gefühl von Sicherheit in einem dieser Bereiche suggerieren. Beispielsweise fühlen wir uns sicherer, wenn bei der Flugbuchung beteuert wird, dass das »krankenhaustaugliche Luftfiltersystem 99,9 Prozent der Bakterien und Viren abtötet«, während wir wie Sardinen in der Dose zusammengepfercht sitzen.

- **Komfort**[11]: Eine Variante der Sicherheit, bei der wir eine Aversion gegenüber Verlust haben und uns daher das anzieht, was uns dabei hilft, unseren Status quo zu erhalten. Wir werden von Dingen angezogen, die sicherstellen, dass wir die erfreulichen und genussvollen Elemente in unserem Leben und unserer Arbeit erhalten und sogar erweitern können. Wir alle haben schon mal Werbung gesehen, in der die Tatsache, dass man irgendetwas »bequem von zu Hause aus« machen könne, hervorgehoben wurde. Das ist ziemlich leicht zu durchschauen, oder? Marketing, das die *Vermeidung oder Verhinderung* von Unannehmlichkeiten erwähnt, zieht uns genauso an. Das Dachmaterial, das jeglichen Regen abhält und kein Wasser ins Haus lassen wird, schützt dich vor Unannehmlichkeiten.

- **Ausweitung**[12]: Wir bauen gern das aus, was wir bereits mögen, besitzen und an das wir glauben. Menschen, denen ihr schickes Auto wichtig ist, werden von noch schickeren Autos angezogen; Menschen, die Wert auf ihre Privatsphäre legen, werden davon angezogen, noch mehr Privatsphäre zu erhalten, und so weiter. Wenn du an Ausweitung denkst, dann denk an Upgrades, wie das Upgraden von Unterbringungen oder Reisevorbereitungen. Oder Boni und Extras.

- **Zugehörigkeit**[13]: Wir sind gern Teil einer Gemeinschaft, werden gern von dieser geliebt und möchten unseren Beitrag dazu leisten. Botschaften, die uns das Gefühl geben, dass wir dazugehören, klingen attraktiv. Lady Gagas Gemeinschaft der »Little Monsters« ist ein perfektes Beispiel dafür. Indem sie ihren Fans einen Namen verpasst hat, gibt sie ihnen ein Gemeinschaftsgefühl und inspiriert so andere Menschen, auch Teil dieser Gemeinschaft werden zu wollen.

- **Gesundheit**[14]: Wir werden von dem angezogen, was uns Gesundheit bringt – es sei denn, es geht um glutenfreie Muffins. Oder um einen dreistündigen Spinning-Kurs. Das kann körperliche, sexuelle, geistige oder eine jede andere Form von Gesundheit sein. Wenn etwas unsere Lebenserwartung verlängert, unsere Kraft, unser Durchhaltevermögen oder unser allgemeines Wohlbefinden verbessert, dann werden wir davon angezogen. Gesundheitsbotschaften umschwirren dich den lieben langen Tag: Du wirst dich mehr bewegen mithilfe dieses Geräts. Du wirst zu einem sexuellen Kraftpaket mithilfe dieser blauen Pille. Du wirst klarer denken können mithilfe dieses Meditationskurses.

- **Entlastung**[15]: Angebote, die uns eine andauernde oder wenigstens zeitweise Linderung von körperlichen oder seelischen Schmerzen versprechen, sind verlockend. Der Mensch ist darauf gepolt, nach Genuss zu streben und Schmerzen zu vermeiden. Doch wenn beides zur selben Zeit passiert, gewinnt meistens die Vermeidung. Bedenke dabei, dass Linderung auch so etwas Einfaches wie die Vermeidung eines Staus sein kann.

- **Schönheit**[16]: Auch wenn es keine allgemeingültige Definition für Schönheit gibt, so werden wir dennoch davon angezogen, was unseren Sinnen gefällt. Wenn du weißt, wie deine potenziellen Kunden Schönheit definieren, kannst du dies verstärken, indem du etwas teilst, das als *noch* schöner angesehen werden könnte: Dieses Tattoo zeigt deine Herkunft – für Menschen, die dies als schön empfinden, wäre das reizvoll. Die Farbe dieses Oberteils untermalt deine Augenfarbe, auch das könnte Schönheit sein.

- **Wertschätzung**[17]: Wir werden von Angeboten und Botschaften angezogen, die uns das Gefühl der Wertschätzung und Anerkennung geben. Wir streben danach, weil wir gerne wichtig und relevant wären. Wertschätzung ist ähnlich wie Zugehörigkeit, aber mit Fokus auf eine spezifische Wichtigkeit, wie beispielsweise bei einem angesehenen Preis, einer Prämie oder einer besonderen Auszeichnung.

Wenn du dir überlegst, was du alles über deinen idealen Interessenten weißt – über dessen Werte, Präferenzen und Gewohnheiten –, welcher dieser Anziehungsfaktoren würde ihn am ehesten ansprechen?

Passt dein Marketing zu deinem Angebot?

Außergewöhnliches Marketing fällt auf, aber wenn es gegen das gewünschte Verhalten arbeitet, hast du ein Problem. Ein Paradebeispiel dafür ist mir aufgefallen, als ich eines Tages mit meinem guten Freund Paul Scheiter zum Mittagessen fuhr. Wir fuhren an einer unscheinbaren Shopping-Mall außerhalb von St. Louis, Missouri, vorbei und mussten an einer roten Ampel halten – direkt neben der Freiheitsstatue.

An der Ecke stand nämlich ein verwahrloster Typ mit Drei-Tage-Bart, Tränensäcken unter den Augen und einem spöttischen Grinsen auf den Lippen, der das billigste Freiheitsstatuen-Kostüm aller Zeiten trug: grüne Toga, Schaumkrone und so weiter. Er wirkte, als hätte er eine einwöchige Sauftour hinter sich. Zu allem Überfluss hing ihm eine halb abgebrannte Zigarette aus dem rissigen Mundwinkel; der Rauch kräuselte sich oben um seine Schaumstoffhaube. Er schlurfte zehn Meter den Bürgersteig hinauf, stand ein paar Sekunden lang spöttisch grinsend neben ein paar anderen Autos und schlurfte dann zurück. In seinen wettergegerbten Händen hielt er ein Schild mit der Aufschrift: »Liberty Tax. Holen Sie sich Ihre kostenlose Steuerberatung noch heute«.

Auch wenn ich nicht anders konnte, als mir diese Marketingkatastrophe anzustarren, tat ich alles, um bloß keinen Blickkontakt herzustellen. Als die Ampel auf Grün sprang, konnten wir nicht schnell genug wegfahren. Als ich einen letzten Blick zurückwarf, konnte ich gerade noch beobachten, wie er seine Zigarette auf der Rückseite des Schildes ausdrückte. Wahnsinn!

Ein heruntergekommener Typ als Freiheitsstatue, der aussieht, als würde er die nächstbeste Person, der er begegnet, umbringen, besteht definitiv den Auffallen-Test. Aber er fällt definitiv durch den Anziehen-Test, denn ein (wahrscheinlich) zugedröhnter (potenziell) gefährlicher Mann erweckt nicht unbedingt großes Vertrauen in eine Steuerberatung. Und selbst wenn er einfach nur ein Typ war, der in letzter Zeit ziemlich viel Pech gehabt hatte, und versuchte, ein wenig Geld zu verdienen, so passte doch sein Aussehen *überhaupt nicht* zu dem Angebot. Steuerberatung – bei diesem Typen? Beziehungsweise bei der Person, die *den Typen* ausgesucht hat? Ich stelle jegliche Professionalität bei der Person infrage, die der Meinung war, dass es eine gute Idee wäre, so einen Typen in ein 20-Dollar-Kostüm zu stecken und auf die Allgemeinheit loszulassen. Und ich bin mir ziemlich sicher, dass ich nicht der einzige Mensch an diesem Tag war, der das gedacht hat.

Manchmal kann aber auch eine Idee, die in einem bestimmten Kontext gut funktioniert hat, in einem anderen die Menschen eher abschrecken. Denk an Kasey Antons Geburtstagskerzen-Geschichte: Sie hielt ihr Restaurant über Wasser, indem sie Geburtstagskerzen an Kunden verschickte mit einem Angebot für einen kostenlosen Hauptgang. Das funktionierte wie am Schnürchen – außer in den Sommermonaten.

»Es hat sich leider herausgestellt, lassen sich Kerzen nicht so gut in Umschlägen transportieren, wenn es draußen heiß ist«, schrieb mir Kasey in einer E-Mail. »Tatsächlich sahen sie bei den Empfängern eher so aus wie das zerlaufene Gesicht von dem Typen aus *Hüter des verlorenen Schatzes*. Das war nun gar nicht der Eindruck, den ich hinterlassen wollte.«

Kasey tauschte kurzerhand die Kerzen gegen Konfetti aus, was allerdings auch nicht allzu gut funktionierte, weil die wenigsten Leute gern Konfetti aus ihren Bodenritzen pulen wollen. Also behielt sie die andersgeartete Kerzenidee in den kühleren Monaten bei und legte im Sommer eine Handvoll farbenfroher Ballons in die Umschläge.

Manchmal ergibt dein Angebot bei deinen idealen Interessenten Sinn, aber schreckt alle anderen ab. In Kapitel 4 hatte ich dir die Geschichte zur Namensgebung der Savannah Bananas erzählt. Das war der erste Wendepunkt für das Unternehmen gewesen, weil es ihm die Aufmerksamkeit bescherte, die es brauchte, um potenzielle Kunden anzuziehen. Der Haken an der Sache war, dass der Name viel Kritik von den lokalen Sportmedien, den örtlichen Baseballfans und von anderen Teambesitzern auslöste, die das Gefühl hatten, Jesse und Emily Cole und ihr Team würden den Sport nicht ernst genug nehmen.

Und weißt du was? Das taten sie tatsächlich nicht. Denn sie nahmen *Familienunterhaltung* ernst.

Als sie im Grayson-Stadion angekommen waren, telefonierte Jesse täglich unzählige Male und erhielt fast jedes Mal die gleiche Reaktion. »Ich wollte mich in der Stadtgemeinde vorstellen und sie für die kommende Saison und für alles, was wir so geplant hatten, begeistern«, sagte er zu mir. »Aber wenn ich dann den Baseball erwähnte, bekam ich fast immer zu hören: ›Ich mag Baseball nicht sonderlich gern.‹ Die Spiele gingen den Leuten zu lang oder waren zu langweilig oder beides.«

Das vorherige Team hatte das Stadion nicht füllen können – verdammt, es hatte nicht mal *ein paar Sitzreihen* füllen können. Jesse wusste, dass er das Ganze für Familien vermarkten musste, die auf der Suche nach amüsanten Aktivitäten waren, und eben nicht für eingefleischte Baseballfans. Als er den Namen »Savannah Bananas« verkündete, statt Scepters oder Sailors oder jeden anderen »respektablen« Namen für ein Baseballteam, brachte ihn daher die Kritik der Hardcorefans oder der Branchenvertreter kaum aus dem Konzept.

Jesse und sein Team wussten, dass der Name genau die Menschen ansprechen würde, die sie zu den Spielen locken wollten: Familien, die auf Spaß aus waren. Leute, die unterhalten werden wollten. Die Art Mensch, die sich die erste Baseball-Pep-Band aller Zeiten und eine Gruppe Cheerleader bestehend aus älteren Leuten anschauen würde. Was also, wenn sie dabei ein paar der ernsteren Gesellen vor den Kopf stießen? Sie zogen Tausende an, die die Ränge füllten, weil ihr Marketing zu ihrem Angebot passte. Schließlich erwartest du verrückten Spaß, wenn du ein Ticket für die Savannah Bananas kaufst. Und genau das wird dir dann auch serviert, mit einer ordentlichen Portion Baseball.

Ein kleines PS an dieser Stelle: Die Hardcorefans kamen natürlich auch zu den Baseballspielen und liebten es. Sie erkannten, dass Baseball eben nicht nur Baseball sein musste. Wenn man das Andersartige richtig angeht, zieht man die richtigen Kunden an, und die richtigen Kunden werden *alle* Kunden anziehen.

Schau dir mal deine Liste der nötigen 100 potenziellen Kunden an. Welchen Anziehungsfaktor würden sie interessant finden? Beispielsweise wurden die Kunden der Geek Squad sowohl von der Sicherheit als auch von der Neugier getrieben. Auch wenn sie glorreich daran gescheitert waren, so könnten die Leute von Liberty Tax versucht haben, eine Art finanziellen Komfort zu suggerieren. Geh noch mal deine Liste der Ideen durch. Welche davon würde deine idealen Interessenten abschrecken oder sie kalt lassen, und welche würde sie anziehen?

Haben deine Zielkunden keinen Bock mehr darauf?

Als ich das erste Mal versuchte, Olmec Systems zu vermarkten, entschied ich mich für eine Direktmailing-Kampagne. Ich wollte meinen Marketingansatz vom Haustürverkauf ablösen, weil ich darin eine absolute Niete war. Ohne Witz, ich ging von Tür zu Tür, doch nach einem halben Tag gab ich auf. Zu diesem Zeitpunkt versuchte ich allerdings immer noch, es wie alle anderen zu machen. Darum saß ich mit einem 1.000 Dollar teuren Logo da, das keinerlei Wirkung zeigte. Da mir das Logo also nicht die gewünschten Ergebnisse brachte (Überraschung, ich weiß), machte ich den Standardfehler und kopierte die Best Practices des Marketings meiner Konkurrenten. Was in diesem Fall eben der Kauf einer Adressliste bedeutete. 2.000 Stück zu je 50 Cents ergaben – ja, genau, täglich grüßt das Murmeltier – *1.000 Dollar*. Ich gab also mit dieser Zahlung, dem Papier und den Umschlägen sowie den Briefmarken satte 3.000 Mäuse aus.

Wie sich herausstellen sollte, war ich auch eine absolute Niete in Direktmailing-Kampagnen. Das Unternehmen, von dem ich die angeblich topaktuelle Adressliste gekauft hatte, hatte mich so richtig über den Tisch gezogen, denn von den 2.000 Aussendungen kam ungefähr ein Viertel als unzustellbar zurück. Auf die restlichen 1.500 Mailings erhielt ich genau eine Antwort – und die war eher weniger angenehm.

Mein Anschreiben fing mit »Liebe*r …« und dem jeweiligen Vornamen des Adressaten an. Auf diesem stand »Lieber Tyrone«. Das weiß ich, weil er es mir zurückschickte, mit einem roten Kreis um seinen Namen und einer Notiz, die besagte: »Kenne ich dich, Arschloch?« Anscheinend, denn er wusste meinen Spitznamen schon mal.

Mein Zielmarkt waren Unternehmer und ich hatte vom Start weg darin versagt, sie anzuziehen. Erstens hatte ich eine ausgelutschte Marketingmethode angewandt, die zusammen mit vielen anderen teuren Postwurfsendungen meinem teuren Mailing nur den Weg in den Müll einbrachte. Noch schlimmer aber war, dass ich sie mit der Wahl der informellen Anrede statt »Sehr geehrter Herr« oder »Sehr geehrte Frau« sogar noch gegen mich aufgebracht hatte. Na ja, Tyrone war jedenfalls angefressen. Falls du das jetzt lesen solltest: Es tut mir wirklich leid, T-man. Ich weiß deinen Nachnamen zwar nicht mehr, aber du hättest den Respekt, dass ich ihn auch benutze, verdient gehabt. Alles Liebe, dein Arschloch.

Mein erster Marketingversuch war also ein Reinfall, weil ich bei den ersten beiden Phasen des AAA-Marketing-Frameworks versagt hatte, aber ich glaube, die informelle Ansprache war der eigentliche Abtörner.

Diese Erfahrung jagte mir so viel Angst vor Direktwerbung ein, dass ich es erst nach fünf Jahren erneut versuchen sollte. Fürs Protokoll: Ich benutze Postwurfsendungen jetzt für Massenverkäufe meiner Bücher und es läuft wie geschmiert, weil das a) kaum jemand im Buchmarkt macht, es also anders ist, sie b) auf eine ganz bestimmte Zielgruppe zugeschnitten sind, und sie c) einen direkten Call-to-Action, also eine Handlungsaufforderung beinhalten. Frag dich mal ernsthaft: Ist dein Marketing ausgelutscht oder genial?

Spricht deine Idee die Identität deiner potenziellen Kunden an?

Kannst du die zwei mächtigsten Wörter nennen? Dabei ist es egal, in welcher Sprache du das hier liest, denn sie sind die mit dem meisten Einfluss in allen Sprachen. Sie werden dein Interesse jedes Mal wecken. Wenn sie heute als Schlagzeile in der Zeitung stünden, das garantiere ich dir, würdest du den Artikel lesen. Wenn wir zwei in ein Gespräch vertieft wären, du aber auch nur eins dieser Wörter von woanders hören würdest, würdest du vielleicht weiterhin mich anschauen, aber dort drüben lauschen. Auch nur eins von beiden zieht dich an wie ein Magnet, und das jedes Mal. Zusammen sind sie schier unwiderstehlich. Weißt du, welche ich meine? Oder wenigstens eins?

Vielleicht denkst du jetzt an »Danke« oder »Verkauf« oder »kostenlos/gratis« oder »Sex«. Es ist keins davon. Na ja, ähm, vielleicht »kostenloser Sex«, wer weiß. Aber nein, eigentlich noch nicht mal das. Die attraktivsten Wörter in jeder Sprache sind die Vor- und Nachnamen einer Person.

Einer der sichersten Wege, um Menschen auf dich und dein Angebot aufmerksam zu machen, ist die Nutzung ihrer Namen, denn wir schenken unseren Namen immer Aufmerksamkeit. *Immer.* Die Namen von Leuten werden auf alle möglichen Weisen benutzt: auf Namensschildern auf Restauranttischen, während der Ankündigung von Spendenaktionen im Radio, auf den Türen zu Konferenzräumen. Und ich schwöre dir, wenn ich gewusst hätte, wie ich es anstellen soll, hätte ich deinen Namen hier aufs Cover und in dieses Buch drucken lassen. Stell dir vor, hier hätte gestanden: »Man wird ________ ________ immer Aufmerksamkeit schenken.« (Wenn du mitspielen magst, kannst du deinen Vor- und Nachnamen an diese Leerstellen schreiben.) Das sieht so gut aus, oder? Es ist immerhin dein Name!

Menschen werden außerdem von Bildern angezogen, auf denen sie selbst zu sehen sind. Podzemka, ein Moskauer Club, nutzte das zu seinem Vorteil: Seine idealen potenziellen Kunden sind aus der Gen Z, eine demografische Gruppe, bei der Marketing und Werbung oft auf taube Ohren stoßen. Also ließ sich Podzemka etwas einfallen, um ihre Zielkunden mit deren eigenem Abbild anzuziehen. Auf der Webseite des Clubs gab es eine Seite, auf der die Clubbesucher Fotos von sich selbst hochladen und coole Templates und Slogans hinzufügen konnten. Auf diese Weise erschufen die potenziellen Kunden des Clubs die Werbung *für* den Club. Die Gen Z erstellt irre gern Memes und teilt Bilder untereinander, also verbreiteten sich die selbst gemachten Werbebilder auf Social Media wie ein Lauffeuer. Nach der Umsetzung dieser Marketingstrategie verzeichnete Podzemka einen 50-prozentigen Anstieg der Besucherzahlen auf seiner Website.

Es gibt aber noch weitere Aspekte einer Identität jenseits des Namens und eines Fotos, die man nutzen kann. Wir werden von Nachrichten und Bildern angezogen, die unsere Identität *bestätigen*. Nehmen wir beispielsweise den Slogan »Don't Mess with Texas«. Wusstest du, dass dieser Slogan eigentlich von einer Antimüllkampagne kam? Vermutlich nicht – außer du kommst aus Texas, dann entschuldige bitte, denn *du* wusstest das logischerweise, weil du ja aus Texas bist und so.

Das Texas Department of Transportation engagierte 1985 GSD&M, eine Werbeagentur in Austin, um einen Slogan zu entwerfen, der bei Texas' krassem Müllproblem helfen sollte. Es sollte eine Kampagne sein, die auf Männer zugeschnitten war (da sie öfter Müll einfach auf der Straße fallen ließen als Frauen) und auf diejenigen, die glaubten, dass sie als Texaner mit ihrem Müll machen konnten, was sie verdammt noch mal wollten.

Die Agentur wählte den Satz »Don't Mess with Texas«, auch um das Wort »Müll« zu vermeiden. Bei dem Wort *mess* (engl. »beschmutzen«, »Unordnung«) schwang der Gedanke an Mütter mit, die ihre Kinder zum Aufräumen ihrer unordentlichen Zimmer auffordern.

Die Kampagne wurde über den ganzen Bundesstaat verteilt ausgerollt, auf Straßenschildern, im Fernsehen und Radio sowie in der Printwerbung. Der Müll auf den texanischen Highways reduzierte sich zwischen 1987 und 1990 um satte 72 Prozent. Warum war sie so erfolgreich? Weil die »Zielkunden« – Männer in Trucks auf dem Highway – eine Art Nationalstolz als Texaner fühlten, wenn sie die Schilder sahen. Die Kampagne brachte die texanische Identität damit zusammen, dass ihr Heimatstaat verunreinigt wurde, daher warfen die Leute weniger Müll aus den Fenstern während der Fahrt. Es dauerte nicht lange, bis »Don't Mess with Texas« zu einem Identitätsmanifest für Texaner wurde. Wir werden von Aussagen angezogen, die mit unserer Identität *vereinbar* sind.

Die Identität ist etwas Mächtiges. Aus diesem Grund kann intendierte Polarisierung auch ein effektiver Anziehungsfaktor sein. Wir werden von Aussagen angezogen, die uns darin bestätigen, dass wir recht haben, während die anderen unrecht haben. Warum sonst sollten so viele Demokraten *MSNBC* und so viele Republikaner *Fox News* schauen? Sie werden von dem angezogen, was ihr Denken, ihren Glauben – all das, was sie zu der Person macht, die sie sind – bestätigt, und werden von allem abgestoßen, was gegen ihre Identität geht.

Stimmt das Timing deiner Marketingidee?

Nachdem George Floyd ermordet wurde und die ganze Nation von einer ethnischen Abrechnung erschüttert wurde, unterbrach ich die Vorbereitungen für eines meiner Anders-Machen-Experimente. Ich hatte eigentlich geplant, einen Heißluftballon mit der Aufschrift »Erdlinge. Wir sind hier, um kleine Unternehmen zu retten. Lies *Profit First*!« über den Ort fliegen zu lassen. Es sollte ein andersgeartetes Buchmarketing werden und hätte – so zumindest meine Hoffnung – seinen Weg in die Nachrichten gefunden. Aber jetzt fühlte es sich total unangemessen an. Es war einfach so gar nicht die richtige Zeit, um irgendetwas zu vermarkten – egal an wen.

Ein paar Wochen später stieß ich auf ein Facebook-Posting, das bestätigte, dass es die richtige Entscheidung gewesen war. Dr. Venus Opal Reese, Autorin des Buchs *Black Woman Millionaire: Hot Mess Edition*, hatte einen Screenshot gepostet, in dem sie zeigte, dass sie sich von einem Newsletter abgemeldet hatte, und ein paar erklärende Worte, die mit den folgenden Sätzen endeten: »Ich kann Ihr Marketing nicht hören. Ich bin zu sehr damit beschäftigt, bei Verstand, nüchtern, sicher und am Leben zu bleiben.« Unter dem Bild gab sie allen Werbetreibenden eine wichtige Nachricht mit auf den Weg: »Dies ist eine Zwangsräumung aus meinem Postfach. Aus meinen E-Mails. Aus meinem Briefkasten. Wenn es Sie nicht interessiert, wie es mir gerade im echten Leben in dieser Situation geht, die wir durchleben, haben Sie in meinem Posteingang nichts verloren. Sie sind hier nicht willkommen.«

Die Leute wissen, wann etwas an sie vermarktet wird, und sie wissen, wenn jemand einen Vorteil aus einer Krise ziehen will. Sie wissen außerdem, wann du eine Krise *ignorierst.* Also sei dir deines Timings bewusst. Verschicke kein Werbemittel, das jemandem wehtun könnte oder das einen Mangel an Empathie oder Verständnis zeigt. Frag dich immer: »Dient dies meinem idealen Interessenten?« und »Ist jetzt der richtige Moment für diese Botschaft?« Vielleicht muss stattdessen eine andere Message nach draußen gehen, eine, die die aktuellen Events und den Einfluss, den sie auf deine Community haben, anspricht.

Wird dein Gimmick dich auf den richtigen Weg bringen?

Ich versammelte 2019 ein paar Autoren zu einem Treffen, bei dem wir unsere besten Strategien für das Wachsen unserer Leserschaft und unserer Marken miteinander teilten. Don Miller, der Autor von *StoryBrand – Wie Sie mit starken Geschichten Ihre Kunden überzeugen*, stellte sich als Host in seinem wunderschönen Zuhause in Nashville zur Verfügung. Inmitten all dieser von mir verehrten Autoren – Don, Ryan Holiday (*Der tägliche Stoiker – 366 nachdenkliche Betrachtungen über Weisheit, Beharrlichkeit und Lebensstil*), James Clear (*Die 1%-Methode – Minimale Veränderung, maximale Wirkung*), Jon Gordon (*Der Energy-Bus*), Chris Guillebeau (*Start-up! Wie Sie mit weniger als 100 Euro ein Unternehmen auf die Beine stellen und Ihr eigener Chef werden*) und John Ruhlin (*Giftology*) – freute ich mich total darauf, meine besten Marketingstrategien mit ihnen zu teilen. Eine davon bestand darin, die eigenen Publikationen als gebrauchte Bücher auf Amazon zu verkaufen und die Kunden dann mit einem kostenlosen Upgrade zu überraschen, also ein druckfrisches Exemplar zu schicken.* Das könnte für Aufmerksamkeit sorgen, weil die Käufer vermutlich begeistert davon wären, ein nagelneues Exemplar zu bekommen, und dies dann vielleicht sogar über Social Media teilen würden. Es hob sich also deutlich ab, war anziehend und gab eine Anweisung. Oder etwa nicht?

Nachdem ich diese Buchmarketingstrategie des Jahrhunderts mit allen geteilt hatte, wartete ich nur noch auf die Standing Ovations. Oder einen Applaus. Oder wenigstens ein einziges Zirpen. Aber nichts passierte.

Ryan Holiday starrte geradeaus ins Kaminfeuer. Dann sagte er: »Ich hasse diese Idee. Sie ist der größte Scheiß.«

---

* Anm. d. Ü. für angehende Autor*innen: Das ist in Deutschland per Verlagsvertrag verboten. Unbedingt auf das Kleingedruckte achten, bevor du das einfach nachmachst!

Aua. Das war ein schneller Tritt in die Ego-Eier. Ich lief rot an. Mein Hals fühlte sich staubtrocken an. Ich schaute Ryan an, während er weiterhin ins Feuer starrte.

»Was meinst du damit, Ryan?«, hakte ich nach und versuchte, nicht allzu defensiv zu klingen.

Und das war der Moment, in dem Ryan Holiday, die Autorität des Stoischen und der allgemeinen Klugheit, eine Logikbombe nach der anderen abwarf.

»Du denkst viel zu klein, Mike. Du willst Leute begeistern, denen du es nicht mal wert bist, sich ein neues Buch zu kaufen. Das sind geizige Käufer, die billige Lösungen wollen. Warum solltest du versuchen, ausgerechnet sie zu beeindrucken?«

Es herrschte Stille im Raum. James Clear und Chris Guillebeau nickten mit leicht hochgezogenen Augenbrauen zustimmend mit dem Subtext: »Japp, das ist echt offensichtlich.« Ich wehrte mich gegen den Impuls, tiefer in meinen Stuhl zu versinken, und richtete meinen Blick stattdessen auf Ryans mit Lammfell gefütterte Jeansjacke. Er sah aus wie ein Cowboy.

»Was das Ganze aber noch schlimmer macht«, fuhr er fort, »ist die Tatsache, dass dein Marketing zu klein gedacht ist. Du musst eine größere Frage stellen. Du willst Millionen Bücher verkaufen, aber diese Maßnahme verkauft sie doch nur vereinzelt.«

Ryans Blick blieb noch einen Moment länger auf dem Kaminfeuer hängen, dann drehte er sich zu mir und schaute mich an, während er wiederholte: »Diese Idee ist wirklich der größte Scheiß.«

Ryan ist ein fast schon beängstigend intelligenter, selbstbeobachtender, ehrgeiziger Typ. Er war der Letzte, der ankam, aber der Erste, der wieder fuhr. Er verschwendet keine Zeit auf Nettigkeiten und Schwachsinn. Außerdem ist er ungefähr 15 Jahre jünger als ich. Ich versuchte, über all dies hinwegzusehen, aber sein Ratschlag traf mich dennoch hart.

Auf dem Rückflug ging ich in mich. Ryan hatte recht: Ich hatte mich auf eine Marketingidee konzentriert, die nur einzelne Bücher verkaufen würde. Und weil diese Idee funktionieren könnte, hatte ich die Tatsache ignoriert, dass sie mich nur in Babyschritten meinem Ziel näherbringen würde.

Allerdings stimme ich mit Ryan hinsichtlich der Schnäppchenjäger nicht überein, denn es macht für mich keinen Unterschied, ob du dieses Buch mit

Rabatt gekauft, es aus der Bücherei ausgeliehen oder in einer Bücherkiste auf der Straße gefunden hast (ja, das ist tatsächlich schon passiert). Ich bin ein großer Fan der Pfennigfuchserei und ich schätze jeden einzelnen Leser.

Und ich stimme mit Ryan auch nicht hinsichtlich der Gimmicks überein. Sie haben einen schlechten Ruf. Wenn ein Gimmick einen kontinuierlichen, wichtigen Beitrag zum Business leistet, werde ich es immer wieder nutzen.

Dennoch hatte er mit einem Punkt recht: Ich hatte zu klein gedacht. Wenn ich die unternehmerische Armut ausmerzen wollte, musste ich viel mehr Bücher verkaufen. Millionen von Büchern.

Ich fragte mich also: »Wie kann ich 100 Bücher mehr am Tag verkauften« Diese größere Frage brachte auch bessere Antworten. Ich nutzte Anders-Machen-Experimente, um Ideen zu testen, mit deren Hilfe ich die Art von Lesern (und Gruppen von Lesern) anziehen konnte, die Dutzende Bücher kaufen würden, wenn nicht sogar Hunderte. Das erreichte ich mithilfe verschiedener Methoden: Ich setzte eine neue E-Mail-Sequenz auf; ich veränderte die Webseiten-Eigenschaften; ich passte das Format meiner virtuellen Kernaussagen an; und, was am effektivsten war, ich fügte ein Marketinglevel hinzu, bei dem die Leute mein Buch nutzen konnten, um sich selbst zu vermarkten. Damit verkaufte ich weitaus mehr Bücher und diese Verkäufe halfen mir dabei, meinen Vorschuss für *dieses* Buch um ein Vielfaches zu steigern. Das soll keine Angeberei sein, sondern vielmehr die Macht der Andersartigkeit verdeutlichen.

Der Vorschuss, den ich für dieses Buch erhielt, war hunderttausendmal so hoch wie das Geld, das ich für mein erstes Unternehmen erhalten hatte. Ich hatte acht Jahre gebraucht, um mein erstes Unternehmen aufzubauen und zu verkaufen. Meine Buchverkäufe radikal zu verbessern, kostete mich acht Minuten Zuhören und ein paar Stunden Arbeit mit Anders-Machen-Experimenten.

Ich schickte Ryan ein paar Monate nach unserem Autorentreffen eine Nachricht: »Hey Ryan, ich wollte dir für deinen Input bei unserem Treffen danken. Dein Ratschlag hat mir buchstäblich Hunderttausende von Dollar eingebracht. Danke vielmals, Bruder.«

»Nicht dafür.« Eine klassische Holiday-Antwort.

Sei knallhart und ehrlich mit dir selbst bei der Überlegung, ob deine andersgeartete Idee es wert ist, ihr nachzugehen, oder eben nicht – so wie Ryan mit mir. Bist du womöglich in eine Idee vernarrt, die von außen betrachtet gut aussieht, aber letztlich Kunden anzieht, die dich nicht sonderlich weit bringen können? Denkst du vielleicht zu klein? Du musst vielleicht noch mal einen Schritt zurückgehen und deinen idealen Avatar überarbeiten? Das ist übrigens völlig in Ordnung, denn du musst nicht gleich beim ersten Versuch alles richtig machen. Es ist schließlich ein Experiment!

Als ich mich während meiner Recherche für dieses Buch über Geek Squad informierte, stieß ich auf ein Interview, das Stephens Clay Collins 2012 gegeben hatte.[18] Ich schrieb mir dieses Zitat daraus auf: »Geek Squad musste hervorstechen, weil wir uns die *Gelben Seiten* nicht leisten konnten, wir konnten uns keine Werbetafeln leisten. … Alles [war] Marketing, weil wir kein Geld für Marketing hatten.« *Alles war Marketing, weil wir kein Geld für Marketing hatten* – ich mag diesen Satz. Ich hatte Stephens schon mal sagen hören, dass das Beste, das die ihm je passiert war, die Tatsache war, kein Geld für die Vermarktung seines Unternehmens gehabt zu haben. Mittlerweile verstand ich auch, warum.

Im selben Interview las ich, dass Stephens das Marketing seines Unternehmens als »ein großes Experiment der Perfomance-Kunst« betrachtete. Da ich monatelang Anders-Machen-Experimente durchgeführt hatte, war dies eine weitere Bestätigung meiner Sichtweise, Marketing als Experiment zu sehen, um den Geräuschpegel der Selbstkritik zu reduzieren. Geek Squad hatte keine Angst vor unkonventionellem Kram, um Aufmerksamkeit zu erregen. Die Savannah Bananas machten die ganze Zeit über abgefahrene Aktionen. Und ich machte permanent schrägen Kram. Stell einfach sicher, dass *dein* andersgeartetes Marketing, was auch immer es sein mag, wie ein Leuchtfeuer in der Nacht auf die Leute wirkt, denen du helfen willst.

Du bist dran

Bevor du dich an die Arbeit machst, finde heraus, ob deine andersgeartete Marketingidee deine idealen Interessenten anziehen würde – und wie du das Ganze *noch* anziehender auf sie wirken lassen könntest. Denk daran, dass alle drei Schritte des AAA ineinandergreifen und *nicht* allein funktionieren. Also gilt auch hier: Überspring diese Übung nicht!

1. Finde drei Anziehungsfaktoren, die mit dem übereinstimmen, wie du deine potenziellen Kunden anwerben willst. Im Folgenden eine Liste, damit du in die Gänge kommst:

Autorität

Schönheit

Sozialer Status

Beständigkeit

Sicherheit

Komfort

Ausweitung

Signifikanz

Gesundheit

Entlastung

Zugehörigkeit

Zweck

Neugier

Vertrauenswürdige Quelle

Wiederholung

Beschreibe nun für jeden deiner drei ausgesuchten Faktoren, wie du ihn jeweils im Zusammenhang mit deiner andersgearteten Idee nutzen könntest, um dein Marketing anziehend(er) zu gestalten.

2. Falls möglich, vermische die drei Anziehungsfaktoren miteinander, um den Effekt zu verstärken. Wenn sie aus irgendeinem Grund nicht vermischt werden können, wähle denjenigen aus, den du für den anziehendsten hältst. Notiere dir oder skizziere, wie du den Anziehungsfaktor nutzen könntest, um die Aufmerksamkeit deiner potenziellen Kunden zu fesseln. Schreib auf oder fertige eine Skizze an, wie dies mit der andersgearteten Marketingidee funktionieren wird, die du ausgewählt hast.

3. Prüfe, ob deine Idee auch den »Anziehen«-Test besteht. Wenn sie das tut, hake das entsprechende Kästchen auf deinem »Anders-Machen-Experiment«-Arbeitsblatt ab.

Ich bin dran

Ich hängte ein Bücherregal mit meinen Publikationen auf Schulterhöhe an die Wand, das auf meiner andersgearteten Marketingidee (Auffallen) basierte. Dann machte ich den Anziehen-Test.

Medium: Alle Videos werden vorproduziert und dann live ausgestrahlt.

Idee: Ein Bücherregal, das nicht ignoriert werden kann und Menschen dazu inspiriert, meine Bücher zu kaufen.

Anziehen: Auffallen ist abgehakt; könnte aber noch verstärkt werden. Arbeite gerade an einem Eyecatcher, der den Blick der Leute auf das Regal mit den Büchern lenken und dort fesseln soll.

Rückseite des Arbeitsblatts: Ich habe ein herkömmliches Bücherregal verwendet und meine Bücher an prominenter Stelle dort platziert. Mir ist aufgefallen, dass ich den Chat aus dem Live-Video am Ende herunterladen konnte. Die Leute unterhielten sich auch über andere Themen als das aus dem Video, unter anderem über das Bücherregal. Ich stellte fest, dass die Bücher über meiner rechten Schulter mehr Aufmerksamkeit erhielten als die über meiner linken. Vielleicht aufgrund des F-Musters, dem die Leute folgen, wenn sie über einen Bildschirm scannen. Was könnte also eine Idee sein, die noch attraktiver wäre als ein handelsübliches 08/15-Bücherregal? Ich durchsuchte Etsy und Google nach »einzigartiges Bücherregal«.

Ich fand unter anderem eines, das wie ein Baum aussah. Wie abgefahren! Das könnte man doch auch als Baum des Wissens interpretieren. Das ginge gut einher mit meiner Marke, die für die Vermittlung von Wissen steht, das wiederum die unternehmerische Reise vereinfachen soll.

So ein außergewöhnliches Bücherregal könnte die Leute eventuell eher bei der Stange halten als ein reguläres. Ich suchte mir also jemanden auf Etsy, der mir so etwas bauen konnte.

Das Ganze kostet mich 1.200 Dollar, eine einmalige Investition, die ich wöchentlich 250 Menschen in meinen Live-Videos zeigen kann. Meine These ist, dass ich nach fünf Wochen mein Investmentziel (»1 Dollar pro potenziellem

Kunden«) erreicht haben werde und diese Kosten pro Kunden mit der Zeit auf Cents sinken werden.

Das Baumbücherregal macht sich die Anziehungsfaktoren Neugier und Schönheit zunutze.

Ich verbessere meine Experimentparameter und werde es nun mit diesem potenziell anziehenderen Bücherregal testen. Allerdings muss diese Idee noch den Anweisen-Test bestehen.

KAPITEL 6:

Mit klaren Anweisungen Ergebnisse erzielen

Egal ob man sie liebt oder hasst – Straßenkünstler sind *die* Marketingspezialisten. Sie tauchen auf und sehen dabei so anders aus, dass sie auffallen und ihr ideales Publikum anziehen – meistens zumindest. Und sie haben das mit der Anweisung einfach drauf. Wenn du an einem spontan Oper singenden Künstler oder einer Breakdance-Truppe oder irgendeinem Typen mit einer Gitarre vorbeiläufst, weißt du genau, was sie von dir erwarten: dass du Geld in ihren Hut wirfst. Sie möchten, dass du ihre Einzigartigkeit mit einem Trinkgeld belohnst, dabei geben sie dir nicht mal eine spezielle Sequenz an Handlungen vor. Du wirst bei ihnen also nie ein Schild mit einer Liste sehen wie:

1. Mach ein Foto.
2. Poste es auf Social Media.
3. Füg eine Bildunterschrift und die Koordinaten dieser Straßenecke hinzu.
4. Wenn du damit fertig bist, wirf bitte so viel Geld, wie du entbehren kannst, in den dafür vorgesehenen Hut.

Und sie geben dir auch keine Liste mit Optionen:

- Folge mir auf Instagram und Twitter.
- Applaudiere euphorisch. Sei der begeisterte Klatscher, den alle so »lieben«.
- Reiß deinen Mund am besten sperrangelweit auf und schau dich dabei in der Menge um, damit auch alle sehen können, wie erstaunt du bist.

Oder:

- Trage dich auf meiner Mailingliste ein.
- Besuche meine Webseite, um dort eine Privatvorführung zu buchen.
- Lass mir ein fettes Trinkgeld da.

Ihre Anweisung ist sowohl deutlich als auch offensichtlich. Du weißt genau, was zu tun ist: Füll den verdammten Hut mit verdammtem Geld, und zwar pronto. Die Deutlichkeit und Spezifizität der erwarteten Handlungen ist zwar keine Garantie dafür, dass die potenziellen Kunden auch wirklich zahlen werden, aber es erhöht definitiv die Wahrscheinlichkeit.

Weitere Schritte und zu viele Optionen hinzuzufügen, vergrößert die Reibung, wie Roger Dooley, Autor und Pionier des Neuromarketings, in seinem Buch *Friction* erklärt. Du solltest also sicherstellen, dass du mit jedem Marketingangebot eine klare und einfach auszuführende Anweisung gibst.

Du kannst die Anweisung sogar noch spezifischer machen, um genau die gewollten Ergebnisse zu erzielen. Eine klare Anweisung stellt sicher, dass du mehr Reaktionen bekommst, in diesem Fall also mehr Trinkgeld. Aber was ist, wenn du gern große Scheine als »Trinkgeld« möchtest?

Als meine Söhne Jake und Tyler im Beignets Doughnut Shop in Denville, New Jersey, arbeiteten, gab ich ihnen den Tipp: »Präpariert das Trinkgeldglas im Vorfeld mit ein paar Fünfern und Zehnern. Die Leute sehen dann die Scheine und stecken vielleicht selbst mehr Trinkgeld rein, als sie es normalerweise tun würden.« Es funktionierte. Selbst wenn die Kunden keinen Fünfer ins Glas warfen, so waren es doch immerhin mindestens zwei Dollar, was schon mal mehr war als der Durchschnitt vor Anwendung dieser

Strategie. Die Fünfer und Zehner in dem Glas wirkten auf die Kunden jetzt wie »die Norm« und sie gaben dementsprechend.

Man kann es aber auch übertreiben. Wenn Jake und Tyler das Glas mit einem Hunderter gespickt hätten, wäre das ein unangemessener Betrag gewesen. Wer diesen Schein im Glas sah, könnte eher davon abgeschreckt werden, überhaupt Trinkgeld zu geben, weil er mit diesem Betrag nicht mithalten konnte oder den Betrag als absolut überhöht empfand. Und er könnte es besser vor sich selbst rechtfertigen, gar kein Trinkgeld zu geben, weil ja bereits jemand mit einer saftigen Geldmenge diejenigen, die nichts geben würden, ausgeglichen hatte. Sei also bei deiner Anweisung spezifisch und angemessen.

Das Center for Hospitality Research der Cornell-Universität hat einen Bericht[19] veröffentlicht, in dem es 20 wissenschaftlich belegte Strategien aufzeigt, wie Kellner öfter und besseres Trinkgeld bekommen können. Du hast wahrscheinlich auch schon mal eine Rechnung in einem Restaurant bekommen, in dem unten ein vorgeschlagener Trinkgeldbetrag stand, oder? Das ist zum Beispiel ein Weg, um die Leute zu mehr Trinkgeld zu bewegen, schlicht weil es *spezifisch* und *einfacher* für sie ist: Sie müssen es nicht selbst ausrechnen. Die meisten würdigen diese Information und geben letztlich auch mehr.

In einem anderen Versuch erhielten die Kunden eine Karte, die bestimmte Prozentsätze für die Qualität der Bewirtung vorschlug: 15 Prozent für »ausreichenden« Service, 20 Prozent für »überdurchschnittlichen« und 25 Prozent für »hervorragenden«. Doch dieser Ansatz verringerte die Anzahl der Leute, die wirklich viel Trinkgeld gaben, sodass der Durchschnitt über den Tag verteilt derselbe war wie vorher, aber manchmal sogar geringer ausfiel. Das lässt sich auf zwei offensichtliche Probleme zurückführen: Erstens muss man sich überlegen, in welche Kategorie das Essen fällt (das ist die Reibung), bevor man Trinkgeld gibt. Zweitens ist die Kategorie »angemessen« von Nachteil, denn die meisten Menschen geben nur ungern hohe Noten für den Service, außer er war wirklich absolut spektakulär. Wenn der Gast also jemand war, der normalerweise 20 Prozent Trinkgeld gab, konnte es durchaus sein, dass – den Richtlinien für die »Servicequalität« befolgend – diese Person deswegen nun ein niedrigeres Trinkgeld gab als normalerweise, nämlich nur 15 Prozent.

Das höchste Trinkgeld gab es dem Bericht zufolge, wenn man den Gästen einen Hinweis darauf gab, wie viel Trinkgeld *in der Regel* gegeben wurde. Es geht also nicht nur ums Rechnen, sondern ums Rechnen *und* den durchschnittlichen Betrag in diesem Restaurant. Das ist so, als würde man ein Trinkgeldglas auf der Theke im Vorfeld mit Fünfern und Zehnern bestücken.

Nun musst du sicherstellen, dass dein Anders-Machen-Marketing eine einzelne Anweisung hat – eine einfache, umsetzbare Handelsaufforderung (Call-to-Action). Also schnapp dir deine persönlichen »Fünfer und Zehner«!

Deine Anweisung kann total simpel sein

Wenn du jemals in den Badlands warst, kennst du die Schilder von Wall Drug, denn die handgemalten Werbetafeln sind auf einer Strecke von über 1000 Kilometern an der Interstate 90 von Minnesota bis Montana aufgestellt. Die Schilder, so berühmt wie der Laden selbst, retteten die noch recht neue Drogerie von Ted und Dorothy Hustead »mitten im Nirgendwo« – in Wall, South Dakota. Die Einheimischen waren von der Weltwirtschaftskrise schwer getroffen worden und die Husteads stellten kurz nach dem Kauf des Ladens 1931 fest, dass sie nicht genug Kunden anlockten. Dorothy war dennoch weiterhin optimistisch, dass sie Erfolg haben würden, also einigte sich das Ehepaar darauf, es fünf Jahre lang zu versuchen.

Wenige Monate vor Ablauf der Fünf-Jahres-Frist und immer noch mit zu wenigen Kunden im Laden kam Dorothy, inspiriert vom unaufhörlichen Rauschen der »vorbeifahrenden Autos auf der Route 16A« auf eine Idee: Sie dachte an die lange Fahrt der Reisenden durch die Prärie und stellte sich vor, dass sie wahrscheinlich etwas eiskaltes Wasser brauchen würden. Die Husteads hatten sowohl Eis als auch Wasser im Überfluss und sie überlegte sich, es den Reisenden kostenlos anzubieten, um sie so in den Laden zu locken, wo sie zu Kunden werden und andere Produkte kaufen würden.

Die Anweisung war einfach: »Kommen Sie zu Wall Drug, hier kriegen Sie kostenloses Eiswasser.« Um die Aufmerksamkeit der Autofahrer zu erregen, nutzte Dorothy (Stichwort: F&E!) eine Idee von Burma-Shave. Diese Rasiercreme-Firma stellte bereits seit mehr als einem Jahrzehnt kleine, aufeinanderfolgende Schilder mit aufgedruckten Slogans an Autobahnen in den ganzen USA auf, wobei jedes Schild nur einen Teil des Slogans enthielt. Einige bezogen sich auf das Produkt: *Rasierpinsel / Siehst du bald / In den Ausstellungsräumen / So manches Museums / Burma-Shave*

Und in manchen ging es um Verkehrssicherheit: Geh nicht mit 60 km/h / in die Kurve. / Wir möchten ungern / einen Kunden verlieren / Burma-Shave

Die Schilder waren sehr effektiv darin, die Aufmerksamkeit aufrechtzuhalten, damit man auch die volle Message mitbekommen würde. Das war ein klassischer Trick, der auf Neugier als Anziehungsfaktor setzte: Fessle den potenziellen Kunden, indem du etwas Unvollständiges bietest, das ihn während der langweiligen Fahrt bis zum nächsten Schild bei Laune hält, wo er dann sehen kann, ob er mit seiner Vermutung richtig gelegen hat. Burma-Shave beschäftigte die Gedanken der potenziellen Kunden während vieler Minuten ihrer Fahrt. Das ist verdammt gutes Marketing, und Dorothy wusste das. Also schrieb sie auf ihre Schilder: *Hol dir ne Limo / Hol dir ein Rootbeer / gleich um die Ecke / an der Abfahrt Highway 16 & 14 / Gratis Eiswasser / Wall Drug*

Ted und sein Sohn bastelten die Schilder aus circa 30 × 65 Zentimeter langen Brettern, beschrifteten sie und brachten sie entlang der Autobahn an. Als sie zum Laden zurückkamen, waren die ersten Kunden schon da. Dorothys Idee hatte funktioniert: Die Schilder waren andersgeartet genug, um ihre idealen Interessenten anzulocken, während ihnen die Anweisung genau sagte, was zu tun war. Ist das nicht der Hammer? Die Kunden waren schon da, bevor die Vermarkter, also Dorothys Team, selbst wieder im Laden waren! Andersartigkeit funktioniert. Und manchmal funktioniert sie sogar unfassbar schnell.

Schon während des nächsten Sommers mussten die Husteads acht Verkäufer dank des Kundenansturms einstellen. Schließlich expandierte Wall Drug und wurde zu einer wichtigen Touristenattraktion, die jeden Sommer Millionen von Besuchern anlockte. Es kamen ein Souvenirladen und andere Geschäfte, Restaurants, ein Kunstmuseum und eine 24 Meter hohe Skulptur eines Brontosaurus hinzu (hüstel – anders! – hüstel). Die Läden sind immer noch alle in Familienbesitz und bieten nach wie vor kostenloses Eiswasser an, aber jetzt verteilen sie noch dazu kostenlose Autoaufkleber und lassen ihre Kunden das Marketing erledigen.

Robert Stephens, unser Geek-Squad-Kollege, sagte mal in einer Vorlesung: »Ich würde behaupten, dass die Chance auf Differenzierung desto größer ist, je langweiliger ein Unternehmen ist.« Langweilig zu sein bietet massive Chancen, denn die Definition dessen ist Gleichförmigkeit. Computerleute sind langweilig, Pizzalieferungen sind langweilig, Drogerien sind extrem langweilig (das dürfte ein Grund dafür sein, warum Menschen Drogen nehmen). Wenn deine Branche also langweilig ist, solltest du jetzt einen Freudentanz machen, denn mit einem klitzekleinen winzigen Stück Anders-Machen-Magie kannst du dich schon von allen anderen abheben. Eine langweilige Drogerie wurde für Millionen von Menschen völlig »unlangweilig« dank des Differenzierungsfaktors durch ein fortlaufendes Gedicht und das Versprechen von kostenlosem Eiswasser. Wie einfach es doch sein kann, wahrgenommen zu werden, um dann Millionen von Menschen in deine Richtung zu lenken.

Dein Handlungsaufruf kann so einfach wie »Komm und hol dir kostenloses Eiswasser« sein. Je einfacher, desto besser! Du könntest es so simpel halten, dass es nicht mal Wörter bedarf. Um mehr Leute zum Nutzen der Treppe statt der Rolltreppe zu bewegen, gestaltete die Stadt Brüssel die Treppe musikalisch: Die Stufen wurden wie eine seitliche Klaviatur mit schwarzen und weißen Tasten bemalt, und jede Stufe spielt den dazu passenden Ton, wenn man sie betritt. Hier braucht es keine Schilder mit der Aufforderung, doch die Treppe zu benutzen, und auch keine Botschaften über Gesundheit oder Bewegung. Es reicht eine bemalte, musizierende Treppe, die wahrgenommen wird, und deren Nutzung den Menschen Spaß macht, weshalb sie lieber die Treppen nehmen. Das AAA-Marketing-Framework ist gleich mit eingebaut: Musizierende Stufen sind auffällig (Auffallen), unterhaltsam (Anziehen) und umsetzbar (Anweisen) – und das ohne ein einziges Wort der Erklärung.

Wenn dein Marketing die falsche – oder gar keine – Handlung auslöst

Hast du schon mal von *Den Sims* gehört? Oder *Madden NFL*? Falls nicht, musst du an dieser Stelle einfach nur wissen, dass es unfassbar erfolgreiche Videospiele sind, die aus dem Haus Electronic Arts (EA) kommen. Im Jahr 2009 brachte die Spieleschmiede *Godfather II* mit einer andersgearteten Marketingidee auf den Markt. In der Hoffnung, die Presse zu einem Artikel über das Spiel zu verleiten, schickte EA Spielkritikern und anderen Medienvertretern Schlagringe. Das Problem dabei? Es wurde zu einem Desaster, weil jemand aus dem Team seine Hausaufgaben nicht gemacht und das damit einhergehende Risiko nicht richtig eingeschätzt hatte: Der Besitz von Schlagringen ist ohne eine Genehmigung für das Tragen verdeckter Waffen in vielen US-Staaten illegal. EA hatte also nicht nur eine Waffe per Post verschickt, sondern sogar eine in fast allen Bundesstaaten *illegale* Waffe.

Letztlich musste EA die Leute zur Rücksendung der Schlagringe auffordern. Es gab also einen Medienrummel um das Spiel *Godfather II*, aber dabei ging es eben leider nicht um das Spiel selbst – sondern um das Schlagring-Fiasko. Das andersgeartete Marketing war mit Sicherheit auffällig, denn es erregte Aufmerksamkeit. Es dürfte auch für einige Leute durchaus »attraktiv« gewesen sein. Wie oft hatte man schließlich einen richtigen Schlagring in der Hand, geschweige denn einen, der persönlich adressiert per Post kam? Die Neugierde hielt die Aufmerksamkeit der Leute aufrecht: »Hast du auch schon einen Schlagring bekommen?« Aber die Marketingkampagne scheiterte im letzten Schritt: Sie löste zwar eine Aktion aus, aber es war die falsche. EA hatte nicht angeleitet, sondern abgelenkt.

Solche Fehler passieren in großen Unternehmen immer wieder, doch das Ergebnis überwiegt stets das Risiko. Es ist sehr wahrscheinlich, dass du schon mal von *Den Sims* und *Madden* gehört hast, aber die Schlagring-Geschichte oder das Videospiel *Godfather II* nicht kanntest. Wenn Andersartiges nicht funktioniert, verschwindet es in den meisten Fällen im Äther. Es lohnt sich also immer, etwas Neues auszuprobieren, aber nutze dabei bitte deinen gesunden Menschenverstand, denn manchmal, nur manchmal, geht ein Unternehmen ein Risiko ein, ohne auf die Folgen zu achten. Es lässt sich einfach von einer großen dummen Idee mitreißen.

Nehmen wir zum Beispiel die Marketingkampagne für die US-amerikanische Zeichentrickserie *Aqua Teen Hunger*. Im Jahr 2007 platzierte Turner Broadcasting einen Haufen blau leuchtender und blinkender Geräte an willkürlichen öffentlichen Orten in New York, Boston und in acht anderen Großstadtgebieten. Denk mal einen Moment darüber nach, warum das nicht funktioniert haben könnte. Genauer: Warum ein leuchtendes und blinkendes Gerät nicht funktioniert haben könnte. In New York. In Boston. Unter Brücken, in Tunneln, an U-Bahn-Eingängen. Na, was denkst du?

Japp, es lief ungefähr so gut wie eine schlechte Sitcom. Die Bewohner der jeweiligen Stadt dachten, dass es sich bei den verdächtigen Gerätschaften um Bomben handelte, und verständigten die Polizei. Eine vermeintlich clevere Marketingidee wurde zu einem vermeintlichen Terroranschlag, der zu Straßensperrungen und Bombensuchen durch örtliche und Bundespolizisten im gesamten Stadtgebiet führte. Turner Broadcasting hatte gehofft, die Menschen und die Medien würden über die Show reden, stattdessen bezeichneten diese die Marketingkampagne als Schwindel. Na gut, nicht alle: nur der Gouverneur von Massachusetts. Alle anderen waren einfach angepisst und benutzten Ausdrücke, die selbst ein Typ wie ich aus Jersey nicht sagt. *So* schlimm war diese gründlich missglückte Aktion.

Manchmal löst eine Marketingidee überhaupt keine Handlung aus. Ich nenne das dann »etwas/jemandem völlig auf den Schleim gegangen sein«. Du hattest einen tollen, aufmerksamkeiterregenden Eyecatcher, die Leute waren interessiert, aber dann – *puff!* Es gab nichts, was sie hätten tun können, außer vielleicht leise zu murmeln: »Ziemlich cool …« Wie damals, als ich meine »Schwarmkrieger« für eine Buchveröffentlichung bat, an öffentlichen Orten in altenglischem Akzent (wenn schon, denn schon) aus *Der Pumpkin Plan* vorzulesen. Ja, genau. Das war unkonventionell und erregte etwas Aufmerksamkeit, aber kurbelte keinerlei Verkäufe an und führte auch nicht zu neuen Abonnenten für meine Mailingliste. Die Idee funktionierte nicht, weil ich vergessen hatte, den Leuten *irgendeine* Handlung vorzugeben.

Webdesign ist für dieses Phänomen nach wie vor prädestiniert: Man geht auf eine Webseite, hat dann aber keine Ahnung, was man dort als Nächstes machen soll. Manchmal weiß man nicht mal, was man dort kaufen könnte. Ganz zu schweigen vom allgegenwärtigen, auf so vielen Webseiten zu findenden Button »Mehr erfahren«, obwohl doch die Funktion einer Webseite in erster Linie darin besteht, dass die Leute dort mehr erfahren.

In seinem großartigen Buch über Webdesign, *Don't Make Me Think!*, erklärt Steve Krug, dass Besucher nicht konsumieren, sondern scannen. In gewisser Weise ist die Welt wie eine Webseite: Wir scannen kontinuierlich, ob etwas anders ist, ob etwas für uns dabei ist und ob uns eine klare Handlung vorgegeben wird. Sieht dein idealer Interessent schnell und einfach, wozu du ihn aufforderst, oder ist es eher kryptisch, wie ein Rätsel, das er erstmal lösen muss? Der nächste und einzige Schritt sollte extrem offensichtlich und extrem klar sein. Wenn du dich zu weit aus dem Fenster lehnst oder die Leute mit der Auswahl überwältigst, verwirrst du sie nur. Und wie mein guter Freund Don Miller, Autor von *Marketing Made Simple*, schreibt: »Wer verwirrt, verliert.«

Die Verwirrung mag nicht immer offensichtlich sein, deshalb helfen dir deine guten Freunde Herr Kennzahl und Frau Messungen. Wenn du das Ganze mit aktivem Zuhören kombinierst, werden deine einfachen Handlungsaufforderungen immer klarer.

Wenn ich nach einem Vortrag Bücher signierte, schlug ich früher die erste leere Seite auf, schrieb den Namen des Buchbesitzers rein und unterschrieb dann mit meinem Namen. Wenn die Zeit es erlaubte, fügte ich noch eine allgemeine Floskel hinzu, wie »Sie schaffen das!« oder »Du bist großartig!« Doch bei einer Veranstaltung fiel mir eine Frau in der Schlange auf, die mich beim Signieren beobachtete. Normalerweise unterhalten sich die Leute miteinander oder versuchen, das Gespräch zwischen mir und demjenigen, der gerade vor mir steht, mitzuhören. Nicht aber diese Frau. Sie konzentrierte ihren Adlerblick auf meine Unterschrift, darauf, wie *ich sie machte*.

Als sie an der Reihe war, schob sie ihr Exemplar von *Profit First* über den Tisch und sagte: »Sie signieren das Buch auf der falschen Seite. Machen Sie das lieber auf der Titelseite, damit der Buchtitel zu sehen ist, wenn die Leute ein Bild davon auf Social Media posten.«

Im ersten Moment übernahm mein fettes Ego das Steuer und ich dachte: »*Wer zum Teufel bist du denn?* Ich bin ein toller, super-wichtiger, besonderer

Autor (hüstel, laut meiner Mutter). Die Leute sind wegen mir hier, diesem besonderen Typen! Ich weiß, wie man ein verdammtes Buch signiert, weil ich etwas Besonderes bin. Sagt Mama!«

Nachdem ich dann meinen von einem King-Kong-großen Ego getriebenen inneren Wutanfall überwunden hatte, erwiderte ich: »Das ist ein großartiges Argument. Danke.«

Ich Vollpfosten! Ich hatte meine Bücher so signiert, dass die Bilder der Autogrammseiten in den sozialen Medien nicht dabei helfen konnten, den Bekanntheitsgrad meiner Bücher zu erhöhen. Es war schließlich eine verdammte leere Seite mit nichts weiter als meiner Unterschrift! Aber welchen Unterschied würde das schon machen, wenn eh nicht allzu viele Leute ihre Bilder posteten?

Ich wiederhole: Ich Vollpfosten! Ich wusste zwar, dass Menschen darauf reagierten, ihren eigenen Namen zu sehen oder zu hören, aber ich hatte die Wichtigkeit der persönlichen Botschaft vergessen. Selbst wenn es nur wenig mehr Zeit erforderte – maximal 30 bis 60 Sekunden –, war ich überzeugt gewesen, allgemeinere Floskeln wären effizienter. Davon abgesehen bin ich nicht mehr sonderlich kreativ, wenn ich bereits ein paar Dutzend Bücher signiert habe. Aber eine persönliche Botschaft spielt bei der Wertschätzung der Leser mit rein. Denk daran: Wertschätzung ist einer der Anziehungsfaktoren. Wenn die Leute ihren eigenen Namen und eine persönliche Nachricht sehen, sind sie viel eher bereit, davon ein Foto zu schießen und es der ganzen Welt zu zeigen.

Seither signiere ich meine Bücher anders und stelle sicher, dass ich auf der Titelseite mit dem Namen des Lesers und einer persönlichen Widmung unterschreibe. Wenn die Leute die Autogrammseite auf ihren Social-Media-Kanälen teilen, sehen ihre Follower jetzt meinen Buchtitel. Außerdem lege ich eine Visitenkarte bei, auf der steht: »Schicken Sie mir ein Foto des aufgeschlagenen Buchs in Ihren Händen und ich schicke Ihnen im Gegenzug ein Dankeschön mit Bonusinhalten.« Sie schicken mir also ein Foto – was eine konkrete, angemessene Bitte ist – und ich schicke ihnen dafür Bonusinhalte mit der nächsten angemessenen Bitte: das Foto auf Social Media zu posten. In Verbindung mit der spezifischen Anweisung auf der Karte postet etwa die Hälfte der Leser nach der Signatur ihrer Bücher ein solches Foto. Indem ich alle Elemente des AAA befolgte, steigerte ich mich von null auf Zillionen. Und du kannst das auch!

Manche Fehler beim Anweisen lassen sich nicht beheben. Ja, ich meine euch, ihr Schlagring- und Blinkende-Bomben-Genies. Manche Fehler wiederum können durch kleine Änderungen behoben werden, wie mein unfassbar idiotischer Einfall, leere Seiten zu signieren. Um die großen Fehlschläge ganz zu vermeiden, solltest du dein Anders-Machen-Experiment durchdenken: Könnte die Anweisung eine falsche Handlung auslösen? Oder gar keine? Du wirst nicht jedes Ergebnis vorhersagen können, weil das einfach niemand kann, aber mit ein wenig Bedenkzeit kannst du die größten Fauxpas zumindest verhindern.

Passe deine Handlungsanweisung deiner Community an

Wusstest du, dass Bienen die Farben im ultravioletten Lichtspektrum sehen? Sie sehen also viel mehr Nuancen als wir Menschen, und weil sie mehr Farben sehen können, können Bienen und andere Insekten die unterschiedlichen Teile einer Blume erkennen, die für uns wie eine einzige Farbe aussehen. Das hilft ihnen dabei, auf Blumen zu landen und die Staubgefäße und Stempel zu finden. Frag dich also, was deine Community sehen, hören oder verstehen kann, was andere Menschen nicht können. Worauf würden sie reagieren, worauf andere vielleicht nicht reagieren (können)?

Dorothy Hustead von Wall Drug kannte ihre idealen Interessenten sehr gut. Sie wusste, dass sie einen weiten Weg durch eine scheinbar endlose Prärie zurückgelegt hatten, dass ihnen wahrscheinlich brutal heiß war und sie irre durstig waren. Also überlegte sie sich eine passende und ansprechende Anweisung: kostenloses eiskaltes Wasser. Die besten Ergebnisse erzielst du, wenn du deine Community ganz spezifisch auf sie zugeschnitten anweist. Was würde sie besonders ansprechen?

Auch die Identität spielt eine Rolle, wenn man Menschen zum Handeln bewegen will. Denk also auch daran, wie deine Anweisung das

Selbstverständnis deiner idealen Interessenten bestätigt.* Nur wenn du ihre Sprache verstehst, kann deine Anweisung zum Erfolg führen. Das Videospielgeschäft GameStop scheiterte daran eher und landete einen klaren Misserfolg.

GameStop wollte mit einer Werbeanzeige Millennials zum Kauf eines Spielepakets bewegen. Es sollte darüber abgestimmt werden, welches Bundle zum Sonderpreis angeboten werden sollte. Das Problem dabei: Die Sprache törnte die Millennials ab, und zwar so richtig. Die Anzeige lautete: »Ey, yo, GameStop so: Welches Bundle holst du dir für 7,50 Dollar?« Das Unternehmen wurde zur Lachnummer bei den Leuten, die es eigentlich hatte ansprechen wollen, weil die Message so formuliert war, wie es ein Millennial nie tun würde. Die Marketingidee floppte. Wenn du die Sprache deiner Kunden sprechen willst, wäre es schon gut, wenn du das auch tust. Die Sprache muss sowohl für die Zielgruppe als auch für den Kontext angemessen sein.

In *Switch – Veränderungen wagen und dadurch gewinnen* erklären die Autoren Chip und Dan Heath die Herausforderung der widersprüchlichen Motivation anhand einer Analogie mit einem Elefanten und einem Reiter. Letzterer ist der logische, rationale Teil des Gehirns, während Ersterer der emotionale, impulsive Teil ist. Der Reiter sagt dann vielleicht: »Ich muss 5 Kilo abnehmen.« Der Elefant antwortet dann vielleicht: »Ich will Schokokekse essen.« Der Elefant ist viel größer und viel stärker als der mickrige Reiter, also gewinnt die Impulsivität logischerweise gegen die Logik.

Um deinen potenziellen Kunden zu deiner gewünschten Handlung zu bewegen, musst du Reiter und Elefant aufeinander abstimmen, damit beide dasselbe wollen: deine Handlungsanweisung befolgen. Die Lösung? Ein Appell, der sowohl auf Emotionen als auch auf Logik abzielt. Überleg dir daher, was die sofortige Befriedigung der emotionalen Wünsche (schnelle Gewinne, einfache Schritte, unmittelbare Belohnungen) und die Befriedigung der langfristigen logischen Wünsche (dauerhafte Veränderungen, spürbare Auswirkungen und Verbesserungen) deiner Kunden bedienen würde. Wenn du beispielsweise Grills verkaufst, könnte der unmittelbare Nutzen

---

* Schau dir Jeffrey Shaws Buch *Lingo: Discover Your Ideal Customer's Secret Language and Make Your Business Irresistible* an, um die Sprache deiner Community zu beherrschen.

ein kostenloser Artikel darüber sein, worauf man beim Anfeuern des Grills achten sollte. Und was die langfristige Zufriedenheit angeht? Natürlich ein lebenslanges, sorgenfreies Grillerlebnis!

Die drei Motivatoren

Die Art und Weise, wie du deine Community zu einer Handlung bewegst, hängt völlig von der Beziehung ab, die du zu den Mitgliedern hast. Sehen sie dich als

1. Überlegenen,
2. Gleichwertigen oder
3. Unterlegenen?

Streben sie also eher danach, wie du zu sein, von dir zu profitieren oder von dir zu lernen – bist du also in einer überlegenen Position, in der du Ratschläge oder Hilfestellungen geben könntest? Oder sehen sie dich als einen von ihnen, als einen Gleichgestellten, der mit ihnen kommunizieren, teilen und sich austauschen kann? Oder sehen sie dich als unterlegen an, also als jemanden in einer Position, in der du eher von ihnen profitieren könntest?

Die Beziehungsverortung hängt von den Umständen des jeweiligen Augenblicks ab. Zum Beispiel erleben die Mitglieder einer Kirche alle drei Arten von Beziehungen in einem Gottesdienst: Während der Predigt ist die Kirche in einer überlegenen Position, während der Opfergabe aber in einer unterlegenen und während des Kaffeetrinkens nach dem Gottesdienst befindet sich die Kirche normalerweise in einer gleichwertigen Position.

Als Anbieter von Waren und Dienstleistungen für deine Kunden wirst du ebenfalls alle drei Beziehungspositionen erleben. Die entscheidende Frage dabei ist: Wie sieht der potenzielle Kunde bei der Vermarktung eure Beziehung? Hier spielen Voreingenommenheit und Unwissenheit eine Rolle, weshalb du dir vielleicht unsicher bist, wie deine potenziellen Kunden dich wahrnehmen. Experimentiere und teste also, bis du es weißt.

Wenn du in einer überlegenen Position bist, dann *gib ihnen die Handlungen vor*: »Kaufen Sie dieses Hemd« oder »Lernen Sie von mir« wären Beispiele für eine Anweisung in einem solchen Kontext. Befehlende Verben sind die stärkste Handlungsanweisung, wenn du als Autorität wahrgenommen werden willst. Belohne die Befolgung deiner Aufforderung, indem du ihnen zeigst, dass ihr in der Beziehung vorankommt. Dabei helfen Sätze wie »Sie haben soeben eine großartige Entscheidung getroffen«, »Sie werden dieses Hemd lieben« und »Sie sind viel besser geworden«.

Wenn du als gleichberechtigt angesehen wirst, dann *lade sie ein*, »unserer Gemeinschaft beizutreten« oder »mit uns in Verbindung zu treten«. Einschließende Verben sind die stärksten Handlungsaussagen für gleichberechtigte Beziehungen. Belohne die Befolgung deiner Aufforderung, indem du die Bedeutung deines potenziellen Kunden in der Community hervorhebst. Das kannst du mit einer Information an alle in der Community wie »Wir möchten hiermit unser neues Mitglied in der Community willkommen heißen« oder »[Name des Kunden] ist nun ein Teil der Familie«.

Falls du in der unterlegenen Position sein solltest, bei der deine Gemeinschaft das Gefühl hat, dass du von ihrem Wissen, ihren Ressourcen oder ihren Fähigkeiten profitierst, dann fordere sie mit Botschaften wie »Teile deine Erfahrungen«, »Sag uns, wie wir dir helfen können« oder »Spende jetzt!« zum Handeln auf. Appellverben sind die stärksten Handlungsaussagen, wenn du als Hauptnutznießer des Austauschs wahrgenommen wirst. Belohne die Befolgung der Aufforderung mit einer Anerkennung ihrer überlegenen Position wie »Damit haben Sie soeben einen großen Beitrag geleistet«, »Danke, dass Sie mit gutem Vorbild vorangegangen sind« oder »Ihre Großzügigkeit wird nicht vergessen werden«.

Motivational Speaker befinden sich oft in einer überlegeneren Position als ihre Fans.* Wenn sie also versuchen, die Sprache der Position des Unterlegenen zu verwenden wie »Sagen Sie mir, was ich für Sie tun kann«, dann funktioniert das eher weniger gut. Aber wenn ihre Anweisung lautet:

* Geh auf gogetdifferent.com und hol dir dort die frei zugänglichen Informationen darüber, wie ich mithilfe meiner Anders-Machen-Strategie an meine »Beziehung« zu Celebrities herangegangen bin. Ich glaube, dir dürfte auffallen, dass sie wieder, na ja, du weißt schon, anders ist.

»Nehmen Sie an meinem fünftägigen Training teil«, dann gewinnen sie. Wenn hingegen eine Gruppe von Vordenkern wie die Entrepreneurs' Organization (EO) sagt: »Nehmen Sie an unserem fünftägigen Training teil«, wird die Botschaft weniger erfolgreich sein, als wenn sie sagt: »Schließen Sie sich Ihren unternehmerischen Kollegen an« oder »Bewerben Sie sich als Mitglied«. Und bei Kiva, einer Organisation, die armen Bevölkerungsschichten mit der Vergabe von Kleinstkrediten an Geschäftsinhaber hilft, wird die Aussage »Bewerben Sie sich, damit Sie einen Beitrag leisten können« weniger effektiv sein als »Dienen Sie Geschäftsinhabern, die Sie brauchen« oder »Fördern Sie andere«. Die Anweisung muss zur Position passen oder sie fällt ins Leere.

Befeuere die Handlung

In Terminal C im Flughafen Newark kann man in einem Restaurant namens Classified speisen – sofern man überhaupt von dessen Existenz weiß. Und dessen Lage. Und sofern man eine Einladung oder Reservierung hat. Um Zugang zu diesem ausgezeichneten Restaurant zu erhalten, ja, um überhaupt zu wissen, dass es existiert, muss man 1K-Mitglied des Vielfliegerprogramms von United Airlines sein oder jemanden kennen, der das ist, und eingeladen werden.

Als ich endlich auf der Liste der »Classified«-Mitglieder stand, nahm ich mir für meine nächste Geschäftsreise ein Essen dort vor. Warum? Weil ich mich allein durch das Wissen um das Drumherum schon besonders fühlte. Ich fühlte mich dank der Einladung wie ein hohes Tier. Und weil ich mich nun mal *wahnsinnig gern* so fühlte, behielt ich das Geheimnis nicht für mich und erzählte *allen* von diesem Restaurant. Ich habe sogar eine Gruppe von zehn Freunden dorthin geschickt, nur damit ich sie »reinholen« konnte. Wann immer ich mit meiner Familie reise, gehen wir ins Classified. Warum? *Weil wir es können.* Der »Marketingtrick« ist mir natürlich bewusst, aber mein Ego, das mir einflüstert: »Es ist ein gutes Gefühl, etwas Besonderes zu sein und sich wie ein hohes Tier zu fühlen« führt mich immer wieder dorthin und öffnet wie von selbst mein Portemonnaie.

Geheimnisse können extreme Loyalität auslösen. Allein das Wissen um ein geheimes, exklusives Restaurant am Flughafen Newark ist ein wichtiger Grund, warum ich treuer United-Airlines-Kunde bin. Die meisten Fluggesellschaften sind gut im Umgang mit Geheimnissen, Exklusivität und Knappheit, sie alle haben einen Silber-, Gold-, Platin-, Diamant- oder sonstigen Status – Halbedelsteine aus Metall oder Kunststoff –, der ihren Kunden das Gefühl des Besonderen, des Wichtigen gibt. Sobald ein Fluggast einen solchen »Elite«-Status erreicht hat, wird er wahrscheinlich nicht mehr mit einer anderen Fluggesellschaft fliegen. Das ist die Macht des, na ja, du weißt schon, Bonzenstatus.

Ajito ist ein japanisches Restaurant in Calgary, das sich hinter einem altmodischen Coca-Cola-Automaten versteckt – ja, das ist buchstäblich die Eingangstür. Man könnte direkt daran vorbeigehen und würde es dennoch nicht bemerken. Warum ist das ein Marketing-Pluspunkt? Ganz einfach: Weil Menschen geheime, versteckte Orte lieben. Die Herausforderung, solche verborgenen Orte zu »entdecken«, reizt uns und wir gehören gern zum Kreis der »Eingeweihten«.

Das Restaurant Rails in Towaco, New Jersey, hat zwei Bars: eine neben dem Hauptspeisesaal und eine geheime Bar hinter einem Bücherregal. (Merkst du was? Ich kann einfach keine Geheimnisse für mich behalten, also vertrau mir *bloß nie* welche an. Aber erzähl mir bitte *alles*!) Dreimal darfst du raten, welche Bar am vollsten ist …

Wenn du die Schlagkraft deiner Anweisung ins schier Unermessliche steigern willst, dann schränke die Verfügbarkeit ein. Wie bereits erwähnt, bin ich seit 2020 auf der Suche nach einem Pick-up. Da wurde just der neue Ford Bronco zur Bestellung freigegeben, mit Lieferterminen ab 2021. Man konnte sich dabei zwischen sieben verschiedenen Modellen entscheiden. Das Angebot ist unbegrenzt, wenn man auf die Auslieferung warten mag, und die Nachfrage ist ziemlich groß. Eins der Modelle ist jedoch äußerst limitiert: die First Edition, die auch doppelt so teuer ist wie das Basismodell. Dennoch war es innerhalb von Minuten ausverkauft. *Das Doppelte!* Die vorgesehene Stückzahl von 3500 war dermaßen schnell ausverkauft, dass Ford die Produktion auf 7000 Stück hochsetzte, um auf die Beschwerden derjenigen zu reagieren, die ihre Kreditkartendaten nicht schnell genug hatten eintippen können. Ford verdoppelte also kurzerhand die Verfügbarkeit und stieß dennoch Minuten später erneut an die Kapazitätsgrenze.

Wenn etwas rar ist, kann das also den Anstoß für die Handlung geben. Ich hatte den Bronco nicht mal in Betracht gezogen gehabt, konnte aber nicht schnell genug auf »Build Your Bronco« klicken – wenn ich gewartet und überlegt hätte, wäre meine Chance auf die First Edition schließlich weg gewesen. Ich habe den Bronco nicht gekauft, nicht mal ernsthaft erwogen, aber die Knappheit hat mich doch zu mehr Schritten in Richtung eines Kaufs getrieben, als ich je gedacht hätte. Ich vermute stark, dass ich, wenn ich gekonnt hätte, sogar eine Anzahlung geleistet – und mich dabei mit Schokokeksen vollgestopft – hätte (verdammter Elefant!).

Ganz nebenbei bemerkt habe ich mir mal meine Recherchezeiten für das neue Auto angeschaut und festgestellt, dass ich seit der Dringlichkeit der Bronco First Edition 68 Prozent mehr Zeit mit Ford-Produkten verbracht habe als mit denen aller anderen Autohersteller zusammen. Das ist die andere Macht der Knappheit: Wenn man es nicht in das knappe Angebot schafft und etwas verpasst, wollen einige von uns wenigstens »im Club« bleiben. Also kein Bronco First Edition, aber ich habe eine Anzahlung für einen neuen, rein elektrischen Ford geleistet, der 2022 auf den Markt kommt. Und nein, auch das war ursprünglich nicht der von mir recherchierte Markt.

Du weißt, dass du eine einzige, äußerst spezifische Anweisung brauchst, um die Ergebnisse deiner Marketingbemühungen sicherzustellen, aber welche soll das nun genau sein? Um dies herauszufinden, frag dich: »Was genau sollen meine idealen Interessenten in dieser Phase tun?« Klicken und kaufen? Sich in eine Liste eintragen oder auf Social Media folgen? Es sind oftmals einfache, klare Aufforderungen. Manchmal aber muss dein Kunde mehrere Schritte oder Wege hin zum gewünschten Ergebnis einschlagen.

Fang also mit dem Ziel vor Augen an und arbeite dich dann von dort zurück. Das hast du bereits bei der Festlegung der objektiven Parameter »Ziel«, »Weg« und »Sieg« getan. Du kennst den idealen Interessenten (Ziel), weißt, welche Angebote für ihn am besten geeignet sind (Weg), und kennst das gewünschte Ergebnis (Sieg). Wenn du den Sieg kennst, entwickelst du die kleinsten, für deinen potenziellen Kunden nachvollziehbaren Schritte, die zu diesem Sieg führen. Jede auszuführende Handlung in einer Schrittabfolge muss diese beiden Voraussetzungen erfüllen: (1) Es handelt sich um eine angemessene Forderung (nicht zu viel zu früh und nicht zu wenig zu spät) und (2) es ist eine sichere Forderung (bei der die potenzielle Belohnung das wahrgenommene Risiko für den potenziellen Kunden überwiegt).

Sobald du dich für einen klaren Call-to-Action entschieden hast, musst du sicherstellen, dass alle deine idealen Interessenten diese Handlung auch wirklich durchführen können. Erfordert sie beispielsweise einen bestimmten Telefontypus? Oder einen bestimmten Webbrowser? Oder kann man nur bar bezahlen? Wie kannst du sicherstellen, dass deine Handlungsanweisung für die meisten (idealerweise jedoch alle) deiner potenziellen Kunden praktikabel und mühelos ist? Natürlich kannst du dich dabei nicht auf alle Eventualitäten vorbereiten, aber sei es insoweit, als dass du während deines Experiments und des späteren Rollouts Feedback erhalten kannst. Hör auf deine idealen Interessenten, wenn sie dich darauf hinweisen, wo es im Prozess für sie verwirrend oder schwierig war.

Denk daran, dass mehr Optionen für mehr Verwirrung sorgen, also leg eine Handlungsaufforderung fest, die für fast alle in deiner Zielgruppe machbar ist. In seinem Buch *Anleitung zur Unzufriedenheit: Warum weniger glücklicher macht* erklärt der Psychologe Barry Schwartz, dass eine zu große Auswahl zu einer Art Lähmung führen kann. Kennst du das Gefühl, wenn du auf eine 20-seitige Speisekarte voller Optionen starrst und dich bei der Bestellung nicht entscheiden kannst? Das ist das Auswahlparadox – und du willst deine idealen Kunden vor diesem Gefühl bewahren. Gib ihnen also nur *eine*, wirklich nur *eine einzige* Handlung vor.

Überarbeite deine Anweisung noch weiter, indem du den Leuten mitteilst, was sie nach dieser Handlung erwarten können. Was passiert, wenn sie die Webseite besuchen, die Telefonnummer anrufen oder sich für dein tolles Angebot anmelden?

Du bist dran

Das ist die letzte Phase des AAA-Marketing-Frameworks, lass uns das Ding also eintüten. Effektives Marketing braucht eine spezifische Handlungsaufforderung. Wie lautet also deine?

1. Überdenke oder verfeinere die endgültige Handlung, die deine potenziellen Kunden durchführen sollen, also das endgültige Kaufziel. Das hast du bereits im ersten Schritt deines »Anders-Machen-Experiment«-Arbeitsblatts als Sieg dokumentiert.

2. Schreib die unmittelbare Handlung auf, die du in dieser Phase gern von ihnen unternommen sehen würdest.

3. Notiere als Letztes die Phrase (oder die Positionierung), die du für die Anweisung deiner potenziellen Kunden nutzen wirst, um sie zur sofortigen Handlung zu bewegen. Stell sicher, dass dieser Satz oder die von dir erstellte Anweisung klar, spezifisch, angemessen und umsetzbar ist. Wenn dies der Fall ist, hake das entsprechende Kästchen auf dem Arbeitsblatt ab.

Ich bin dran

Frühere Tests haben gezeigt, dass die einzigartige Positionierung der Bücher in meinem herkömmlichen Bücherregal Aufmerksamkeit (Auffallen) und mäßiges Engagement (Anziehen) erzeugt hat. Bei meinem neuen Test des Baum-Bücherregals möchte ich eine stärkere Aufmerksamkeit erzielen (Auffallen) und die Leute länger binden (Anziehen), außerdem muss ich sicherstellen, dass ich mit einer spezifischen und angemessenen Frage erfolgreich abschließe (Anweisen).

Ich verfeinere meinen Call-to-Action, bevor ich in die Testphase gehe. Diese Überlegungen notiere ich auf der Rückseite meines Arbeitsblatts. Mach du es genauso!

<u>Medium:</u> Alle Videos werden vorproduziert und dann live ausgestrahlt.

<u>Idee:</u> Ein Bücherregal in Baumform, das nicht ignoriert werden kann und Menschen dazu inspiriert, meine Bücher zu kaufen.

<u>AAA-genehmigt?</u> Ein Ja zum Auffallen mithilfe eines Baum-Bücherregals, auch wenn nur Tests beweisen können, ob es wirklich funktioniert. Ein Ja zum Anziehen mit einem Bücherregal in Baumform, weil die Struktur automatisch dafür sorgt, dass unsere Augen es erkunden wollen … Experimente müssen natürlich auch das erst noch beweisen. Jetzt ist es an der Zeit, (auf der Rückseite des Arbeitsblatts) die Handlungsanweisung zu erstellen.

<u>Anweisen:</u> Pro Woche sehen mich mehr als 250 Menschen. Ich könnte ein Schild zeigen, auf dem steht, dass man diese Bücher bei Amazon bestellen kann, aber das fühlt sich zu verkäuferisch an. Wie ein Schaufenster. Da ich derjenige bin, der es präsentiert, wie wäre es, wenn ich etwas sage wie: »Dir sind vielleicht die Bücher hinter mir aufgefallen. Ich habe sie alle geschrieben, um die unternehmerische Reise zu vereinfachen. Wenn du das Gefühl hast, das könnte dir helfen, dann bestell sie dir doch gleich direkt bei Amazon.«

Ich könnte die Leute auch dafür belohnen, dass sie in den Chat schreiben, wenn sie gerade etwas bestellt haben, und ihnen dafür kostenloses Bonusmaterial als Dankeschön zuschicken. Das hat dann auch den Effekt des sozialen Beweises: Wenn Leute jemanden bei etwas beobachten, machen sie es gern nach. Das ist eine klare, eindeutige Handlungsanweisung.

Ich habe meine Experimentparameter verbessert und bin der Meinung, auch die Erfolgswahrscheinlichkeit maximiert zu haben. Jetzt bin ich bereit für das Experiment!

KAPITEL 7

Experimentieren, messen, verstärken, wiederholen

Um eine Sache gleich klarzustellen: Einige deiner andersgearteten Ideen werden furchtbar sein. Nein, mehr noch. *Die meisten* deiner andersgearteten Ideen werden furchtbar sein. Ich würde mal schätzen, dass mehr als 90 Prozent meiner eigenen Ideen ein Reinfall waren – sie scheiterten in den entscheidenden Marketing-Millisekunden. Aber die *erfolgreichen* 10 Prozent haben die erfolglosen Experimente mehr als wettgemacht.

Als Michelle Scribner, die Geschäftsführerin von Sum of All Numbers, eine frühe Version dieses Buchs las, soll sie es in ihrem Hotelzimmer gegen die Wand geworfen haben, weil es sie wütend gemacht hat, dass es neun Versuche bis zur guten Idee braucht. Und sie war sauer, weil sie weiß, dass es stimmt. Vielleicht macht dich die hohe Misserfolgsquote auch sauer, aber ich werde deine Zeit nicht mit bequemen Lügen verschwenden. Es ist die nackte Wahrheit. Du musst anders sein, und musst diese Andersartigkeit nach der Trial-and-Error-Methode für dich entdecken.

Durch die Flops wirst du mit großer Sicherheit spektakuläre Gewinner hervorbringen. Dieses Rinnsal an Gewinnern in einem Meer von Verlierern kann dazu führen, dass du zwischendurch aufgeben willst. Vielleicht fragst du dich auch irgendwann, ob je eine deiner Ideen funktionieren wird. Oder hast das Gefühl, dass manche Ideen einfach zu riskant zum Testen seien. Wenn dich dieses Gefühl überkommt, dann erinnere dich daran, dass es deinen Konkurrenten genauso geht. Alle erleben diese magische Macht der Gewohnheit, es so zu machen, wie es alle anderen in der Branche tun – nicht weil es funktioniert, sondern weil es sich sicher anfühlt.

Wenn du mal den Drang nach derselben Marketingmethode wie alle anderen verspürst – keine Panik, das ist ganz normal. Wenn du Trainer, Agenturen und Experten sagen hörst: »Sie müssen ____ machen«, wobei die Leerstelle die Marketingmethode aller anderen ist, dann ist das normal. Aber nur weil etwas »normal« ist, heißt das nicht, dass du es tun solltest. Gib auf keinen Fall diesem Drang nach!

Etwas anders zu machen, ist spooky, weil fast niemand es macht – was ja genau der Grund ist, warum du es tun musst! Es wird effektiv sein, weil es eben sonst niemand so macht.

Wir Normalsterblichen neigen dazu, uns anpassen zu wollen, sodass du deine Ideen vielleicht gleich zu Anfang verwerfen willst, ohne wirklich über einen möglichen Erfolg oder eine Weiterverfolgung nachzudenken. Die Neigung des Menschen, sich selbst zu zügeln, tötet Erfindungen und jegliche Innovationen. Deshalb möchte ich, dass du dir bewusst machst, dass deine Ideen kein fester Bestandteil deines Marketingplans werden müssen, denn sie sind nur Experimente.

Als ich in der sechsten Klasse im Chemieunterricht saß und eine Rauchwolke betrachtete, die ich dank der Mischung falscher Chemikalien erzeugt hatte, sagte Mr. Fordyce zu mir: »Gut gemacht, du hast gerade etwas gefunden, das dich potenziell töten könnte. Das sollten wir also lieber nicht im großen Stil weitermachen. Lass uns also ein anderes Experiment angehen.« Genauso hast du eine Marketingthese – könnte funktionieren, könnte nicht funktionieren – und führst einen Test durch, um herauszufinden, ob sie funktionieren würde. Ganz ohne Druck, etwas Großes zu machen. Ganz ohne Druck, es auf Anhieb zu schaffen. Ganz ohne Druck, es perfekt machen zu müssen – oder auch nur annähernd perfekt zu sein. Nichts weiter als lustiges Experimentieren.

Einer der Gründe, warum wir Kurse buchen und Werbepakete kaufen, ist der Glaube an die Statistiken, die uns von den Anbietern gezeigt werden: E-Mail-Öffnungsraten, Klickraten und Prozentsätze des Engagements. Wir denken dann, dass wir dieselben Ergebnisse erzielen könnten, einfach weil andere Unternehmen in unserer Branche dies tun. Also ziehen wir unseren schönsten grauen Anzug an und hoffen auf das Beste, während wir uns bei den anderen grauen Anzügen einreihen. Und genau dann passiert es, dann hören wir die größte Marketinglüge aller Zeiten: »Wenn dein Marketing nicht funktioniert, hast du einfach noch nicht genug getan.«

Ja, das habe ich bereits erwähnt – wahrscheinlich mehr als einmal. Ich wiederhole es, weil es eine der häufigsten Sünden dieser sogenannten Marketingexperten ist. Lass das kurz reinstinken. Ja, genau, »reinstinken«. Das soll zeigen, wie vergammelt diese Lüge ist. Ich wiederhole es noch mal für den dramatischen Effekt.

Die größte Marketinglüge aller Zeiten: Wenn dein Marketing nicht funktioniert, hast du einfach nicht genug getan.

Die Werbung funktioniert nicht? Dann musst du einfach weitere Anzeigen schalten. Die Webseite bringt nicht die gewünschte Konvertierung? Dann brauchst du eben mehr Traffic. Der Radiospot war ein Flop? Dann musst du ihn einfach öfter und auf mehr Sendern ausstrahlen lassen.

Erinnerst du dich an Linda Weathers? Die 50 Riesen für gerade mal einen Lead gegeben hatte, zum Teil weil ihr suggeriert worden war, dass sie nicht genug unternahm? Mehr, mehr, mehr.

Alles Bullshit! Reiner, unverdünnter Scheißdreck!

Wenn du etwas tust, es aber nicht funktioniert, dann dürfte wohl eine Komponente des AAA-Marketing-Frameworks fehlen. Es steht außer Frage, dass man eine statistische Signifikanz erreichen muss (also genügend Versuche, damit sich mindestens eine Person mit hoher Wahrscheinlichkeit darauf einlässt), aber es ist ein großer Fehler, immer wieder dasselbe unauffällige, ineffektive Zeug zu machen. Das wäre, als würde man die gesamte Unsichtbarkeitsfamilie auf die Bühne holen, weil niemand den unsichtbaren Mann sehen kann. Kann man ihn dann sehen? Nein, natürlich nicht! Mehr Unsichtbarkeit ist immer noch unsichtbar.

Andererseits schrecken wir vor neuen Ideen zurück, weil es keine Statistiken gibt, die uns etwas über ihre Funktionalität sagen können. Wir wissen nicht, ob die Leute unsere Idee verstehen werden, und wenn sie es tun, sind wir nicht sicher, ob es tatsächlich zu Leads führen wird. Wenn du kurz darüber nachdenkst, werden dir sicherlich vergangene Ideen einfallen, die du einfach hast sterben lassen, weil sie zu riskant für eine Umsetzung wirkten. Vielleicht dachtest du, sie würden zu viel Zeit, Geld oder Mühe kosten. Also hast du sie auf Eis gelegt, statt ihnen eine wirkliche Chance zu geben.

Hast du schon mal über die Redewendung »auf Eis legen« nachgedacht? Die meisten gehen davon aus, das bedeute, dass wir uns etwas für später aufheben würden, nur um in der Zwischenzeit etwas anderes zuzubereiten, und wollen dann noch mal darauf zurückkommen. Aber in Wirklichkeit vergessen wir die Sache vollständig. Und du weißt ja, was passiert, wenn man etwas ganz hinten im Kühlschrank vergisst: Es gammelt vor sich hin, läuft aus, stinkt irgendwann, wird ekelhaft und kommt am Ende doch nur in den Biomüll statt auf den Teller.

Wir müssen unsere Marketingideen von großen unüberschaubaren Marketingplänen auf durchführbare Marketingexperimente herunterbrechen. Es sind diese kleinen Tests, mit deren Hilfe wir herausfinden, was funktioniert und was nicht. Gleichzeitig trainieren wir allmählich unseren Marketingmuskel. So finden wir heraus, ob wir die entscheidenden Millisekunden gemeistert bekommen und ob unsere Ideen sich für eine Kampagne eignen. Fang also immer mit Marketingexperimenten (überschaubar und aufschlussreich) an und geh dann mit den erfolgreichen Experimenten zu Marketingplänen über (umfassend und kontinuierlich).

Manche Ideen sind jedoch nicht die für ein Experiment erforderliche Zeit oder das Geld wert. Deshalb bewerte ich meine Ideen zuerst und experimentiere dann. Das solltest du auch tun, denn nichts macht dein Selbstvertrauen schneller kaputt als ein wachsender Haufen gescheiterter Versuche und ein schnell schwindender Haufen Geld. Also prüfe lieber zuerst die Idee und führe dann das Experiment durch. Mit anderen Worten: Tu alles Nötige, um kostengünstig zu experimentieren. Wenn das Experiment erfolgreich ist oder mit ein wenig Nachbesserung ein Erfolg werden könnte, dann investiere mehr, starte deine Kampagne und beobachte den Fluss der Leads.

Aber wie findet man denn nun heraus, welche Ideen Potenzial haben und welche am besten nicht das Licht der Welt erblicken sollten? Simple Sache:

Man bewertet sie nach dem Maßstab des AAA und trackt ihre Kennzahlen, um zu sehen, ob sie funktionieren. In diesem Kapitel zeige ich dir, wie du dein Anders-Machen-Experiment durchführen kannst. Die meiste Arbeit hast du bereits hinter dir und der nächste Schritt besteht nun darin, deine Idee zu testen, um festzustellen, ob sie für den Rollout geeignet ist.

Das »Anders-Machen-Experiment«-Arbeitsblatt

Hast du schon mal jemanden getroffen, der ein wahrer Quell an Ideen war? Großartige, lustige, verrückte, wahnsinnig kluge und einfach eine irre Menge Einfälle hatte? Wie machen diese Leute das? Es liegt nicht daran, dass sie per se eine besondere Fähigkeit besäßen, sondern sie haben einen Prozess.

Das »Anders-Machen-Experiment«-Arbeitsblatt ist eine einfache Hilfestellung, um umsetzbare Marketingideen zu erstellen – also deine Experimente. So bewertest du, ob dein Marketing die richtigen potenziellen Kunden mit dem richtigen Angebot ansprechen würde, ob es sich das AAA-Framework zunutze macht *und* ob es sich lohnt, dem nachzugehen.

Ich habe eine grobe Version des »Anders-Machen-Experiment«-Arbeitsblatts bereits vor über einem Jahrzehnt entwickelt und seither wiederholt an meinen eigenen Ideen getestet – und an denen meiner Kunden. Ich benutze es so oft, dass es schon ein Automatismus geworden ist; ich sehe überall andersgeartete Marketingideen. Du hast mit diesem Schatz im Verlauf dieses Buchs seit Kapitel 3 gearbeitet und wir gehen es jetzt noch mal durch, sodass es dich in Zukunft keinerlei Gehirnschmalz mehr kosten wird, sobald du mit diesem Buch durch bist.

Zur Erinnerung: Auf gogetdifferent.com findest du die kostenlosen Vorlagen für das Arbeitsblatt sowie alle Ressourcen aus diesem Buch. Ich empfehle dir, das Arbeitsblatt mehrmals auszudrucken, damit du es während der Lektüre zur Hand hast und all deine Ideen festhalten kannst. Falls du Arbeitsblätter auf den Tod nicht ausstehen kannst, schau dir alles hier an und arbeite in deinem eigenen Notizbuch oder Tablet mit deiner eigenen Version.

ANDERS-MACHEN-EXPERIMENT – ARBEITSBLATT

FÜR ____________________

DATUM __________ TEST NR. ____

Phase 1: Zielsetzung

Ziel
Wer ist der ideale Interessent?

Weg
Welches Angebot würde dieser Person am meisten dienen?

Sieg
Wie lautet dein ideales Marketingresultat?

Phase 2: Investition

CLV: ____________________
Der typische Customer-Lifetime-Value (Umsatz) pro Kunde

Abschlussrate: jeder __________
Deine wahrscheinliche Abschlussrate der potenziellen Kunden (z. B. jeder 5.)

Investition pro potenziellem Kunden: __________
Der Geldbetrag, den du für die Akquise eines Kunden investieren würdest

NOTIZEN:

Phase 3: Experiment

Medium: ____________________
Welche Marketingplattform wirst du nutzen (z. B. Webseite, E-Mail, Postwurfsendung, Werbetafel etc.)?

Idee:

Ist das im Sinne des AAA?

- ☐ **Auffallen**
  Kann es nicht ignoriert werden?
- ☐ **Anziehen**
  Ist es eine sichere Chance?
- ☐ **Anweisen**
  Ist es eine spezifische und angemessene Aufforderung?

Phase 4: Messung

Intentionen	**Ergebnisse**
Startdatum: __________	Enddatum: __________
Geplante Stichprobe: __________	Erreichte Stichprobe: __________
Geplante Abschlussquote: __________	Erreichte Abschlussquote: __________
Geplante Investitionen: __________	Getätigte Investitionen: __________

Beobachtungen:

Urteil:

Ausweiten & tracken	**Erneut testen**	**Verbessern**	**Aufgeben**
Als laufende Strategie benutzen	Neue Stichprobe testen	Optimieren und erneut versuchen	Neues Experiment starten

Das Arbeitsblatt für das Anders-Machen-Experiment

Bevor wir das Arbeitsblatt vollständig ausfüllen, ist es wichtig, dass du jeweils nur ein Experiment ausprobierst. Letztlich wirst du viele Ideen entwickeln, aber du solltest immer nur an einer arbeiten. Wenn du versuchst, mehrere unterschiedliche Marketingstrategien zu verwalten und zu tracken, wird das deinen Fokus verwässern und dich in den Wahnsinn treiben. Das ist ähnlich wie beim Kochen: Mit der Zeit stellt man bei seinem Lieblingsrezept fest, dass vielleicht eine zusätzliche Prise Salz oder etwas weniger Mehl den ultimativen Geschmacksunterschied macht. Ein Anders-Machen-Experiment läuft nicht nach dem Motto »Friss oder stirb«, sondern es ist ein Fressen, Wiederholen, Verbessern oder Sterben.

Die gute Nachricht ist, dass du bis jetzt schon Phase 1 bis 3 durchgezogen hast. Um sicherzustellen, dass wir wirklich *alles* auf die Kette kriegen, gehe ich jetzt noch mal alle Elemente mit dir durch.

Schreib den Namen deines Unternehmens, das Datum und die Nummer deines Experiments als Erstes auf das Arbeitsblatt (oder auf ein leeres Blatt Papier). Wir legen gerade erst los, also ist das hier die Nummer 1. Ich weiß, dass das so einfach ist wie den eigenen Namen bei einer Klassenarbeit in der fünften Klasse oben hinzuschreiben, aber es gibt einen Grund jenseits der reinen Organisation: Indem du deinen Namen auf das Dokument setzt, übernimmst du Verantwortung. Es ist der erste Schritt der bereits erwähnten Kontrolle – genauer: der Kontrolle über das eigene Unternehmenswachstum. Wenn ich »FÜR: die Marke Michalowicz« oder einen meiner Firmennamen dort notiere, verspüre ich dieses Feuer, diesen Tatendrang. Das ist dann nicht einfach irgendein x-beliebiges Experiment; ich will jetzt nicht nur eine gute Note in Chemie abstauben. Das ist ein Experiment, das potenziell mein Business für immer verändern kann.

Darüber hinaus wirst du schon bald einen ganzen Stapel dieser Arbeitsblätter vor dir haben und die Nummerierung wird dir beim Auffinden deiner (möglicherweise, hoffentlich) brillanten andersgearteten Marketingidee helfen. Es ist dein eigener Katalog voller genialem Marketing.

Phase 1: Zielsetzung

Wenn du deine Zielsetzung am Ende von Kapitel 3 bereits ausgearbeitet hast, wird dieser Teil ein Spaziergang, weil du einfach nur abschreiben musst. Beachte dabei folgende Dinge:

ZIEL – Das Ziel ist dein idealer Interessent (oder Avatar, wenn dir dieses Wort lieber ist). Wer ist das? Das hast du vielleicht schon in Kapitel 3 herausgefunden. Falls nicht: besser jetzt als nie. Erinnere dich, dass ein Avatar eine Reihe von Eigenschaften der Person umfasst, mit der du am liebsten zusammenarbeiten würdest. Beachte bitte, dass ich von »einer Person« spreche, nicht von »einer Gruppe von Personen«, vermeide also allgemeine Marktbezeichnungen wie »alle Piloten« oder »Mütter mit kleinen Kindern« oder »kleine Kinder mit Müttern«. Sei konkret in deiner Formulierung, wie »ein Pilot, der dieses Jahr in den Ruhestand geht und eine neue Karriere beginnen möchte« oder »die Mutter zu Hause mit fünf Kindern unter 10 Jahren, die noch nicht verrückt geworden ist«. (Letzteres ist natürlich völlig hypothetisch.) Je spezifischer dein Avatar ist, desto wirkungsvoller wird dein andersgeartetes Marketing für diesen Menschen sein. Dann kannst du ein spezifisches Marketingkonzept entwickeln.

WEG – Welcher Weg ist der beste für deinen potenziellen Kunden? Was dient ihm am besten? Welches deiner Produkte oder Dienstleistungen würde seine Welt verändern? Welches große Versprechen könnte dieses Produkt oder diese Dienstleistung halten?

SIEG – Bei welchem Ergebnis hast du genau das erreicht, was du wolltest? Möchtest du deinem idealen Interessenten etwas verkaufen? Möchtest du, dass er etwas beiträgt, ein Mitglied wird, sich für einen Kurs anmeldet? Der SIEG ist das ideale Marketingresultat, also die unmittelbare Handlung, die du gern von ihm sehen würdest, damit er sich auf deinen SIEG zubewegt. In manchen Fällen sind Call-to-Action und Sieg deckungsgleich wie bei »Kauf das Shirt«, aber in anderen Fällen führt die Anweisung einen Schritt näher an den Sieg heran wie »Melde dich hier an und wir sagen dir Bescheid, sobald das Shirt lieferbar ist«. Denk immer daran, dass der Sieg das ultimative Ergebnis ist, das *du* möchtest. Die Anweisung ist manchmal nur der nächste Schritt, um dorthin zu kommen.

Phase 1: Zielsetzung	
	Ziel Wer ist der ideale Interessent?
	Weg Welches Angebot würde dieser Person am meisten dienen?
	Sieg Wie lautet dein ideales Marketingresultat?

Phase 1: Zielsetzung – die erste Phase eines Anders-Machen-Experiments, bei dem potenzielle Kunden, Angebot und gewünschtes Ergebnis festgelegt werden

Phase 2: Investition

Es kann gut sein, dass du auch das bereits in Kapitel 3 gemacht hast, was jetzt bedeutet, dass du einen Vorsprung hast.

CLV – Wie hoch ist der Customer-Lifetime-Value deines Kunden? Wie hoch ist der Umsatz, den du im Verlauf eures Transaktionszeitraums erreichen könntest?

INVESTITION PRO POTENZIELLEM KUNDEN – Wie viel würdest du pro Marketingversuch für jeden einzelnen idealen Interessenten investieren, um einen von ihnen zum Kunden zu machen?

Phase 2: Investition		
	CLV: __________ Der typische Customer-Lifetime-Value (Umsatz) pro Kunde **Abschlussrate: jeder** __________ Deine wahrscheinliche Abschlussrate der potenziellen Kunden (z. B. jeder 5.) **Investition pro potenziellem Kunden:** __________ Der Geldbetrag, den du für die Akquise eines Kunden investieren würdest	**NOTIZEN:**

Phase 2: Investition – die zweite Phase eines Anders-Machen-Experiments, in der der Customer-Lifetime-Value und das damit einhergehende Marketingbudget pro potenziellem Kunden festgelegt werden

Phase 3: Experiment

Als Nächstes arbeitest du entlang des AAA-Marketing-Frameworks. Indem du auf allem aufbaust, was du bisher gelernt hast, schreibe die folgenden Punkte zusammen:

MEDIUM – Welche Marketingplattform wirst du wählen? Wenn es dieselbe ist wie beim Rest der Branche, musst du dich so weit abheben, dass das gemeinsame (ignorierbare) Medium irrelevant wird. Alternativ kannst du ein anderes Medium als deine Konkurrenz nutzen, um allein durch die damit einhergehende Abgrenzung die Wahrscheinlichkeit zu erhöhen, wahrgenommen zu werden.

IDEE – Wenn du dir deine Brainstorming-Liste aus Kapitel 4 noch mal anschaust: Welche Marketingidee willst du testen?

Frag dich dann: »Ist das im Sinne des AAA?«

ABSETZEN – Kann es nicht ignoriert werden?

ANZIEHEN – Ist es eine sichere Gelegenheit?

ANWEISEN – Ist es eine spezifische und angemessene Handlungsaufforderung?

Hake die Kästchen ab, die passen. Wenn du alle drei abhaken kannst, kannst du mit dem Experiment loslegen. Wenn du aber noch nicht überzeugt davon bist, dass du alle abhaken kannst, überarbeite deine Idee so lange, bis du so weit bist. Du wirst keinen Beweis dafür haben, dass das Anders-Machen-System funktioniert, bis du es getestet hast, aber vorher muss schon mal dein Bauchgefühl stimmen.

Phase 3: Experiment		
	Medium: ______ Welche Marketingplattform wirst du nutzen (z. B. Webseite, E-Mail, Postwurfsendung, Werbetafel etc.)? **Idee:**	**Ist das im Sinne des AAA?** ❑ **Auffallen** Kann es nicht ignoriert werden? ❑ **Anziehen** Ist es eine sichere Chance? ❑ **Anweisen** Ist es eine spezifische und angemessene Aufforderung?

Phase 3: Experiment – die dritte Phase eines Anders-Machen-Experiments, in der die andersgeartete Marketingidee vorgestellt und bewertet wird, ob sie den Kriterien des AAA-Marketing-Frameworks entspricht

Phase 4: Messung

Wenn du dir einigermaßen sicher bist, dass deine Idee wahrgenommen werden wird, deinen idealen Interessenten ansprechen und diesen zu einer bestimmten Handlung veranlassen wird, ist es an der Zeit, deine These zu testen. Die Wahrheit wird nicht durch Worte gesagt, sondern durch Taten, und deine potenziellen Kunden werden die Wahrheit durch ihr Verhalten »mitteilen«. Wenn du eines meiner anderen Bücher gelesen oder mich bei einem meiner Vorträge erlebt hast, weißt du wahrscheinlich, dass ich ein absoluter Tester bin. Ich *liebe* gute Tests, denn warum sollte man Zeit und Geld in etwas investieren, das keine Ergebnisse liefert? Setz also nicht auf das, was du denkst, dass es der Kunde tun wird, sondern auf das, was du *weißt*, dass es der Kunde tun wird. Tests holen dich aus der Theorie in die Realität.*

Ich kann mir vorstellen, dass vieles, was ich jetzt sagen werde, bei dir den Impuls »Weiß ich doch längst!« hervorruft, aber Wissen und Handeln sind eben zwei Paar Schuhe. Viele wissen es, aber nur wenige tun es: Du musst den Return on Investment planen und messen. Dein Anders-Machen-Marketing ist nur sinnvoll, wenn es zu einer positiven Rendite führt; es sollte also direkt oder indirekt deine Verkäufe oder Abschlüsse voranbringen. Und du musst sicherstellen, dass deine kumulative Marketinginvestition in Zeit und Geld mehr einbringt, als das Ganze kostet. Marketing sollte sich nicht nur selbst finanzieren, sondern sogar einen Beitrag zum laufenden Unternehmen leisten. Also, du weißt schon, Gewinn bringen.

Vielleicht baut dein Anders-Machen-Marketing eine Interessentenliste mit E-Mail-, Telefon- oder anderen Kontaktinformationen auf, ohne die Leute gleich zu einem Kauf bewegen zu wollen. Vielleicht bietest du einen Branchenbericht an, wenn der Kunde dir seinen Namen und seine E-Mail-Adresse mitteilt. In diesem Fall forderst du ihn zur Preisgabe von Kontaktinformationen auf und der nächste Schritt könnte dann der Verkauf deines Angebots sein. Doch selbst in dem Fall musst du unbedingt eine

* Besuch meine Seite gogetdifferent.com, um dir dort die kostenlosen Ressourcen anzuschauen, zum Beispiel auch das Video, in dem ich meine Tests erkläre und die überraschenden Funde sowie die Ergebnisse vorstelle.

ROI-Analyse machen. In anderen Fällen kann es sich um ein direktes Angebot handeln, wenn der Kunde dein Produkt in diesem Moment kauft. Auch dann musst du den ROI berechnen.

Im Abschnitt »MESSUNG« notierst du Folgendes:

Als Erstes geht es um deine INTENTIONEN.

STARTDATUM – Wann willst du mit deinem Experiment an den Start gehen?

GEPLANTE STICHPROBE – Wie viele potenzielle Kunden willst du mit diesem Experiment anvisieren?

GEPLANTE ABSCHLUSSQUOTE – Wie hoch ist dein erwarteter ROI? Das muss nicht unbedingt dein tatsächlicher Umsatz sein, sondern dein Ergebnis (etwa die Anzahl der Registrierungen), das deinen Umsatz fördern wird.

GEPLANTE INVESTITION – Wie viel wird dich das Experiment kosten?

Starte nun dein Experiment, indem du die Resultate festhältst:

ENDDATUM – Wann wird dein Experiment vollendet sein? Ich rate dir, das bereits vor dem Start festzulegen, allerdings in dem Wissen, dass es sich ändern kann. Du hast vielleicht mehr oder weniger potenzielle Kunden als erwartet, du musst vielleicht mehr oder weniger Daten sammeln. Vielleicht tust du gut daran, das Enddatum vorzuverlegen oder nach hinten zu schieben. Sei dabei ruhig flexibel, aber nicht so sehr, dass dein Experiment ausfranst.

ERREICHTE STICHPROBE – Wie viele potenzielle Kunden haben tatsächlich an deinem Marketingexperiment teilgenommen?

ERREICHTE ABSCHLUSSQUOTE – Wie hoch ist dein tatsächlicher ROI? Wie schon bei der vorgesehenen Rendite muss es nicht unbedingt der Umsatz sein, wenn das nicht deine Intention war.

GETÄTIGTE INVESTITIONEN – Füll das aus, wenn du mit deinem Experiment durch bist. Wie viel hat es dich insgesamt gekostet?

Nachdem du diese beiden Spalten vollständig ausgefüllt hast, kannst du dein Experiment bewerten.

BEOBACHTUNGEN – Füge hier alle Anmerkungen ein, die dir bei der Optimierung und Verbesserung deines Experiments helfen, falls du es noch mal anders ausprobieren oder im Anschluss im großen Stil an den Start bringen willst.

Zum Schluss musst du dich entscheiden, wie es bei diesem Experiment weitergehen soll:

URTEIL

Nachdem du dein Experiment abgeschlossen hast: Wie lautet dein Urteil? Im Folgenden vier Möglichkeiten, die ich dabei immer in Betracht ziehe:

Ausweiten & tracken: Wenn die Ergebnisse deinen Intentionen entsprechen, kannst du darauf vertrauen, dass der weitere Prozess die gewünschten Ergebnisse bringen wird. Erhöhe also die Stichprobengröße der potenziellen Kunden sowie deine Investitionen. Vergiss nicht, die Ergebnisse zu messen. Nur weil ein Anders-Machen-Experiment jetzt funktioniert, heißt das noch lange nicht, dass es das auch im nächsten Jahr tun wird. Setz es also niemals ein, um es dann zu vergessen, aber *wenn* es läuft, nutze es möglichst ausgiebig für dich.

Erneut testen: Falls du der Richtigkeit oder Kohärenz deiner Ergebnisse noch nicht traust, wiederhole das Experiment mit einem neuen Satz an potenziellen Kunden.

Verbessern: Du weißt, dass Teile deines Anders-Machen-Experiments funktionieren, aber eben nicht alle. Das ist übrigens das häufigste Ergebnis. Einige Aspekte deines Marketings müssen eventuell verbessert und erneut getestet werden. Du optimierst also deine Idee, um die Effektivität des Anders-Machen-Systems zu verbessern.

Aufgeben: Wenn du merkst, dass deine Idee ein Totalschaden ist, wird es Zeit, sie aufzugeben. Es dürfte dir nicht schwerfallen, das herauszufinden: Es werden keine Gewinne erzielt oder die Ausgaben für den erzielten Gewinn sind ungerechtfertigt. Führe Buch über deine Erfahrungen, aber versuche nicht, darauf aufzubauen oder etwas zu verbessern. Dieses Experiment gehört auf den Schrottplatz. Doch wer weiß – vielleicht kannst du später einen Teil für eine neue Idee recyclen.

Wenn dein Experiment ein voller Erfolg war, kreise »Ausweiten & tracken« ein und mach dich ans Werk. Wenn es funktioniert hat, du aber nicht genügend Daten erhalten hast, kreise »Erneut testen« ein und führe es mit neuen Probanden durch. Wenn einige Aspekte deines Experiments funktioniert haben, es aber nicht erfolgreich war, kreise »Verbessern« ein und korrigiere die entsprechenden Elemente, um es erneut zu versuchen. Wenn das Experiment fehlgeschlagen ist, kreise »Aufgeben« ein und mach dich an das nächste Experiment.

Phase 4: Messung

Intentionen	Ergebnisse
Startdatum: ________	Enddatum: ________
Geplante Stichprobe: ________	Erreichte Stichprobe: ________
Geplante Abschlussquote: ________	Erreichte Abschlussquote: ________
Geplante Investitionen: ________	Getätigte Investitionen: ________

Beobachtungen:

Urteil:	**Ausweiten & tracken** Als laufende Strategie benutzen	**Erneut testen** Neue Stichprobe testen	**Verbessern** Optimieren und erneut versuchen	**Aufgeben** Neues Experiment starten

Phase 4: Messung – Die vierte und letzte Phase eines Anders-Machen-Experiments, in der die Marketingabsichten festgelegt und mit den tatsächlichen Ergebnissen verglichen werden sowie eine Entscheidung über das weitere Vorgehen getroffen wird

Falls es scheiße gelaufen ist, mach dir keinen Kopf. Du bist den meisten deiner Konkurrenten bereits Lichtjahre voraus, wenn nicht sogar allen. Laut einem Branchenbericht von IBISWorld gibt es in den USA momentan über 50.000 Computerdienstleister. Und keiner von ihnen hat sich seit dem Verkauf von Geek Squad am 24. Oktober 2002 ähnlich erfolgreich vermarktet. Der Grund dafür liegt auf der Hand: Sie versuchen es nicht. Deine Konkurrenten werden es auch nicht tun, denn sie halten sich an die Best Practices der Branche. Oder an den Trend des Tages. Sie gehen möglichst auf Nummer sicher, indem sie sich weitestgehend anpassen. Sie versuchen sich auf keinen Fall an einem andersgearteten Marketing, mit dem sie sich ehrlich und authentisch vermarkten würden. Zudem suchen sie sicherlich nicht kontinuierlich nach Verbesserungsmöglichkeiten. Du aber schon – und deshalb bist du eben ein Genie!

Wann ist der beste Zeitpunkt zum Aufhören?

Denk noch mal an Gabe und seine Geschichte. Wir hatten die Idee, eine Reihe von Büchern an potenzielle Kunden zu verschicken, gespickt mit Post-its, die auf hilfreiche Seiten hinwiesen. Ich teilte diese Idee mit meiner Community von »Fix-This-Next«-Beratern und schlug ihnen vor, dies auch mal auszuprobieren, allerdings mit der folgenden Nachricht auf dem letzten Post-it: »Schicken Sie mir eine kurze SMS und ich helfe Ihnen bei allen aufgekommenen Fragen.«

Kurze Zeit später rief mich einer von ihnen an, nennen wir ihn Ted. »Ich habe deine Idee mal ausprobiert«, sagte er zu mir. »Ich habe 40 Bücher verschickt und daraufhin eine Menge Danksagungen bekommen, aber niemand hat mich engagiert. Also funktioniert es wohl doch nicht.«

Aber in diesem Fall lag es nicht an der Idee: Ted hatte das Experiment vor der statistischen Signifikanz beendet. In Kapitel 3 ging es um die 100 nötigen potenziellen Kunden, die du hoffentlich für dich gefunden hast. Ted war jedoch noch 60 von 100 entfernt!

Er hatte dem Experiment zudem nicht ausreichend Zeit gegeben: Er hatte bereits nach einer Woche eine Antwort erwartet, dabei würden seine potenziellen Kunden mindestens ein paar Wochen brauchen, um sich durch das Buch und die Haftnotizzettel zu arbeiten. Einen Monat nach seinem ersten Anruf hatte ich Ted erneut an der Strippe. Er erzählte, er habe jetzt zwei neue Kunden akquiriert und wolle die Kampagne noch mal starten.

Du wirst also nie erfahren, ob dein Anders-Machen-Experiment funktioniert, wenn du vor der statistischen Signifikanz aufgibst. Und du musst der Sache genug Zeit geben, damit sie ihre Wirkung entfalten kann. Überstürze das Experiment nicht und brich es nicht zu früh ab. Wenn du nach einer angemessenen Phase des Ausprobierens mit deinen nötigen 100 und der Optimierung der Anziehen- und Anweisen-Komponente immer noch nicht die erhofften Ergebnisse erzielst, ist es an der Zeit, das Experiment zu begraben.

Der Werbespot im Radio klang überhaupt nicht so, wie wir ihn geschrieben hatten. Er klang so … so sehr nach »Radio«. Was zum Geier …?!

Falls du *Prio 1 – Die Bedürfnispyramide deines Unternehmens* gelesen hast, erinnerst du dich vielleicht noch an Anthony Sicari, den Besitzer der New York State Solar Farm, und seine Geschichte, wie er sich auf einzigartige Weise Schulden zunutze machte, um Cashflow zu generieren.* Als ich ihn bei unserem Edison Collective Mastermind** traf, erwähnte er, dass er gern seine Radiowerbung überarbeiten würde, sie anders gestalten wolle. Anthony gab auf fünf Jahre gerechnet ungefähr 70.000 Dollar für dieses spezifische Marketingmedium aus. Nachdem er aber das Gelernte aus *Profit First* umgesetzt hatte, konnte er diese Ausgabe nicht mehr vor sich selbst rechtfertigen. Er wollte der Radiowerbung noch eine Chance geben, weil sie funktionieren und einen guten ROI einbringen *könnte*, aber aus einem unerfindlichen Grund tat sie es bei ihm nicht. Das klang nach einer guten Grundlage für ein Anders-Machen-Experiment!

Als ich Anthony für dieses Buch interviewte, erzählte er mir: »Ich habe Radiowerbung geschaltet, weil ich dachte, dass man das als Unternehmer nun mal so machen muss, aber letztlich können wir dabei nichts messen. Wir wissen einfach nicht, ob es funktioniert.«

Zusammen erarbeiteten wir ein anderes Konzept und einen Handlungsplan.

1. Auffallen: Wir verzichten auf die Standard-Werbespots aus der Konserve mit kitschiger Musik, bei denen niemand zuhört. Stattdessen nehmen wir einen Spot auf, der klingt, als würde Anthony eine Nachricht auf dem Anrufbeantworter des Zuhörers hinterlassen. Darin

---

* Ein Update zu dieser Geschichte: Anthony hat die Schulden so geschickt eingesetzt, dass er wiederum alle Schulden seines Unternehmens getilgt hat. Er nimmt nur noch selten einen Kredit auf, und das auch nur dann, wenn er diesen in einen großen Gewinn verwandeln kann. Die meiste Zeit »leiht« er sich für einen großen Kauf einfach Geld aus seinen eigenen Barreserven.

** Falls du Interesse daran hast, Teil unseres Masterminds zu werden, dann schau mal bei mikemichalowicz.com/masterminds vorbei.

erklärt er, was ihn an den Fehlinformationen in der Solarbranche wirklich nervt und wie er sich dafür einsetzt, dies zu ändern.

2. Anziehen: Die Aufnahme ist keine altmodische Wettervorhersage mit à la »Ziehen Sie heute besser Ihre Galoschen an«, sondern der natürliche und authentische Anthony. Wir gehen davon aus, dass die Radiohörer mehr Wert auf Aufrichtigkeit als auf Effekthascherei legen.
3. Anweisen: Anstatt die Leute auf seine bestehende Webseite zu schicken, richten wir eine spezielle Seite für diese Anzeige ein und weisen die Hörer direkt zum Besuch dieser Internetadresse an.* Diese spezifische Webseite ist der Schlüssel zur Wirksamkeitsmessung des Radiospots.

Wie es schien, freute sich Anthony aufs Loslegen, doch selbst nach ein paar Wochen hatte ich nichts weiter von ihm gehört. Also schrieb ich ihm und fragte nach, wie seine Radiowerbung ausgefallen sei und ob er sie mir schicken würde. Er tat es. Und ich seufzte tief.

Es war die gleiche altbackene Promo mit der gleichen altbackenen, kitschigen Musik. Mit dieser Werbung konnte er auf keinen Fall das Blinzel-Match gewinnen! Ich gebe es zu: Ich war für einen Moment sehr enttäuscht. Ich kann Kunden, Kollegen und Zuhörer dafür begeistern, etwas Neues in ihrem Marketing auszuprobieren, aber die meisten von ihnen ziehen es am Ende einfach nicht durch. Das tut mir im Herzen weh, weil ich weiß, was für einen enormen Unterschied es machen würde. Ich möchte sie schon fast dazu *zwingen*, »Risiken« einzugehen.

Und auch Anthony konnte es schaffen. Ich war mir ganz sicher. Ich musste erneut versuchen, ihn dazu zu bringen, es noch mal anpacken zu wollen.

»Maaaaaaaaaann, unsere Idee sah doch ganz anders aus«, sagte ich zu ihm. »Du brauchst etwas, das dein wahres Ich zeigt: Anthony, der hilfsbereite Freund und Nachbar!«

---

* Du kannst dir Anthonys vollständigen Plan, die Radioskripte und die Screenshots auf seiner Seite bei gogetdifferent.com anschauen.

Anthony seufzte: »Ich weiß. Ich war nach dem Ideen-Brainstorming auch Feuer und Flamme und wollte das auf jeden Fall umsetzen. Ich schrieb ein neues Skript, aber als ich es aufnehmen wollte, konnte ich es einfach nicht. Das klang so unnatürlich! Also habe ich das Ganze nach einigen Versuchen abgebrochen. Es sollte wohl einfach nicht sein …«

»Weißt du was? Lass uns den Spot noch mal machen«, erwiderte ich. »Aber so, wie wir es besprochen hatten. Einverstanden?«

Er war wieder mit an Bord.

Mit ein paar kleinen Skriptanpassungen, damit es sich so anhörte, wie er es im wahren Leben auch sagen würde, schloss sich Anthony in einem Schrank ein, hielt sein Handy ans Ohr, ein Mikrofon an den Mund und nahm die Nachricht auf – bestimmt an die hundert Mal. Der Tonfall war so anders als alle seine anderen Radiowerbespots, jenseits seiner Komfortzone, dass er wirklich Mühe hatte, ihn richtig hinzubekommen.

Ist es nicht abgefahren, dass Anthony mehr als 100 Anläufe gebraucht hat, um mehr wie er selbst statt wie eine Werbestimme zu klingen? Unterstreich dir das bitte, damit du nicht vergisst, wie viel Mühe es mitunter kosten kann, den kitschigen, Galoschen tragenden Wetterfrosch in dir umzuprogrammieren. Das passiert eben mit der Zeit mit Unternehmern: Wir lernen, wie andere Unternehmer zu klingen und auszusehen und uns zu verhalten, was es dann erschwert, einfach wir selbst zu sein.

Als Anthony den Spot beim Radiosender abgab, wollten die Verantwortlichen dort ihn zu einigen Änderungen drängen. »Sie riefen mich an und sagten: ›Können wir das bitte kostenlos für Sie ändern?‹ Sie wollten, dass es mehr wie eine normale Werbung klang. Aber ich antwortete: ›Nein. Wir machen es genau so. Das ist ein Test und es ist gut so.‹«

Der Sender wollte Anthony auch dazu bringen, die Webseite zu ändern, die er für den Test eingerichtet hatte. Sie wunderten sich, dass er die Interessenten auf eine Webseite leiten wollte, die nur ein Video und eine Handynummer enthielt, ganz ohne Formular zur Lead-Generierung. Seine Marketingidee lag so fernab ihrer Norm, dass sie ihm eine kostenlose »Reparatur« anboten – so unangenehm war ihnen diese Andersartigkeit.

Obwohl Anthony jegliche Änderungen an seinem Spot abgelehnt hatte, fügten sie einen Anrufbeantworterton hinzu und nahmen einige andere

Änderungen vor, um die Werbung »ausgefeilter« klingen zu lassen – also das genaue Gegenteil der andersgearteten Marketingidee, die wir uns ausgedacht hatten. Anthony lehnte diese neue, vermeintlich verbesserte Version ab. »Sie hakten nach: ›Sie wollen also wirklich keine Hintergrundmusik und auch nicht, dass wir es neu schneiden, und auch keine Soundeffekte?‹ Ich sagte ihnen: ›Fassen Sie es bitte einfach gar nicht an.‹«

Der Spot wurde an einem Montag das erste Mal ausgestrahlt, die eigentliche Kampagne war jedoch erst für den Freitag geplant, daher wurde er nur ein paar Mal im Radio gespielt. Nichtsdestotrotz erreichten Anthony sofort Rückmeldungen und innerhalb eines Tages hatte er zwei neue Leads. Dann kamen immer mehr rein. Und das war der Moment, als er mir eine Nachricht schickte: »Es funktioniert!« – inklusive eines passenden GIFs.

»Ich bin baff«, sagte Anthony. Ich, na ja, ich nicht. Ich weiß ja, dass es funktioniert, wenn man es anders macht. Man muss einfach nur ein bisschen experimentieren.

Als ich Anthony fragte, wie diese Erfahrung sein zukünftiges Marketing beeinflussen würde, sagte er: »Ich war immer recht sicher, dass mein Marketing sitzt, habe aber noch nie so viel Mühe reingesteckt. Mich zu fragen: ›Ist das anders?‹ und ›Wird das meinen idealen Interessenten ansprechen?‹ und ›Wie kann ich die Leute zu dieser einen Handlung bewegen?‹ Ich habe gelernt, dass mein Marketing zwar anders, aber eben auch wie ich sein muss. Ich möchte nichts vortäuschen, es soll meine Persönlichkeit widerspiegeln.«

Jetzt betrachtet Anthony sein Marketing als Ganzes, von Social Media bis Community-Engagement. Er stellt die wirklich wichtigen Fragen, die Grundlage des AAA-Marketing-Frameworks.

Glaub mir: Deine größte Herausforderung wird nicht sein, Ideen zu finden, sondern sie wirklich umzusetzen. Der Marketingguru und Autor Seth Godin nennt diesen Zustand im Kopf »the dip«, also die Senke. Er meint damit das, was passiert, nachdem man eine Idee hatte und sie unbedingt ausprobieren wollte: Man verspürt eine Absenkung des eigenen Enthusiasmus und zweifelt an sich selbst. Ich wünsche mir, dass die Anders-Machen-Experimente dir dabei helfen, durch diese Senke ziemlich schnell hindurchzufahren, weil es keine riesigen Marketinginitiativen sind, die monatelange Vorbereitungen vor der Ausführung brauchen. Wenn du experimentierst, probierst du Dinge schnell aus und du scheiterst oder findest etwas mit Potenzial eben genauso schnell. Experimentiere also schnell, aber beeile dich bei den Ergebnissen nicht zu sehr. Wie bei Teds Experiment liegt es nun mal in der Natur des Marketings, dass die potenziellen Kunden länger brauchen, der Anweisung auch wirklich zu folgen.

Fang dein Anders-Machen-Experiment jetzt an! Falls du das Gefühl haben solltest, du brauchst noch einen kleinen Schubs, um ins Handeln zu kommen, hier noch ein paar Tipps:

- Mach das Experiment zusammen mit anderen. Weil wir Angst vor der Zurückweisung durch andere in unserer Branche haben, hilft es, wenn wir uns als eine Gruppe von Anders-Machern zusammenfinden. Das hilft beim Durchhalten. Kasey Compton von Mindsight PLLC hat eine Gruppe von acht Fachleuten aus dem Bereich der psychischen Gesundheit, die sich gegenseitig beim Experimentieren unterstützen. Die meisten von ihnen wollen ihren Leadflow erhöhen und haben einige andersgeartete Marketingideen umgesetzt. Cymbria startete eine »Covid-nervt«-Kampagne; Heather hält mit ihrem Hund auf TikTok Sitzungen zur psychischen Gesundheit ab; Kasey versucht es mit umgekehrtem Graffiti. Und eine Erfolgsgeschichte aus dieser Gruppe kennst du ja bereits: Ernestina Perez' Videoexperiment aus Kapitel 4.

- Komm schnell ins Handeln. Je mehr Zeit du dir lässt, über deiner Idee zu brüten, desto geringer ist die Wahrscheinlichkeit, dass du sie wirklich umsetzt. Mir ist ein gescheitertes, halbherziges Experiment lieber als ein potenziell erfolgreiches in der Schublade, das aber leider nie durchgeführt wird. Es geht nicht darum, dass du Abstriche bei deinem Experiment machen sollst, das meine ich nicht, schließlich würde das das Risiko des Scheiterns erhöhen und somit dein Vertrauen untergraben. Ich meine damit nur, dass eine halbgare Idee immer noch eine Idee ist, und wenn du auf die perfekt ausgetüftelte Idee wartest, zahlst du den höchsten Preis von allen: verlorene Zeit. Handeln schlägt die Perfektion jedes Mal!

- Fang mit dem kleinsten, einfachsten Element deiner andersgearteten Idee an und bau sie von dort aus auf. Denk immer an Justin Wises Rat, die Schritte aufzudröseln, damit du heute mit dem ersten beginnen kannst.

- Kehre die Angst gegen sich selbst. Anstatt dich in den negativen Was-wäre-wenn-Szenarien zu verfangen und dir Gedanken darüber zu machen, was passieren könnte, wenn du es versuchst, frag dich stattdessen: »Welchen Preis zahle ich, wenn ich es *nicht* tue?«

- Wenn du sicherstellen willst, dass du das Andersmachen richtig umsetzt, schau mal bei uns und unseren Dienstleistungen unter differentcompany.co vorbei.

Als Mark Zuckerberg, einer der Gründer von Facebook, vor einer Gruppe von Jungunternehmern in der Y Combinator's Startup School in Palo Alto einen Vortrag hielt, sagte er: »In einer sich schnell verändernden Welt ist die einzige Strategie, die auf jeden Fall scheitern wird, die ohne Risiken.« Im Marketing geht es darum, schnell und klein genug zu scheitern, damit du in Windeseile herausfinden kannst, was funktioniert und was nicht. Geh also von zehn Fehlschlägen für jeden Erfolg im stark ausgerichteten Marketing aus, beim großvolumigeren, kostengünstigeren Marketing sind es sogar 100 oder gar 1000 Fehlschläge auf einen Erfolg. Verdammt, eine Plakatwand kann 500.000 Fehlversuche auf nur einen Erfolg haben, sich aber trotzdem lohnen! Allerdings wirst du nicht wissen, wie groß der Erfolg tatsächlich sein könnte, bis du es tatsächlich ausprobiert hast. Also, mach dich an die Arbeit und komm ins Handeln, statt zu perfektionieren. Du wirst ziemlich schnell herausfinden, ob dein andersgearteter Ansatz erfolgreich war, denn du wirst es durchziehen. Ich glaube an dich.

Du bist dran

Mach. Es. Einfach! Warte bloß nicht, bis die Bedingungen perfekt sind. Wird nämlich nie passieren. Plane noch vor Ende des Tages dein erstes Anders-Machen-Experiment, führe den ersten Schritt aus und zieh ihn durch. Wenn du ein Team oder einen Assistenten hast, gib die Liste an ihn weiter und delegiere. Wenn du jetzt sagst, es sei schon zu spät für heute: Hör endlich auf, dir (und mir) in die Tasche zu lügen, schließlich sitzt du gerade hier und liest dieses Buch. Unternimm gefälligst den nächsten Schritt, und zwar pronto!

Falls du immer noch nicht weiterkommst oder einfach nur weiterliest, ohne dich an die Arbeit zu machen, gebe ich dir im Folgenden vier Ideen mit auf den Weg und du musst eine davon umsetzen. Für jede brauchst du weniger als 5 Minuten und alle sind wahrscheinlich anders als das, was du normalerweise tust. Alle werden deinen Anders-Machen-Marketingmuskel trainieren. Hast du Bock?

1. Nimm dir ein leeres Blatt Papier zur Hand und schreib mit einem Filzstift an eine Person deiner nötigen 100 einen Brief, in dem steht: »Ich weiß, dass Sie mich nicht kennen, aber ich musste heute an Sie denken. Ich bin sehr beeindruckt von dem, was Sie mit Ihrem Unternehmen erreicht haben, und wünsche Ihnen weiterhin viel Erfolg.« Schreib deinen Namen und deine Handynummer dazu. Beachte bitte dabei, dass sich das Kompliment *wirklich* auf diese Person beziehen muss. Wenn sie also kein Unternehmen besitzt, dann schreib auch nicht »was Sie mit Ihrem Unternehmen erreicht haben«, sondern etwas, das für diese Person relevant ist und aus deiner Feder authentisch klingt.

2. Nimm ein Video auf, in dem du den Text aus der ersten Übung aufsagst. Dafür kannst du dein Smartphone oder ein Onlineprogramm nutzen. Schick das Video per E-Mail an deinen potenziellen Kunden, mit dem Betreff »Ich habe ein persönliches Video für Sie aufgenommen (versprochen)«.

3. Wenn du deine nötigen 100 potenziellen Kunden identifiziert hast, finde etwas, das ihnen persönlich gefällt oder womit sie irgendwie verbunden sind. Oft reicht dafür schon eine Onlinebiografie oder Social-Media-Seite aus. Besorge der Person ein damit verknüpftes Geschenk und schick es ihr mit einer Notiz: »Ich habe gesehen, dass Sie ein Fan von [Interessengebiet] sind. Das mag jetzt unerwartet sein, aber ich konnte es mir nicht nehmen lassen, es Ihnen zu schicken. Viel Spaß damit!« Füge deinen Namen und deine Handynummer hinzu. Wenn ich dein potenzieller Kunde wäre, würdest du beispielsweise schnell herausfinden, dass ich das Footballteam der Virginia Tech, Haarbänder aus den Achtzigern und Wanderungen mit meinem Hund mag. Eine Nachricht mit »Ich habe gesehen, dass Sie gern mit Ihrem Hund wandern gehen« und ein Virginia-Tech- oder ein Def-Leppard-Hundehalsband als Geschenk würde definitiv meine Aufmerksamkeit erregen.

4. Nimm dein Handy in die Hand und ruf Leute an. Hinterlass die folgende Nachricht: »Hallo, ich bin [dein Name] und bewundere Ihr Unternehmen und Ihr Tun. Ehrlich gesagt, wären Sie einer meiner Traumkunden. Ich möchte mich bei Ihnen daher melden und Ihnen mitteilen, dass ich alles tun werde, um Ihnen eine bisher ungekannte [Erfahrung/Dienstleistung/Produkt] zu bieten, falls Sie das möchten. Mein Unternehmen heißt [Firmenname] und Sie erreichen mich unter [Handynummer]. Bitte rufen Sie mich an oder schicken Sie mir eine SMS, damit wir uns mal unterhalten können. Vielen Dank!« Falls dich diese Art von Marketing abschreckt, solltest du wissen, dass du in 99,9 Prozent der Fälle auf einer Mailbox landen wirst. In den restlichen 0,1 Prozent der Fälle triffst du auf Gold.

Da hast du's. Du kannst jetzt dein eigenes Anders-Machen-Experiment durchführen oder dir eine der vier gerade vorgestellten Ideen aussuchen. Egal was du wählst, Hauptsache du gehst es an. Und zwar jetzt.

Lade dir unbedingt das Arbeitsblatt von gogetdifferent.com herunter. Die Rebellen unter euch können auch ein leeres Blatt Papier nutzen. Folge den beschriebenen Schritten. Und wiederhole sie endlos.

Ich bin dran

Ich weiß nicht, ob du jetzt auch so aufgeregt bist wie ich, aber der Moment der Wahrheit ist gekommen. Ich habe die Sache mit dem Baum-Bücherregal durchgezogen. Im Folgenden meine Dokumentation dazu. Kannst du dir schon denken, wie mein Urteil ausgefallen ist?

Phase 4: Messung

Intentionen	**Ergebnisse**
Startdatum: ______	Enddatum: ______
Geplante Stichprobe: ______	Erreichte Stichprobe: ______
Geplante Abschlussquote: ______	Erreichte Abschlussquote: ______
Geplante Investitionen: ______	Getätigte Investitionen: ______

Beobachtungen:

Urteil:	**Ausweiten & tracken** Als laufende Strategie benutzen	**Erneut testen** Neue Stichprobe testen	**Verbessern** Optimieren und erneut versuchen	**Aufgeben** Neues Experiment starten

Phase 4: Messung – die vierte und letzte Phase eines Anders-Machen-Experiments, in der die Marketingabsichten festgelegt und mit den tatsächlichen Ergebnissen verglichen werden sowie eine Entscheidung über das weitere Vorgehen getroffen wird

INTENTIONEN

Startdatum: 29. März 2020

Geplante Stichprobe: 2000 (250 pro Woche)

Geplante Abschlussquote: 400 neue Buchverkäufe

Geplante Investition: Einmalig 1750 Dollar für das Regal/die Halter

<u>Notiz auf der Rückseite:</u> Ich hatte ursprünglich 1200 Dollar geschätzt, die beste Größe für meine Wand kostete aber 1725 Dollar und die Halter ungefähr 25 Dollar.

ERGEBNISSE

<u>Enddatum:</u> 24. Mai 2020

<u>Erreichte Stichprobe:</u> 4000 (500 pro Woche)

<u>Erreichte Abschlussquote:</u> 5/6 belegte Exemplare (vielleicht sogar mehr?)

<u>Getätigte Investitionen:</u> einmalig 2200 Dollar (brauchte noch eine Beleuchtung)

<u>Beobachtungen:</u>

Die tatsächlichen Präsentationen per Video schossen dank der Covid-19-Pandemie in die Höhe. Die Umsetzung in Verkäufe war niedriger als erwartet, aber nachdem ich die Aufforderung angepasst hatte, stieg sie an. Ich änderte sie in »Kauft das Buch und unterstützt mich damit«. Ich machte Screenshots von Chats, um hinterher Gespräche nachvollziehen zu können. Ich erwähnte den Baum während der Präsentation, um das Gesehene zu bekräftigen.

<u>Urteil:</u> VERBESSERN Optimieren & erneut versuchen. Die Optimierung war einfach, denn die Aufforderung brauchte eine persönliche Begründung, damit es nicht nur dem potenziellen Kunden etwas brachte.

Hast du mein Urteil richtig erraten? Dieses Experiment verlief für mich viel besser als die meisten anderen und ich hatte von Beginn an mehr Erfolg als sonst. Juhuuu! Durch geringfügige Änderungen konnte ich 23 Prozent meines teilnehmenden Live-Publikums (mit Erlaubnis des Hosts) zum sofortigen Buchkauf animieren – dank des Baums. Das ist jetzt mein »normales« Marketing, bis andere es duplizieren und verwässern. Aber auch das wäre in Ordnung, denn ich habe bereits andere Tests durchgeführt und glaube, ich habe etwas, das noch viel mehr Bücher verkaufen wird.

KAPITEL 8:

So weißt du, dass es funktioniert

»Glaub den Geldbeuteln, nicht den Worten.«

Ich hatte einen Haufen »großartige Ideen«, während ich Olmec Systems zum Wachsen brachte – aber niemand interessierte sich für sie. Die Leute sagten mir, sie fänden mein neues Angebot gut. Meine engsten Freunde sagten mir, dass ihnen mein neuer Ansatz gefiele. Wenn ich die Leute zu einem neuen Produkt befragte, das gerade entwickelt wurde, versicherten sie mir: »Das würde ich sofort kaufen!« Als es dann aber an der Zeit war, Worten Taten folgen zu lassen, machten sie alle einen Rückzieher. Die Leute kauften einfach nicht und mein Frustrationslevel stieg ins Unermessliche. Ich hatte großartigen Idee und meine potenziellen Kunden sagten, sie wären interessiert – was zur Hölle machte ich also falsch?

Ich fragte Frank Minutolo, meinen beruflichen Mentor, was ich machen sollte. Daraufhin gab er mir diese weisen Worte mit auf den Weg, die ich seitdem immer bei mir trage: *Glaub den Geldbeuteln, nicht den Worten.* Ich hole immer noch Hinweise und Feedback ein, höre den Menschen immer noch zu, aber jetzt weiß ich, dass ich bei meinem Brainstorming viel zu parteiisch bin. Und glaub mir: So geht es den meisten Menschen.

Wenn dir jemand das sagt, was er glaubt, dass du hören willst, dann will er dich damit nicht ärgern, sondern denkt höchstwahrscheinlich, dass er dir damit einen Gefallen tut. Er will dich bestärken. Aber mach dir nichts vor: »Das würde ich sofort kaufen« heißt nicht, dass die Menschen es auch wirklich tun werden. Es heißt eher: »Ich möchte, dass du mich magst.« Menschen möchten Konflikte vermeiden. Sie wollen nicht mit dir diskutieren oder deine Gefühle verletzen. Also werden deine potenziellen Kunden, Freunde, Stammkunden und sogar Kollegen sagen, dass etwas eine »großartige Idee« sei, obwohl sie es in Wirklichkeit gar nicht ist. Oder sie sagen, dass sie es »definitiv kaufen würden« – obwohl das Gegenteil der Fall ist.

Deswegen führe ich Tests auf Basis meiner andersgearteten Ideen durch, um das Interesse anhand von *tatsächlichem* Interesse zu messen, Nachfrage nach *tatsächlicher* Nachfrage, um herauszufinden, ob die Menschen *tatsächlich* Geld dafür ausgeben würden. Sobald sich herausstellt, dass eine neue Produktidee nicht tragfähig ist oder ein neuer Marketingansatz nicht funktioniert, mache ich Nägel mit Köpfen und erspare mir so eine Menge Herzschmerz und verschwendete Ressourcen.

Folge ich immer Franks Rat? Natürlich nicht. Manchmal übermannt mein ungezügelter Enthusiasmus für meine »geniale« Idee meine Vernunft, dann vergesse ich, den Geldbeuteln zu vertrauen und gehe den Worten voll auf den Schleim. In Bezug auf die Sprachen der Liebe* bin ich durch und durch der Typ »bestätigende Wörter«. Wenn also jemand einen positiven Kommentar zu einer meiner verrückten Ideen abgibt, tendiere ich dazu, mich mit ganzem Herzen in dieses Vorhaben zu stürzen. Ich entwickle, mache und gebe Geld aus, denn ich weiß, dass dies das nächste große Ding werden wird. Aber in Wahrheit weiß ich es gar *nicht*. Worte sind schnell gesagt. Ich weiß erst wirklich, dass etwas begehrenswert ist, wenn die Menschen sich dafür von ihrem Geld trennen.

Du hörst das, was du hören willst, und glaubst es, weil deine Leute es nun mal zu dir gesagt haben. Wenn du den Wörtern mehr als den Geldbeuteln

---

* Falls du das Buch *Die 5 Sprachen der Liebe* von Gary Chapman noch nicht kennst, dann empfehle ich dir hiermit die sofortige Lektüre. Es wird dir bei jeglicher Kommunikation helfen, inklusive der mit deinen Lieben, Kollegen und (potenziellen) Kunden.

glaubst, wirfst du Ressourcen zum Fenster raus für eine Idee, ein Produkt oder eine Dienstleistung, obwohl wenige Menschen – wenn überhaupt jemand – dies(e) tatsächlich kaufen werden. Um das zu verhindern, miss lieber die tatsächlichen Handlungen.

In diesem Kapitel wirst du lernen, wie du dein Marketingexperiment messen kannst, um daraus schließen zu können, ob du es sofort auf den Markt bringen kannst, es verbesserungswürdig ist oder es auf den Schrottplatz gehört, weil es ein totaler Fehlschlag war.

Lieben es Fremde?

Ich habe das Bedürfnis, die »Geldbeutel-vor-Worten«-Strategie ein wenig auszuführen: Es zählt nicht, wenn Freunde deinen Kram kaufen. Sie wollen dich unterstützen, sie wollen, dass du erfolgreich bist. Und sie wollen auch weiterhin deine Freunde bleiben, also werden sie nichts tun, was deine Gefühle verletzen könnte. Also bemühen sie ihre Geldbeutel, während sie das zu dir sagen, was du hören willst, und tätigen die nötige Investition, um die Harmonie und Freundschaft zu erhalten, und in der Regel nicht, weil sie das Zeug wirklich wollen, das du verkaufst.

Mein Freund Jayden ist bekannt für seine Hackbällchen in Burger-Patty-Größe. Er bringt sie zu jedem Buffet mit und serviert sie bei jeder seiner Partys. Eines Tages teilte er uns als Gruppe mit: »Hey, ich denke gerade darüber nach, die Jayden's Big Boy Hackbällchen zu verkaufen. Alle lieben sie, wenn ich sie zu Hause zubereite, also habe ich mir überlegt, sie für Supermärkte herzustellen.«

Natürlich stimmte die Gruppe zu: »Großartige Idee!«, und er wurde von irreführenden, gefährlichen Lobhudeleien überflutet wie: »Wenn ich einen Supermarkt besäße, würde ich sie natürlich kaufen!« Es war Jaydens erster Fehler, dass er diesem Chor der Zustimmung glaubte, der von einer Reihe an hypothetischen »Wenn-ich«-Sätzen scheinbar bekräftigt wurde.

Von diesen Segnungen bestärkt, mietete er sich eine Großküche, kaufte Zubehör und Zutaten. 5000 Dollar später hatte er 200 Hackbällchen, die irgendwie merkwürdig schmeckten. Es sollte sich herausstellen, dass die

Rezepte der heimischen Küche nicht so leicht auf eine Großküche zu übertragen waren. Also veränderte Jayden das Rezept. Er investierte Geld in die Verbesserung des Prozesses, bis er endlich zufrieden war mit dem Resultat und meinte, er hätte jetzt Hackbällchen, die sich für den Verkauf im Supermarkt eigneten. Er kam also auf unsere Gruppe zurück und ließ sie uns testen. Als er uns fragte, wie sie uns schmeckten, überschlugen sich alle mit positiven Kommentaren: »Wie zu Hause«, »Ich liebe sie!« und »Gut gemacht, Jayden!«

Dann fragte Jayden uns, ob wir die Hackbällchen auch kaufen würden. Erneut erhielt er nur positive Rückmeldungen: »Natürlich!«, »Und wie!« und »Gar keine Frage!«

Als sich die Produktionsmenge änderte, veränderte sich auch die Rezeptur weiter. Jayden gab erneut 5000 Dollar für weitere Tests und Verpackungsprototypen aus. Dann brachte er das Ergebnis wieder zu unserer Gruppe und fragte uns dieses Mal, ob wir ihm welche abkaufen würden. Alle holten 60 Mäuse für ein paar Packungen aus der Tasche. Jayden war begeistert. Er hatte mehr Geld mit dem Verkauf in 30 Minuten verdient, als er sonst an einem Tag in seinem regulären Job verdiente. Er war jetzt voll dabei!

Alle seine Freunde liebten seine Hackbällchen. Alle seine Freunde kauften seine Hackbällchen. Offensichtlich würde sein Hackbällchen-Unternehmen ein Renner werden.

Erzähler mit tiefer Stimme aus dem Off: »Er lag daneben. Völlig daneben.«

Du kannst dir schon denken, was dann passiert ist, oder? Jayden kündigte seinen Job und fand eine Großküche, die er auf Monatsbasis anmieten konnte. Er investierte in die nötige Ausrüstung: große Töpfe, noch größere Mixer. Er mietete zwei große Kühlschränke an und installierte eine Reihe Herde. Er kämpfte sich durch die Inspektionen, feilte an der vakuumversiegelten Verpackung und arbeitete rund um die Uhr, um seine Hackbällchen auf den Markt zu bringen.

Zwei Monate und satte 75.000 Dollar später war er bereit für den Start. Die erste Ladung Hackbällchen lief vom Band – 2.400 übergroße Hackbällchen, verpackt in Schachteln à zwölf Stück. Er suchte in Supermärkten und Restaurants nach Käufern, aber – hier wieder der Erzähler aus dem Off – »niemand wollte sie haben«. Er traf persönlich einen nach dem anderen, aber selbst nachdem sie die Hackbällchen probiert hatten, lehnten sie jedes Mal ab.

In seiner Verzweiflung kam er zu uns, seinen Freunden, zurück und fragte: »Ich habe extra Packungen gemacht. Wer will sie kaufen?« Diesmal hörte er eine andere Reihe von Kommentaren: »Ich habe noch welche übrig«, »Tut mir leid, Mann, aber ich habe Hackbällchen gerade über« und »Ich möchte bis zu den Feiertagen warten«.

Jayden ließ sich nicht entmutigen und gab alles. Er suchte weitere Geschäfte und Restaurants auf, doch niemand wollte seine Hackbällchen kaufen. Er brachte unseren örtlichen Supermarkt dazu, ein paar Pakete auf Kommission zu nehmen, aber sie verkauften nur drei Einheiten in vier Wochen.

90 Tage nachdem er seine Freunde zum ersten Mal wegen seiner Geschäftsidee gefragt hatte und nun seine Ersparnisse weg waren, musste Jayden akzeptieren, dass er am Ende der Fahnenstange angekommen war. Sein Traum vom Unternehmertum war gescheitert, weil er auf das Feedback seiner Freunde gesetzt hatte. Sein »eindeutiger Beweis« war gar keiner gewesen.

Übrigens war ich einer der wenigen gewesen, die dagegen gestimmt hatten. Wer kauft denn bitte eine Zwölferpackung Hackbällchen in Hamburgergröße? Wenn ich für meine fünfköpfige Familie koche, brauchen wir vielleicht acht Stück – und das auch nur, wenn wir Reste haben wollen. Aber zwölf? Wer auf diesem Planeten will über 30 Dollar für eine Riesenpackung Hackbällchen ausgeben, egal wie gut sie schmecken?

Jaydens Idee bestand den Anweisen-Test nicht. Er verlangte zu viel und das zu früh. Zwei Big-Boy-Frikadellen verkaufen, vielleicht drei, aber zwölf? Nein. Ich habe sogar eine schnelle Websuche bei Google mit der Frage durchgeführt: »Was kostet ein Zwölferpack Hackbällchen?« Und die Antwort lautete: »Was zum Teufel? Wer kauft denn so etwas?« Dann stürzte das Internet ab.

Bitte verlass dich nicht auf die netten Kommentare deiner Lieben. Falls sie bei dir kaufen, betrachte das als Spende, aber niemals als Beweis, dass sie deinen Kram wirklich lieben. Wenn Menschen, die du kennst, dir sagen, dein Marketing sei großartig, können sie nicht über ihre eigene Voreingenommenheit hinwegsehen, weil sie dich lieben oder dich nicht beleidigen wollen – oder beides. Die Wahrheit erfährst du nur von Fremden. Wenn du also Menschen, die dich nicht kennen und denen deine Gefühlslage völlig egal ist, dazu bringen kannst, das zu tun, was du willst, dann – und nur dann – weißt du, dass an der Sache etwas dran ist. Bring also Fremde zum Kaufen. Erst *das* ist der Beweis.

Hol dir die Bestätigung, dass deine Idee funktioniert, indem du potenzielle Kunden (also Fremde) im Voraus um Geld bittest, mithilfe einer Vorauszahlung eines Teils oder sogar des vollen Betrags. Wenn die Leute dazu nicht bereit sind, kannst du anhand ihrer Handlungen ablesen, dass sie keinen Wert in deinem Angebot sehen. Natürlich ist Ideen-Feedback von Menschen, denen du vertraust, immer eine gute Idee, aber eben auch nur, wenn diese bereit sind, unbequeme Wahrheiten statt bequemer Lügen zu erzählen. Denn wenn Letzteres der Fall ist, dann … na, ahnst du's? Dann kannst du ihnen nicht trauen.

Auch wenn es bei deinem Marketing darum geht, die Leute durch verschiedene Schritte zum endgültigen Verkauf zu führen, kannst du das Ganze vorher auch mithilfe von Tauschgeschäften testen: Wenn du eine kostenlose PDF-Datei anbietest, dann verschick sie nicht einfach wahllos, sondern bitte die Fremden im Gegenzug um etwas – ihre E-Mail-Adresse, ihre Telefonnummer, einen Dollar. Du erfährst die Wahrheit durch solche Tauschgeschäfte mit Fremden. Wenn du hingegen deine Freunde fragst, bewegst du dich auf der Ebene der Rücksichtnahme und Unsicherheit: das freundschaftliche Band zwischen euch, die gesellschaftlichen Umgangsformen und die Tatsache, dass man zu oft das sagt, was der andere hören will, statt das, was er eigentlich hören müsste.

Teste es jetzt

Am Montag, den 13. Januar, schlug Austin Karp eine Marketingidee vor.

Am Dienstag, den 14. Januar, war diese Idee in die Tat umgesetzt.

Am ersten Tag seines Praktikums bei den Savannah Bananas meldete sich Austin während der wöchentlichen Brainstorming-Sitzung und fragte: »Was wäre, wenn wir den Kunden, wenn wir ihnen für den Ticketkauf am Telefon danken, dies mit einem Rap täten?«

Die Savannah Bananas hatten seit ihrer Gründung jeden Kunden angerufen, um sich persönlich für den Ticketkauf zu bedanken. Ja, sie riefen jede einzelne Person an. Das ist Anders-Machen im Kundenservice.

Jesse, der nach wie vor viele dieser Anrufe selbst tätigte, erwiderte: »Interessante Idee. Und weiter?«

Er hatte nicht erwidert: »Lass uns das mal durchsprechen.«

Er hatte nicht erwidert: »Ja, aber …«

Er hatte nicht erwidert: »Okay, wer mag das machen?«, gefolgt von einer friedhofähnlichen Stille.

Jesse hatte stattdessen einen schnellen AAA-Test in seinem Kopf durchgeführt: ein Telefonanruf oder eine Nachricht auf dem Anrufbeantworter als Rap. Kann es nicht ignoriert werden (Auffallen)? Check!

Würden die Leute davon ausgehen, dass dies die neueste Betrugsmasche à la nigerianischer Prinz sei? Wahrscheinlich nicht. Wenn man eine Nachricht erhält, in der es heißt: »Hallo, hier sind die Savannah Bananas, danke für den Ticketkauf. Wir haben hier einen kleinen Rap für dich …«, war das gerade interessant, lustig und schräg genug, um die Neugierde zu wecken. Ist es eine sichere Chance (Anziehen)? Vermutlich ja.

Das ideale Marketingresultat (der Sieg) lautete, die Leute für das Spiel, das sie besuchen würden, anzuheizen. Es dürfte eher unwahrscheinlich sein, dass die Leute nach dem Danke-Rap ihren Kauf bereuten, stattdessen dürften sie sich noch mehr auf den Spaß im Stadion freuen. Wahrscheinliche Handlung des Kunden: das Spiel besuchen. Ist es eine spezifische und angemessene Anweisung? Check!

Jesse weiß, dass das Geheimnis des Anders-Machen-Marketings darin liegt, jedes Mal zu fragen: »Ist das im Sinne des AAA?« Und das möglichst schnell, um herausfinden, ob es die Zeit wert ist oder nicht. Dabei darf man sich nicht verzetteln, sondern muss schnell testen. Die Daten werden dann schon auf die Wirksamkeit hinweisen.

Da das AAA-Marketing-System noch neu für dich ist, kann es anfangs ein paar Minuten dauern, bis du dich damit vertraut gemacht hast und zu einer Entscheidung kommen konntest, ob oder ob nicht. Jesse hat dies in Sekundenschnelle geschafft – mit ein wenig Übung kannst du das auch irgendwann. Die Entscheidung, einen »Rap-Dankeschön«-Test zu starten, fiel also innerhalb von zehn Sekunden, nachdem die Idee das erste Mal geäußert worden war.

»Aber … ich kann gar nicht singen«, sagte Austin daraufhin. »Und ich stelle mich echt ungeschickt beim Rappen an. Also wirklich, *wirklich* ungeschickt.«

Jesse grinste ihn an: »Noch besser. Du bist jetzt Austin, der schräge Rapper.«

Nach den Brainstorming-Sitzungen der Savannah Bananas sollen die Ideen immer innerhalb von 24 Stunden umgesetzt werden. Das heißt mit einer Nacht Schlaf (oder fünf Dosen Red Bull) vom Konzept bis zur Umsetzung. Jesse weiß, dass Handeln wichtiger ist als Nachdenken, dass Probieren über Studieren geht – und letztlich die Ticket- und Merchandise-Verkäufe zählen. Er will eine neue Idee gleich am nächsten Tag umgesetzt sehen, damit er von den *Kunden* erfahren kann, ob sie funktioniert. Also sammelt er Daten und wenn der Test bestanden ist, setzt er aufs Ganze. Wenn er scheitert, ist das nicht weiter schlimm, denn dann weiß er, dass er etwas gefunden hat, das nicht funktioniert, und geht zu anderen Ideen und deren Tests über.

»Das Problem mit traditioneller Ideenfindung und dem kreativen Brainstorming«, erklärt Jesse, »ist, dass es dort versandet. Niemand wird mit der Durchführung beauftragt, niemand wird aktiv. Die Idee verschwindet einfach in der Schublade mit den zahllosen anderen, längst vergessenen ›großartigen‹ Ideen. Aber eine Idee ist erst nach ihrer Umsetzung großartig.«

Es gibt laut Jesse bei den Savannah Bananas eine Regel: »Die Person mit der Idee hat den Hut auf. Sofern kein anderer ein Argument vorbringt, dass er oder sie besser dafür geeignet ist, bleibt die Idee fürs Erste beim Erfinder.« Aber die Umsetzung hängt nicht nur bei dieser Person, auch wenn sie bei dem Projekt federführend sein mag: Das gesamte Team besteht aus Anders-Machern. Es ist Jesses Ziel, dass *alle* mit anpacken und ihre Anders-Machen-Marketingmuskeln trainieren.

Austin tätigte seinen ersten Dankes-Rap-Anruf am Morgen nach der Sitzung. Einige Kollegen hörten zu und amüsierten sich, andere spielten ihre eigenen Rap-Nachrichten ihren Freunden vor, ein Fan schickte sogar einen Rap zurück. Der springende Punkt war, dass die Aktion zu Rückmeldungen führte. Nichts Großes. Aber welcher eingefleischte Savannah-Bananas-Fan, der Albernheiten liebte, würde nicht gerne einem ungeschickten Praktikanten zuhören, der schräge Raps von sich gab?

Jesse erzählte mir, dass in der kommenden Saison das gesamte Ticketing-Personal die Dankeschöns rappen würde. Austins andersgeartetes Marketing hatte es durch das »Anders-Machen-Experiment«-Arbeitsblatt geschafft, das jetzt den Stempel »Ausweiten & tracken« trägt. Mit anderen Worten: Der total bananige Rap ist jetzt Teil des Marketingplans der Bananas. Da sie schon immer alle Ticketkäufer persönlich angerufen hatten, belaufen sich die geschätzten Kosten pro Anruf auf weniger als zehn Sekunden zusätzlicher Arbeitszeit. Der Ertrag lässt sich zwar nur schwer in Verkäufen oder Käufen an den Imbissständen messen, aber dafür umso besser anhand der zahlreichen Postings in den sozialen Medien: Die Raps haben noch mehr Fans dazu inspiriert, sich online mit ihren Freunden über die Bananas auszutauschen. Und abgesehen von der Covid-19-Zeit waren die Bananas jede Saison ausverkauft.

Du hast wahrscheinlich schon mal das Sprichwort »Wer zögert, verliert« gehört. Lass uns das ein wenig anpassen: Wir, die zögern, verlieren. Denn das sind wir selbst. Verloren im gigantischen Ozean der Gleichförmigkeit. Verloren in dem Fegefeuer, in dem gute Ideen und gute Absichten dem Tode geweiht sind. Verloren in der unternehmerischen Armut. Also zögere nicht, sondern werde aktiv und starte dein nächstes Anders-Machen-Experiment. Fordere dich selbst – oder dein Team – auf, in den nächsten 24 Stunden loszulegen. Falls du doch etwas mehr Zeit brauchst, weil noch Ressourcen fehlen oder etwas entwickelt werden muss, kannst du dir auch eine Woche Zeit nehmen. Aber nicht länger! Teste jetzt. Teste schnell.

Ich habe zehn Jahre lang für dieses Buch recherchiert und das Ergebnis ist eindeutig. Jeff Walker, Jesse Cole, Ernestina Perez, Anthony Sicari, Kasey Anton, Gabriel Piña und alle anderen Marketinggenies machen immer nur eines: Sie testen ihre Ideen schnell, damit deren Funktionalität schnell bestätigt wird. Sie wissen, dass es riskanter ist, nichts zu tun, nur Hypothesen aufzustellen, auf Ratschläge und Meinungen zu hören, statt sich auf tatsächliche Ergebnisse zu verlassen. Also wird nicht ziellos Zeit vertan, sondern ein Test vorbereitet und durchgeführt. Und genau das musst du auch tun.

Die OMEN-Methode des Marketings

Diese Methode, um die Resultate eines Anders-Machen-Experiments zu messen, klingt eher dunkel – okay, es klingt sogar *ominös* –, aber letztlich ist es wirklich nur ein Akronym. Ich habe die OMEN-Methode das erste Mal in meinem Buch *Prio 1* vorgestellt, weil sie dabei hilft herauszufinden, welche Veränderungen dein Unternehmen wirklich voranbringen können. Schauen wir uns die Bestandteile von OMEN mal an.

Objektives Ziel: Was ist das angestrebte Ergebnis? Willst du mehr qualifizierte Kunden? Willst du neue Abonnenten für deinen Verteiler oder Social-Media-Kanal? Willst du, dass Leute dein Angebot bewerben? Vergiss dabei nicht, dass der Sieg deines Marketings das endgültige, das ultimativ angestrebte Resultat ist. Manchmal erfordert der Sieg jedoch mehrere Schritte und daher solltest du deine potenziellen Kunden immer zu einer *bestimmten* Handlung anweisen statt zu einer Reihe von Handlungen. Das Ziel deines Anders-Machen-Experiments ist also der erste Schritt, der dich in Richtung Sieg führt.

Messungen: Was wäre ein erfolgreiches Ergebnis? Brauchst du beispielsweise zehn neue Kunden pro Woche, die mindestens 500 Dollar pro Transaktion ausgeben? Willst du 50 neue Abonnenten? Willst du 1000 Leute dazu kriegen, deine Promotion zu übernehmen?

Evaluationsfrequenz: Wie oft misst du den Fortschritt? Die meisten Unternehmer können äußerst gut das objektive Ziel und dessen Messungen festsetzen, aber verdrängen das Ganze dann. Sie legen ein Ziel fest, gehen wieder zum Tagesgeschäft über, um dann Monate später festzustellen, dass sie irgendwie vom Weg abgekommen sind. »Ach ja, stimmt … Was ist eigentlich aus Projekt XY geworden?« Das wäre, als würde man sich vornehmen, 5 Kilo in diesem Jahr abzunehmen, um dann im nächsten Jahr festzustellen, dass man eher 5 Kilo zugenommen hat. Leg am besten fixe Termine für die Fortschrittskontrollen in deinem Kalender an. Plane sie für die Nachverfolgung ein.

Nähren: Wenn du deine Fortschritte überprüfst, was könntest du verändern, um sie weiter zu verbessern? Waren die festgelegten Ziele und Maßnahmen die richtigen? Wenn du die Fortschritte im Verlauf bewertest, fallen dir Punkte auf, die geändert, optimiert, verstärkt oder aufgegeben werden müssen? Wenn ja, nimm die entsprechenden Änderungen vor und mach weiter.

Robin Robins ist eine der beeindruckendsten Vermarkterinnen, die ich je kennengelernt habe. Schon ihr Name ist ein Marketing-Geniestreich. Er ist leicht zu merken und macht neugierig. Gut gespielt, Robin. Gut gespielt.

Die Veränderung ihres Marketings war für Robin so einfach wie das Hinzufügen eines dieser Geschäftsschilder, die man auf den Schreibtischen der Leute sieht, nur dass es bei ihr ein virtueller Schreibtisch war. Sie entwickelte einen Marketingprozess, den sie »Shock & Awe« nennt. Bei dessen Entwicklung führte sie ein Experiment mit einer individuellen Webseite für jeden potenziellen Kunden durch. Zunächst erhielten die Interessenten eine Postwurfsendung, in der sie zum Besuch einer speziell für sie erstellten Webseite eingeladen wurden. Auf dieser Seite befand sich dann ein virtueller Schreibtisch mit Telefon, Tablet und Visitenkarten – also alles, was man auf einem echten Büroschreibtisch sehen würde.

Die Ergebnisse waren eher mau. Die Seite wurde zwar besucht, aber es kam nicht zu den angestrebten Anfragen durch potenzielle Kunden. Aber Robin ist für zwei Dinge als »unerbittlicher Rotschopf« bekannt: ihre roten Haare und die Tatsache, dass sie nie aufgibt. Sie ließ den Webdesigner ein Namensschild mit dem Namen des potenziellen Kunden in großen, fetten Lettern ganz oben im Bild anbringen. Das war das Nonplusultra der Personalisierung. So pflegt man sein Anders-Machen-Marketing. Und so konnte Robin die Konversionsrate auf ihrer Webseite um mehr als 200 Prozent steigern.

Denk daran: Nur weil du dein Anders-Machen-Experiment gestartet hast, heißt das noch lange nicht, dass es perfekt sein muss. Achte auf die Handlungen der Menschen, vergleiche sie mit deinen Zielen und Maßnahmen, und nähre das Ganze dann dementsprechend.

In *Prio 1* erkläre ich, dass Unternehmen ebenso wie Menschen einer Bedürfnishierarchie unterliegen. Bevor wir über unseren Grad der Selbstverwirklichung nachdenken können, müssen wir zunächst sicherstellen, dass wir Luft zum Atmen haben, nicht verhungern und in Sicherheit sind. Im Geschäftsleben ist diese Basisstufe der Umsatz. Ohne Einnahmen haben wir nichts. Und der Verkauf beginnt mit dem Marketing. Mit anderen Worten: Marketing ist wichtig. Sehr wichtig. Bitte – und das ist eine wirklich große Bitte – leg deine Messgrößen so fest, dass sie sich auf das umsatzfördernde Marketing konzentrieren.

Eine Überzeugungsstrategin und eine der authentischsten und andersartigen Vermarkterinnen, die ich kenne, Bushra Azhar, sagte mal: »Dein Geschäft läuft über den Verkauf. Nicht über Likes. Nicht Fans. Nicht Follower. Nicht E-Mail-Adressen. Wirklich nichts von alledem – einzig die Verkäufe zählen. Also, vermarkte dich jeden Tag, vermarkte dich mit Stolz, vermarkte dich mit Integrität. Vermarkte dich mit Begeisterung. Werde besser darin und mache jede Menge Angebote. Verfolge es weiter. Stupse die Leute an. Erinnere sie daran, was sie verpassen könnten, und zwar so, als hinge dein Geschäft davon ab. Denn das tut es.«

Dein Geschäft hängt von deinen Verkäufen ab. Und deine Verkäufe von deinem Marketing. Lass uns also lieber sicherstellen, dass dein Anders-Machen-Experiment dieses Grundbedürfnis befriedigt.

Verpass deinem Marketing einen Schlüssel

Alle Direktvermarkter nutzen eine bestimmte Technik: den Schlüssel. Für jede Marketingkampagne fügen sie eine eindeutige und nachverfolgbare Handlung ein – statt für alle Kampagnen dieselbe. Nehmen wir an, du willst ein Produkt verkaufen, das den Leuten dabei hilft, mit dem Vapen aufzuhören. Dafür versendest du zwei verschiedene Mailings. Das erste zeigt ein Bild eines Babys, eine Zigarre rauchend. Darunter steht »Vapen ist noch schlimmer. Besuchen Sie also stopvapingfast.com«. Das zweite zeigt ein Bild einer älteren Frau mit Falten im Gesicht beim Vapen und darunter steht: »Sarah ist zweiundzwanzig Jahre alt! Gehen Sie zu neverevervape.com«.

Ist dir aufgefallen, dass beide auf eine Webseite für weitere Informationen verweisen, aber sie unterschiedliche Schlüssel – also in dem Fall verschiedene URLs – haben? Eines der Mailings führt zu stopvapingfast.com und das andere zu neverevervape.com. Wenn du dann die Click-Through-Rate jeder Webseite verfolgst, kannst du feststellen, welche besser funktioniert.

Mithilfe eines Schlüssels kann jede Marketingkampagne eindeutig vermessen werden, weil sie mit einer bestimmten Anweisung verbunden ist, auch oder gerade weil der Interessent den Schlüssel nicht kennt.

Denk noch mal an den Radiospot meines Freundes Anthony Sicari: Er hat einen Schlüssel für diese Radiowerbung erstellt, indem er die Leute zu solaranthony.com schickte. Da dies der einzige Hinweis auf diese Webseite war, konnte er die Ergebnisse dieser einen Werbekampagne messen. Simpel!

Du musst wissen, was funktioniert und was nicht, also füge deinem Marketing möglichst immer einen Schlüssel bei, damit du die Ergebnisse leicht nachverfolgen kannst. Dafür kannst du unterschiedliche Webseiten oder Telefonnummern, Telefonnummern mit verschiedenen Durchwahlen, verschiedene Anschriften, die im c/o alle an dich gehen, eindeutige Gutscheincodes und vieles mehr verwenden.

Selbst wenn deine Anweisung die Leute dazu auffordert, persönlich irgendwo aufzutauchen, kannst du den Treffpunkt bei den unterschiedlichen Kampagnen ändern, um zu sehen, was funktioniert. Nehmen wir mal an, du hättest gern eine Gruppe Menschen bei einer Veranstaltung im Park um die Ecke. Dafür lässt du drei verschiedene Marketingexperimente laufen und wählst für jedes einen anderen Treffpunkt im Park aus – Eingang, Pavillon oder Teich. Dann schaust du dir an, wie viele Personen an den einzelnen Orten erscheinen, und weißt so, welcher Ansatz am besten funktioniert hat, um Leute zu deiner Veranstaltung zu locken.

Falls du noch nie einen Schlüssel benutzt hast, mach dir bewusst, dass er schon bei dir benutzt wurde. Hast du schon mal eine Radiowerbung oder einen Podcast gehört, in dem es hieß: »Sag einfach, dass Joe dich geschickt hat, dann bekommst du 10 Prozent Rabatt«? Joe ist ein Schlüssel. Die werbespezifische Webseite von Anthony Sicari ist ein Schlüssel. Ist dir schon mal ein und dasselbe Werbe-Pop-up auf verschiedenen Webseiten aufgefallen, die du besucht hast? Hier ist der Schlüssel ein sogenannter Cookie, der auf deinem Computer abgespeichert wurde, als du dir das neue Auto oder was auch immer angesehen hast. Jetzt wissen die Werbetreibenden, welche Webseite dein Interesse geweckt hat, und verwenden diesen Cookie, um dir weiterhin Anzeigen zu präsentieren.

Ein Schlüssel wird genutzt, um herauszufinden, welches Marketing das Interesse des potenziellen Kunden ausgelöst hat, damit man diese Daten nutzen kann, um weitere potenzielle Kunden besser ansprechen und die Wahrscheinlichkeit einer Konversion erhöhen zu können. Denn je mehr du über deine potenziellen Kunden weißt, desto einfacher ist der Verkauf bei ihnen. Und je mehr du darüber weißt, woher sie kommen, desto einfacher ist es, mehr über sie zu erfahren und dieses Wissen zu deinem Marketingvorteil zu nutzen. Der Schlüssel zum Erfolg ist ein Schlüssel.

Jason Iversons erstes Anders-Machen-Experiment scheiterte. Der Inhaber von Iverson's Barber Shop in Sacramento musste, wie so viele in der Friseurbranche, während der Corona-Lockdowns einen enormen Geschäftsrückgang hinnehmen. Selbst nachdem die Beschränkungen aufgehoben wurden und er wieder öffnen durfte, lief das Geschäft um 30 Prozent schlechter als vorher. Die Menschen arbeiteten jetzt von zu Hause aus, daher schauten weniger Menschen auf dem Heimweg spontan beim Friseur vorbei. Andere Leute hatten sich selbst das Haareschneiden beigebracht oder sie ließen es von einem Familienmitglied erledigen. Jason konnte kaum seine Grundkosten decken und brauchte 20 bis 30 neue Kunden pro Woche, um es wieder auf die Beine zu schaffen.

Er versuchte sich an einem Anders-Machen-Experiment, bei dem er eine Zielgruppe ansprechen wollte, die sonst niemand anzusprechen schien: die Spartan-Race-Teilnehmer. Hast du davon schon mal gehört? Die sind knallhart, der Neidauslöser aller Speedwalker. Jason bemerkte, dass die Spartaner am Freitag vor dem samstäglichen Rennen für einen Irokesenschnitt in seinen Salon kamen, und dann am Sonntag in den Laden *zurückkehrten*, um sich den Kopf wieder arbeitstauglich für Montag stutzen zu lassen.

Also schloss sich Jason mit Fitnessstudiobesitzern zusammen und versuchte es mit einem Preisnachlass hier (Jasons Salon) und einem Preisnachlass dort (dem Fitnessstudio). Aber niemand sprang darauf an. Er versuchte es mit einem speziellen Sonderschnitt namens »SpartanSpike« und lud die Fitnessstudiobesitzer dazu ein, diesen als exklusives Angebot zu nutzen, um den Mitgliedern des Fitnessstudios ein Gefühl der Priorität, Wichtigkeit und

Besonderheit zu geben, weil sie diesen Schnitt nur dank ihrer Mitgliedschaft erhalten würden. Doch wieder sprang niemand darauf an. Ohne pandemisches Geschehen hätte ich ihm zur weiteren Optimierung des Experiments geraten, denn er hatte bereits den Beweis, dass diese Leute den Haarschnitt wollten. Allerdings konnte er an der Tatsache, dass niemand wusste, ob die Spartan-Rennen tatsächlich stattfinden würden oder nicht, nichts ändern.

An diesem Punkt würden viele aufgeben und wieder zu mittelmäßigem Marketing zurückkehren. Nicht aber Jason. Er ging zurück ans Zeichenbrett und entschied sich für einen Versuch bei einer anderen Zielgruppe: bei Menschen, die sich zwar die Haare schneiden lassen wollten, aber eben auch wegen Covid-19 und der Ansteckungsgefahr sehr vorsichtig waren, weil sie die Krankheit nicht an ihre Angehörigen weitergeben wollten. Jason kannte diese Vorsicht nur zu gut, denn er pflegte seine Mutter, bei der im Falle einer Ansteckung mit dem Virus ein hohes Komplikationsrisiko bestünde. Daher hatte er in seinem Friseursalon zusätzliche Sicherheitsvorkehrungen eingeführt, die über die gesetzlichen Vorschriften hinausgingen.

Jason erstellte also ein Video, in dem er diese Vorkehrungen sowie die von ihm verwendeten Reinigungs- und Desinfektionssprays und -produkte in Krankenhausqualität erläuterte. Zudem erklärte er, dass die Gesundheit seiner Kunden und seines Teams für ihn oberste Priorität habe. Er warb nicht nur für saubere Schnitte, sondern für *saubere*, saubere Schnitte.

Dieses Mal funktionierte es und innerhalb weniger Tage hatte er drei neue Terminanfragen. Außerdem stellte er fest, dass seine Bestandskunden untereinander aktiv über die Covid-19-Vorsichtsmaßnahmen sprachen, die Iverson's Barber Shop getroffen hatte. Was bedeuten dürfte, dass dieser Dialog wohl auch unter Freunden stattfand.

Misserfolge kommen vor, das gehört zur Natur des Marketings – aber sie sind auch der Schlüssel zu deiner Größe. Denn ein Misserfolg bedeutet gleichzeitig, dass du es versucht hast. Wenn du das nicht tust, bist du noch vor dem Start aufgeschmissen. Gleichzeitig sind kleine Erfolge die Norm und summieren sich zu großen Erfolgen.

Auch wenn die Leute bei Jason nicht mit den vorgegebenen anderthalb Metern Abstand Schlange vor dem Salon gestanden haben, um eingelassen zu werden, so führte seine neue Initiative immerhin zu drei neuen Kunden in ebenso vielen Tagen. Auch wenn er mit seiner neuen Marketingidee keinen Homerun geschlagen hat, so hat er doch die erste Base erreicht. Dies verdient das AAA-Urteil »Optimieren und erneut versuchen«.

Das ist wie Gewichtheben, um Muskeln aufzubauen. Man sieht nicht über Nacht durchtrainiert aus, sondern muss sie mit der Zeit aufbauen, gegen allen Widerstand. Man wird stärker, wenn man sich dem Schmerz stellt, nicht wenn man ihn vermeidet. Man gewinnt dort, wo man Schmerzen besiegt.

Ich weiß, dass ich wachse, wenn ich mich der Kritik und dem Schmerz des Scheiterns stelle, dennoch muss ich mich fast jedes Mal dazu überwinden. Es ist nicht so, dass ich aufwache, mir auf die Brust klopfe und rufe: »Ich bin der Größte!«, bevor ich in den Tag mit seinen mindestens 18 Risiken starte. Ich glaube, wenn dem so wäre, hätte ich keine Freunde. Nein, im Gegenteil, mein innerer Dialog bezüglich der Marketingrisiken dürfte deinem wohl recht stark ähneln: (1) Ich habe eine Idee, (2) ich glaube, sie verkauft sich besser als geschnitten Brot, (3) ich rechne mir Zeit und Mühe dafür aus, (4) ich mache mir Sorgen darüber, was andere denken werden, und (5) ich benutze dies als Ausrede, es nicht zu tun, indem ich es als zu schwierig oder als Zeitverschwendung abtue, und dann (6) lasse ich meine Idee fallen oder mache halbe Sachen und (7) nehme meine mangelnde Anstrengung für andersgeartetes Marketing als Beweis dafür, dass es einfach nicht funktioniert.

Um diese negativen Gedanken zu überwinden, hole ich mir Inspirationen von geliebten Menschen und Unternehmen. Fakt ist: In Bezug auf ihre Haare sind Def Leppard die beste Band der Welt – das diskutiere ich gern mit dir bis zum Tod. *Aber* ungefähr 90 Prozent ihrer Songs sind scheiße. Sie haben mehr als 100 Songs, von denen du noch nie gehört haben wirst, und das ist sogar für einen etwas zu begeisterten Leppard-Fan wie mich eine gute Sache. Denn diese investierte Zeit wäre ein für alle Mal verloren. Ich glaube immer noch, dass sie die Band mit den besten Haaren aller Zeiten sind, auch wenn sie den Song »Unbelievable« produziert haben, der, was soll ich sagen, wirklich unglaublich grottig ist. Einige deiner »Marketing-Songs« werden auch wirklich unglaublich sein: nämlich unglaubliche Flops. Die wenigsten werden von mehr als ein paar Leuten wahrgenommen, die rein zufällig eingeschaltet oder gerade hingehört oder hingesehen haben. Einige sind vielleicht sogar so schlecht, dass sie überhaupt keine Sendezeit bekommen. Das ist in Ordnung, denn das liegt in der Natur der Sache. Es geht einzig darum, weiter zu produzieren, es weiter zu versuchen, weiter Risiken einzugehen, denn während einige deiner Experimente totale Fehlschläge sein werden, werden andere epische Erfolge sein. Ich spreche hier von einem »Rock-of-Ages«-Niveau. Du musst einfach deinen Kram rausbringen, messen und weitermachen, auch wenn sich der Erfolg »unglaublich« anfühlt. Habe ich schon mal erwähnt, wie nervig dieser Song ist?

Du bist dran

Jetzt ist es an der Zeit, drei schnelle Übungen durchzuführen. Ja, genau, ich habe drei gesagt:

1. Vervollständige ein »Anders-Machen-Experiment«-Arbeitsblatt für das nächstbeste Produkt, das dir ins Auge fällt. Wenn du gerade am Schreibtisch sitzt, könnte das ein USB-Stick sein oder ein Brieföffner, oder auch der komische Bartglätter von Xikezan, der noch immer auf meinem Tisch liegt. Wenn du gerade in deinem Auto das Hörbuch hörst, könnte es dein Wagen sein oder dein Handy oder dieser Becher mit kaltem Kaffee. Wenn du gerade im Spartan-Race unterwegs bist, könnte es – na, mal überlegen – ein Irokesenschnitt sein.

2. Bei der ersten Übung ging es nur darum, das Arbeitsblatt noch mal auszufüllen, um routinierter zu werden. Jetzt geht es um deine Selbstvermarktung. Nimm dir dafür das am schlechtesten laufende Produkt oder die mieseste Dienstleistung zur Brust. Eben das, was sich einfach nicht verkauft. Oder nicht gut verkauft. Führe damit ein Anders-Machen-Experiment durch und füll das Arbeitsblatt aus, mach den Test (dieses Mal wirklich!) und fälle ein Urteil. Aber Letzteres wirklich erst, wenn du das Experiment vollständig durchgeführt hast. Keine halben Sachen!

3. Die dritte Übung machst du mit der einen Sache, die sich am meisten dank Mundpropaganda bewährt. Falls keines von deinen Angeboten über Mundpropaganda verbreitet wird, dann überleg dir, worüber du am meisten redest. (Das ist dann deine Mundpropaganda.) Führe für diese Sache ein Anders-Machen-Experiment durch. Es dürfte wahrscheinlich dein bestes Angebot sein, wenn es die meiste Mundpropaganda erhält, oder zumindest das, wofür du bei deinen Bestandskunden am bekanntesten bist. Wenn man das vermarktet, für das man am bekanntesten ist, nutzt man den Verstärkungseffekt. Jetzt hast du sowohl deinen Kuchen (aktives Anders-Machen-Marketing) als auch den Zuckerguss (Mundpropaganda).

KAPITEL 9

Der Nachteilsvorteil

Ich habe etwas über Eichhörnchen gelernt: Sie können sich ihre Verstecke wirklich schlecht merken. Du hast sie wahrscheinlich schon mal mit Eicheln davonziehen sehen. Vielleicht hast du sie auch mal im Park sitzend beobachtet, wie sie ihr Futter im Boden vergraben haben. Sie sind mit ihrem Futter offenbar nicht viel besser als ich, wenn ich nach meinen Autoschlüsseln suche. Oder schlimmer noch: ich auf der Suche nach meinem geparkten Auto auf dem Parkplatz eines Einkaufszentrums. Ich gehe nach der Einkaufstour nach draußen und finde es einfach nicht. Das tun Eichhörnchen wohl auch.

Studien haben gezeigt, dass sie bei 74 Prozent der vergrabenen Nüsse das Versteck wieder vergessen haben. (Wer ist so verrückt und erforscht eigentlich so einen Kram? Und welche anderen Geheimnisse über das Universum haben diese Leute sonst noch in petto?) Die Tatsache, dass Eichhörnchen keinen blassen Schimmer mehr haben, wo sie den *größten* Teil ihres Futters versteckt haben, lässt die ganze hektische vorwinterliche Futtersammelei irgendwie sinnlos erscheinen, oder? Stimmt nicht, so die Forscher. Es stellte sich nämlich heraus, dass sie die »ungewollten Helden der Waldrestaurierung« sind.[20] Denn ihre vermeintliche Schwäche ist in Wirklichkeit gut für den Baumbestand im Wald. Aus jeder verlorenen Eichel kann eine mächtige Eiche werden. Glaube ich, dass Eichhörnchen einen

»Finde-deine-Nüsse«-Coach brauchen, der ihnen hilft, ihren Durchschnittswert zu erhöhen? Nein. Sie wissen wahrscheinlich, dass sie viele ihrer Verstecke nicht finden werden und haben sich dementsprechend angepasst. Das erklärt auch das Horten. In Wahrheit ist ihre Schwäche sogar eine Stärke.

Ihre Ernährung ist für die Eichhörnchen völlig ausreichend und sie haben als Gemeinschaft Erfolg – und beim Pflanzen von Bäumen. Die Bäume dienen dem Planeten, der Planet profitiert von sauberer Luft, Kohlendioxidreduktion und anderen guten Sachen. Und die Eichhörnchen? Sie schaffen einen Lebensraum für zukünftige Generationen an Eichhörnchen, denn auch diese brauchen Bäume zum Nisten und für die Futtersuche. So sehr mich diese Aussage auch schmerzt, weil sie gern vor mein Auto rennen, wenn ich es am wenigsten erwarte, und mich dazu zwingen, meine Bremsen bis auf die Felgen abzunutzen, so sind Eichhörnchen doch die Guttiere des Waldes.

Mir ist klar, dass diese eine Geschichte meine Intention schon rübergebracht hat, aber sieh es mir bitte nach, wenn eine zweite diesen Punkt noch mal unterstreicht. Die University of California (UC), Davis, kennt die Macht der Bäume. Auf ihrem Campus gibt es viele Bäume – Olivenbäume, um genau zu sein. Diese wunderschönen Bäume verschönerten den von ihnen flankierten Weg, bis ein Ärgernis auftauchte. Das Problem hatte allerdings nichts mit Eichhörnchen zu tun, sondern es ging um die Rutschpartie auf dem Weg, nachdem die Oliven von den Bäumen gefallen waren. Das sorgte für viele Unfälle – und daher strampelten sich die Hausmeister jahrelang ab, um die Oliven in jeder Saison schnellstmöglich aufzusammeln.

Sal Genito, der Leiter des Campusgeländes, hatte 2005 eine Idee: »Wenn das Leben uns Oliven schenkt, warum machen wir nicht einfach Olivenöl daraus?« Statt also die Bäume zu fällen und das Problem zu entsorgen, schlug er vor, es lieber in eine Chance zu verwandeln. Er und eine Gruppe Mitarbeiter legten sogleich mit der Ernte los, um daraus Olivenöl herzustellen. Das Olivenöl der ersten Ernte war innerhalb eines Tages ausverkauft. Heute ist die UC Davis für ihr Olivenöl bekannt, aber was ist das tatsächlich Beste an der Geschichte? Die Universität verkauft jedes Jahr mehr als 125 Gallonen Olivenöl und erzielt damit genügend Einnahmen, um die Ernte und Abfüllung selbst zu finanzieren, gleichzeitig aber jährlich weitere 60.000 Dollar zu sparen, die vorher für Aufräumarbeiten und die Unfallbehebung ausgegeben worden waren.

Manchmal halten wir uns mit unserem Marketing zurück, weil wir mit irgendeinem Nachteil rechnen oder weil wir denken, dass wir in irgendeiner Weise nicht mit der Konkurrenz mithalten könnten. Wir sehen den Nachteil als etwas an, das vertuscht oder, wie im Fall der UC Davis, bereinigt werden muss. Doch oft ist das, was wir als Nachteil wahrnehmen, in Wirklichkeit ein Vorteil. Es könnte sogar genau das Alleinstellungsmerkmal sein, das uns von der Konkurrenz abhebt: die Inspiration für ein hervorragendes, ausgefallenes Marketing.

Würde dich ein teurer Ölwechsel, für den du 25.000 Euro berappen müsstest, vom Kauf eines bestimmten Autos abhalten? Mich schon.

Der Ölwechsel beim Bugatti Veyron dauert mehr als 24 Stunden und kostet über 25.000 Dollar, dennoch verkauft sich das Auto. In einigen Onlineforen wird berichtet, dass man den Ölwechsel für 21.000 bekommen könne, wenn man einen Gutschein habe oder aufs Allerheiligste schwöre, dass man niemals zugeben würde, früher mal einen Kia besessen zu haben. Diese Sonderbarkeit der Opulenz wird zu magnetisch anziehendem Marketing. Vielleicht wirst du niemals einen Bugatti besitzen wollen, aber die Marke hat jetzt einen Platz in deinem Kopf, weil sie ihre »Schwäche« des Ölwechsels hervorhebt.

Dieser Ölservice, den man auch als »erpresserisch«, »lächerlich« oder »einen schlechten Witz« ansehen könnte, wurde auf neue Art positioniert, sodass die idealen Interessenten der Marke ihn als »prestigeträchtig«, »notwendig für ein schöneres Leben« und »ein Privileg für die Elite« betrachteten. Das Ganze wirkt also nicht abschreckend, sondern ist ein »Aufruf zu den Waffen« an die Stinkreichen, die es sich leisten können, dieses Geld alle 5.000 Kilometer auszugeben und sich bei jedem Ölwechsel erneut für den Club der Opulenten anzumelden. Du könntest dir für den Preis eines einzigen Ölwechsels mit Bugatti-Schmieröl einen nagelneuen Toyota Corolla kaufen. Du wirst auch keine einzige Nachrichtenmeldung über den 40 Dollar teuren Ölwechsel deines Hondas finden, aber dafür eine Menge Nachrichten über und einen riesigen Rummel um den elitären Bugatti.

Ein einfaches Umdenken in Bezug auf deinen Nachteil kann dir den Mut geben, deine eigenen Anders-Machen-Experimente durchzuführen. Die Nachteile, die du nicht ans Tageslicht dringen lassen willst, die Nachteile, von denen du glaubst, dass sie behoben, versteckt oder heruntergespielt werden müssen, könnten ein Ausgangspunkt für dich sein, um neue, andersgeartete Marketingideen zu entwickeln. Wechsle die Perspektive: Du bist kein vergessliches Eichhörnchen, sondern ein Superheld der Aufforstung!

Die Magie der Fehler

»Fünf Jahre lang hatte ich ein kleines, dreckiges Geheimnis«, sagte mein Kumpel Matt Shoup zu mir. »Ich hatte mir geschworen, es keiner Menschenseele zu erzählen. Niemals. Wenn diese Information den Weg in die falschen Hände gefunden hätte oder falsch aufgefasst worden wäre, hätte das mein Unternehmen in den Ruin treiben können.«

Doch dann enthüllte er es eines Tages.

Matt gehört ein Unternehmen für Fassadenmalerei, M & E Painting. Er teilte seine Geschichte mit mir.

»Ich saß an meinem letzten Kostenvoranschlag für Malerarbeiten an diesem Tag und war kurz davor, Feierabend zu machen«, begann Matt. »Der Kunde hatte schlechte Erfahrungen mit seinem letzten Maler gemacht. Die Leute waren zu spät gekommen, hatten eine Sauerei hinterlassen und noch dazu schlechte Arbeit geleistet.«

Also zeigte Matt dem Kunden seine Marketingbroschüre und blätterte direkt zur Seite mit den Referenzen. »Unsere Bewertungen bei der Kundenzufriedenheit lag bei fast perfekten 98,6 Prozent und wir haben in den ersten acht Jahren unseres Bestehens für über 4.000 Menschen gearbeitet.«

Die Hochglanzbroschüre hätte den Auftrag eigentlich besiegeln sollen, aber als Matt seinem Kunden den Stift für die Unterschrift unter dem Vertrag reichte, unterbrach ihn der Kunde.

»Das war so ein Typ, der sich nicht unterkriegen lässt, und er sagte zu mir: ›Matt, diese glänzende Marketingbroschüre ist doch Mist. Als ob du da auch nur eine schlechte Bewertung reinschreiben würdest! Wo ist denn die Seite mit den verärgerten Kunden? Wenn du mich als Kunden gewinnen willst, solltest du mir jetzt eine dieser Geschichten erzählen.›«

Matt ist ein überaus selbstbewusster Typ. Er hat keine Angst davor, Neues auszuprobieren, schwierige Gespräche zu führen, und vor allen Dingen hat er keine Angst davor, den Verkauf voranzutreiben und durchzuziehen. Er ist bereit, jede Frage zu beantworten, aber dieser Kunde wollte von ihm eine schlimme Geschichte hören. Eine wirklich schlimme Geschichte. Und Matt hatte eine – die war allerdings ein Geheimnis, ein wirklich, *wirklich* schlimmes Geheimnis.

Also erzählte Matt seinem Kunden etwas anderes. »Ich erzählte ihm eine seichte Geschichte über das eine Mal, als wir an einem Haus die falsche Farbe benutzt hatten. Er hielt das für eine Lüge. Also erzählte ich ihm von dem einen Mal, als wir die *richtige* Farbe am *falschen* Haus gemalert hatten. Hoppla!«

Doch Matts Kunde wollte sich auch mit dieser Story nicht zufriedengeben. Klar, diese Fehler waren ziemlich schlimm, aber sie unterschieden sich nicht von den Fehlern der Konkurrenten. Der Kunde wollte unbedingt eine Geschichte über einen Fehler hören, der sonst niemandem unterlief, und darüber, wie Matt und sein Team damit umgegangen waren. Zugegebenermaßen war dies kein typisches Verkaufsgespräch, und weniger selbstbewusste Menschen hätten vielleicht einfach aufgegeben. Aber Matt verliert nicht gern. Niemals. Also grub er tief in seinem Misthaufen von Fehlern.

Dann platzte Matt heraus: »Okay, dann erzähle ich eben von dem einen Mal, als wir ein Baby gestrichen haben.«

Japp, Matts Team hatte ein Baby gestrichen. Das schmutzige Geheimnis war gelüftet.

Matt hatte fünf Jahre zuvor einen Anruf von einem seiner Jungs auf der Baustelle erhalten.

»Raul rief: ›Mateo, Mateo, Mateo, komm schnell her, Mann! Wir haben gerade die Tür gestrichen, und die Kundin war da, und das Baby war da. Es ist eine Katastrophe. Die Frau, die Farbe, das Baby. Bumm!«

Als Erstes fragte Matt, ob es dem Baby und den Kunden gut gehe. Zum Glück war niemand verletzt worden. Dann stieg er sofort ins Auto und fuhr zur Baustelle.

»Wir strichen Zierleisten und Türen für ein Ehepaar aus Windsor«, erklärte Matt. »Es gab da eine Tür an der Garagenrückseite und Raul sollte sie von außen schwarz spritzen. Er lud seine Spritzpistole, stand etwa einen Meter von der Tür entfernt und drückte ab. Was er in diesem Moment aber nicht mitbekommen hatte, war, dass die Hausbesitzerin mit ihrem neun Monate alten kleinen Mädchen auf dem Arm ein paar Meter hinter ihm stand. Und was er auch nicht wusste, war, dass die Spitze der Spritzpistole klemmte. Beim Betätigen des Abzugs machte es also Bumm! Sie explodierte und die Farbe verteilte sich überall!«

Alles war nun schwarz: die Hauswand, der Betonboden, die Terrassenmöbel, die Dachterrasse, der Zaun, alles an Werkzeug und Gerätschaften – und die Mutter. Und nicht zu vergessen das Baby.

»Wir räumten auf und reinigten alles, ersetzten alles Unrettbare und luden die Familie zum Essen ein«, sagte Matt. Die Familie verzieh ihnen, aber Matt verpflichtete sein Team zur absoluten Verschwiegenheit und verstaute die Geschichte tief in seinem mentalen Tresor. Niemand durfte je erfahren, dass sie ein Baby mit Farbe überzogen hatten. Wer würde das Unternehmen dann noch engagieren? Welche Malerfirma hat jemals aus Versehen ein verdammtes Baby angemalt? Jemals?

All das erzählte Matt seinem potenziellen Kunden, der sich für die wirklich schlimmen Geschichten brennend interessierte. Und der Kunde unterschrieb am Ende den Vertrag, gerade weil Matt ihm vom schlimmsten Fehler der Firmengeschichte erzählt hatte und – was noch wichtiger war – wie das Unternehmen damit umgegangen war. Auf Basis dessen, wie M & E Painting es bei der Familie in Windsor, Colorado, wieder gutgemacht hatte, hatte sein neuer Kunde die Gewissheit, dass M & E auch einen möglichen Fehler bei ihm wiedergutmachen würde.

Matts Geheimnis war gelüftet, aber es war gar nicht das Ende der Welt. Er war nicht tot umgefallen, sondern hatte sogar einen neuen Kunden gewonnen.

Als Matt an jenem Abend seine glänzende, fröhliche »Wir-sind-so-toll«-Broschüre ansah, kam ihm eine Idee. Was wäre, wenn er das Schlimme nicht weglassen würde? Wenn er die Geschichte mit dem gemalerten Baby offenlegen würde?

»Ich habe immer Wert darauf gelegt, dass mein Geheimnis auch geheim bleibt, weil ich Angst vor den Auswirkungen hatte«, erzählte mir Matt. »Dann wurde mir aber bewusst, dass kein Unternehmen perfekt ist, und ich aufhören sollte, unseres als die Ausnahme hinzustellen. Die Kunden suchen nach unseren potenziellen Schwachstellen und danach, was schiefgehen könnte, wenn sie mit uns zusammenarbeiten würden. Warum zeigen wir ihnen nicht, was schiefgehen könnte und wie wir dann damit umgehen?«

Matt zog es durch und änderte seine Broschüren, seine Werbung, alles, um die »Geschichte des gestrichenen Babys« mit einzubeziehen. Die Resonanz, die er von professionellen Werbern erhielt, war – na ja, sagen wir mal nicht gerade positiv.

»Das erste Mal, als ich dem Marketingfachmann, mit dem wir eng zusammenarbeiteten, offen von unserer neuen Methode erzählte, sagte er: ›Das ist die dümmste, lächerlichste und karriereschädlichste Aktion aller Zeiten, Matt. Das ist Firmenselbstmord, und ich will damit nichts zu tun haben. Das ist doch verrückt!‹ Ich wusste, dass die Geschichte mit dem gestrichenen Baby einige Leute verärgern würde, denn sie lief völlig gegen jede Norm – niemand würde sich das trauen. Aber ich hatte nicht erwartet, dass meine Marketingpartner dermaßen negativ reagieren würden.«

Es war schließlich nicht das erste Mal gewesen, dass Matt etwas völlig anderes als alle anderen ausprobiert hatte. Es war ein großes Risiko, aber er setzte seine »verrückte« Idee um. Und weißt du, was dabei herauskam? Ziemlich gute Sachen. Sein Marketing bestand im Blinzel-Match: Seine Verkäufe, Abschlussquoten, Rentabilität und die Begeisterung für das Unternehmen gingen durch die Decke. Seine Idee war so anders, so ungewöhnlich, dass sie die Aufmerksamkeit von Leuten erregte, die seine Standardbroschüre und -werbung nie erreicht hätten. Da er die Geschichte des gestrichenen Babys aus vollem Herzen erzählte, weil sie die Werte seines Unternehmens authentisch widerspiegelte, zog sie seine idealen Kunden an, die seiner Anweisung folgten und ihn zwecks eines Angebots anriefen. Die heute so beliebte Bewegung der »Unternehmenstransparenz« wurde vor Jahren von einem Mann ins Leben gerufen, der ein Baby blickdicht gefärbt hatte.

Frag dich also: Was hast du schon verbockt? Was kannst du nicht? Was ist viel zu teuer? Was machst du, das deinen Kunden ungewollt das Leben schwerer machen könnte? Jeder dieser Punkte könnte dein Nachteilsvorteil sein.

Neben anderen Aspekten der menschlichen Natur untersuchte der preisgekrönte US-amerikanische Psychologe Elliot Aronson die Auswirkungen von Fehlern auf die Sympathiewerte. Er war der Erste, der den »Pratfall-Effekt« untersuchte, der zeigt, dass Menschen eine Person tendenziell mehr mögen, nachdem dieser ein Missgeschick unterlaufen ist. Im Marketing wird dies manchmal auch als Makeleffekt bezeichnet. Aber wie auch immer man es nennen will: Es funktioniert!

Wir finden Schauspieler sympathischer, wenn wir ihre Pannen beim Filmdreh gesehen haben, Politiker vertrauenswürdiger, die einen Irrtum zugeben, fühlen uns mehr zu den Außenseitern hingezogen, die gestolpert und gefallen, aber wieder aufgestanden sind und das Rennen beendet haben. Ich bin kein Wissenschaftler – auch wenn mein Smoker-Grill etwas anderes behaupten würde –, aber ich vermute, dass Menschen, die Fehler machen, einfach deshalb attraktiver sind, weil man sich mit ihnen besser identifizieren kann. Sie sind wie wir – fehlerhaft, fehlbar und können keinen Football werfen. (Okay, der letzte Punkt gilt nur für mich.)

»Wir alle sind Menschen und wir alle machen manchmal Fehler«, sagte Matt. »Ich bin inzwischen der Überzeugung, dass ein Unternehmen erst wirklich glänzt und seine moralische Ader zeigt, wenn es nicht läuft wie geplant. In meinem Malerbetrieb übernehmen wir genauso viel Verantwortung für unsere Fehler und Unzulänglichkeiten wie für unsere hervorragenden Projekte und fantastischen Bewertungen. Jeder hat eine Geschichte über ein ›gestrichenes Baby‹, aber nicht jeder übernimmt die Verantwortung für diese Story und nutzt sie als Beispiel für den eigenen Einsatz bei den Kunden oder seiner Community. Deshalb ist das auch von Vorteil.«

Teile der Welt das mit, was deine Konkurrenz niemals zu sagen wagen würde: die Wahrheit.

Das Geschenk der Seltsamkeit

Michalowicz. Das ist ein Prachtexemplar von einem Namen. Andere seltsame Wörter mit der gleichen Anzahl an Silben sind zum Beispiel »Cochonnerie«, »Tautazismus« und »Kognomen«. Ich habe aber keine Ahnung, was sie bedeuten. (Jepp, die Wörter gibt es alle wirklich.) Mein Nachname fällt in dieselbe Kategorie. Die meisten Menschen sprechen ihn falsch aus – offenbar auch ich selbst. Ein ukrainischer Herr hat mich mal darauf hingewiesen, dass es nicht »Mi-kau-lo-wits«, sondern »Me-ha-lau-vitch« ausgesprochen würde. Und da reden wir noch gar nicht über die Schreibweise. Alle haben Probleme damit, unter anderem ein paar meiner Verwandten. (Ja, du bist gemeint, lieber Cousin Peter Mycallowicks.) Denk daran: Deine Schwäche ist deine Stärke.

Klare Sache, dass ich das für mich nutze. Ich mache mich lieber über meinen Namen lustig, bevor es jemand anderes kann, nicht weil es mich stört, wenn man mich »Michal-o-shits« nennt, sondern weil er einfach anders ist und bemerkt wird. Es durchbricht Barrieren, wenn man sich auf seine »Schwäche« stützt – in diesem Fall macht es den schwerfälligen Autorentypen sympathischer. »Er ist vielleicht kein Stephen King, aber er ist der größte ›My-Cow-Shits‹, den ich kenne«, flüsterte mir meine Frau während meiner Unterschrift meines Buchvertrags ins Ohr.

Ich bin in vielerlei Hinsicht seltsam. Das sind wir alle. Eigentlich zum Glück. Warum sollten wir es bekämpfen? Mehr du selbst zu sein ist wahrscheinlich dein allergrößter Marketingvorteil.

Als ich in der Grundschule »zu dünn« war, machten sich die Mitschüler über mich lustig. Als mich die Leser wegen meinem Spleen, bei Vorträgen Westen zu tragen, aufzogen, schrieb ich eine Geschichte darüber, wie ich sie bis zum Ende aller Tage tragen würde. Dann entwarf mein Team T-Shirts mit den Aufdrucken »Lebe dein Westens Leben!« und »Gib dein Westes!« – zum Selbsttragen und zum Verschenken an die Leser. Ich habe eine Zeit lang mein Unternehmen aus einem leeren Büro in einer Keksfabrik geleitet – über den Öfen, wohlgemerkt. Das ist ziemlich seltsam, und manche Leute würden das nicht zugeben, vor allem nicht als Wirtschaftsbuchautor. »Was zum Teufel machst du denn, Mike? Miete doch einfach einen Monat lang eine Hütte und schreib, während du in die Ferne auf den Walden Pond starrst. Oder, nur mal so als Vorschlag: Warum mietest du nicht einfach ein *normales* Büro an?« Aber ich versteckte die seltsame Butze nicht, sondern sorgte eher dafür, dass alle davon wussten. Ich war da oben und schrieb *Der Pumpkin Plan*, während mir der Schweiß das Gesicht hinunterlief – und das nicht nur wegen des Schaffensdrucks, sondern weil mein Büro weder eine Klimaanlage noch Fenster hatte und an heißen Tagen bis zu 38 Grad heiß wurde. Ich nannte es mein »Tod-durch-Schokokekse«-Büro.

Seltsam ist nicht schlecht.

Seltsam ist vermenschlichend.

Seltsam ist ein Diskussionspunkt.

Seltsam gewinnt die entscheidende Millisekunde des Marketings für sich.

Seltsam ist *anders*, und ich bin mir ziemlich sicher, dass wir inzwischen fundiert festgestellt haben, dass anders besser ist.

Du bist auch seltsam auf deine Art. Seltsamkeit ist ein Geschenk. Nimm es an, teile es, vermarkte es.

Der zweitbeste Hebel

Mit mehr als 36.000 Franchise-Filialen in mehr als 120 Ländern ist McDonald's der größte Konkurrent von Burger King. Mit 15.000 Franchise-Filialen in 84 Ländern kann Burger King nicht behaupten, etwas anderes als der Zweitbeste zu sein – zumindest in Bezug auf die Reichweite. Anstatt also diesem Ranking entwachsen zu wollen, nutzte Burger King dies in einer ziemlich inspirierten Kampagne, der »Whopper-Umleitung«, 2018 zu seinem Vorteil.

In einer Pressemitteilung erklärte Burger King, dass es »mehr als 40.000 McDonald's-Restaurants in Burger-King-Restaurants umwandelt«. Und hier die Erklärung, wie Burger King das vollbracht hat: Das Unternehmen bot eine begrenzte Zeit lang seine Whopper für einen Cent an. Um dieses Angebot aber in Anspruch nehmen zu können, mussten die Kunden die Burger-King-App installiert haben und sich zudem in nur 600 Metern Entfernung von einem McDonald's befinden. Erst dann wurde das Angebot in der App freigeschaltet, die Kunden konnten ihre Bestellung aufgeben und wurden von dem McDonald's in der Nähe weg zum nächstgelegenen Burger King »umgeleitet«.

Ähm … ich glaube, ich liebe es! Ich bin verliebt in Burger King, oder in denjenigen, wer auch immer er sein möge, der diese verrückte, »Es-dem-Großen-so-richtig-reinwürgen«-Idee hatte. Ich liebe es einfach, wie er die Stärke des größten Gegners ausgenutzt hat, so wie David die Größe Goliaths zu seinem Vorteil nutzte. Diese machte ihn zu einem langsameren Gegner, sodass David ihm unablässig Steine ins Gesicht schleudern konnte. Er konnte ihn also mit einem Stein treffen, um dann schnell für den nächsten Wurf an einen anderen Ort zu laufen. So machte Goliaths »Stärke« ihn zum perfekten Ziel.

Burger King nutzte die schiere Anzahl der McDonald's-Standorte zu seinem Vorteil. Die »Billions-Served«-Werbetafeln (»Milliarden bedient«) über den US-amerikanischen McDonald's-Restaurants? Burger King konterte in seinem Marketing mit »Billions Swerved« (»Milliarden umgeleitet«). Die neuntägige Kampagne brachte bemerkenswerte Ergebnisse[21]: Die Burger-King-App wurde mehr als 1,5 Millionen Mal heruntergeladen und das Unternehmen konnte einen 300-prozentigen Anstieg der Einnahmen aus der mobilen App verzeichnen. Außerdem verschaffte sie der Kette eine Menge Aufmerksamkeit: Die *New York Times*, *USA Today*, *Business Insider* und große Fernsehsender wie *CNN* und *MSNBC* berichteten über das Marketingexperiment. Burger King verzeichnete zudem einen 818-prozentigen Anstieg der Twitter-Erwähnungen.

Wenn du also der Zweitbeste in deiner Branche bist oder – noch besser – ganz unten auf der Liste stehst, solltest du dir überlegen, wie du das zu deinem Vorteil nutzen könntest. Wie kannst du das Ganze aufwerten, statt es zu verstecken? Wie kannst du die Stärke deiner Konkurrenz zu deiner eigenen Stärkung nutzen?

Die Chance im Mangel

Wenn du gerade erst mit deinem Unternehmen durchstartest, willst du vielleicht nicht, dass die Leute wissen, was du nicht hast. Es ist normal, dass man wie alle anderen in der Branche, wie ein seriöses Unternehmen mit allem Drum und Dran wirken möchte. Also kaufen wir alles, was die anderen anscheinend auch haben, und versuchen uns wieder mal anzupassen. Ich habe das auch eine Weile gemacht, bis mir klar wurde, dass das alles Bullshit ist. Ich hatte wirklich geglaubt, ich müsste teure Geräte und Ausrüstung haben, um die technischen Fähigkeiten meines Unternehmens zur Schau zu stellen, wenn potenzielle Kunden die Büros meiner Computerdienstleistungsunternehmens besuchten. Dort stapelten sich die teuren Geräte, die zum einen keinerlei Mehrwert für meine Dienstleistungen hatten und zum anderen die potenziellen Kunden nicht mal annähernd beeindruckten. 20 blinkende Weihnachtsbaumlichter in einem Serverschrank im Wert von 20 Dollar wären beeindruckender und ein effektiveres Marketing gewesen als die 20.000 Dollar Schulden, die niemanden beeindruckt haben.*

Wenn man sich etwas, das alle anderen haben, nicht leisten kann, dann kann das die größte Chance sein, um sich von der Masse abzuheben. Als Jesse und Emily Cole die Savannah Bananas kauften, war das historische Grayson-Stadion mit einer elektrischen Anzeigetafel ausgestattet, in die dann aber dann leider ein Blitz einschlug. Sie war irreparabel zerstört und es fehlte das Geld für einen Ersatz. Also wurde wieder die alte manuelle Anzeigetafel verwendet. Du weißt schon: die Art, bei der jemand während des Spiels hinter ihr sitzen und die Metallzahlen von Hand ändern muss. Inzwischen ist die manuelle Anzeigetafel zu einem Marketinggag geworden und sie trägt zur Stimmung während des Spiels bei. Selbst die Presse hat Artikel nur über die alte Anzeigetafel geschrieben. Das Grayson-Stadion ist jetzt nicht mehr das Stadion ohne elektrische Anzeigetafel, sondern eben eines

* Falls wir uns je begegnen sollten, hake bitte wegen der blinkenden Weihnachtsbeleuchtung im Serverraum nach. Dann erzähle ich dir von einer meiner besten andersgearteten Marketingkampagnen aller Zeiten. Das Ergebnis? Die Firma wurde von einem Fortune-500-Unternehmen aufgekauft.

der wenigen im Land mit einer manuellen Anzeigetafel. Außerdem stellte Jesse bald fest, dass die meisten Leute die Anzeigetafel gar nicht beachteten. Warum sich also die Mühe machen, sie mit einem Vermögen durch das übliche (ignorierbare) Zeug zu ersetzen?

Wofür legst du gerade Geld zur Seite, das du für dein Unternehmen kaufen willst? Was ist es, bei dem du *denkst*, dass es deine Kunden bei dir erwarten würden, das du dir aber gar nicht leisten kannst? Diese Sache, die du nicht hast, könnte tatsächlich eher ein Feature als ein Mangel sein.

Dolly Parton ist ohne Zweifel eine der größten Songwriterinnen Amerikas. Sie hat Dutzende Hits geschrieben, unzählige Auszeichnungen erhalten und hat sogar ihren eigenen Themenpark. Wie viele Berühmtheiten können das schon von sich behaupten? Sie ist ein musikalisches Genie, eine Ikone und eine verdammt gute Geschäftsfrau. Aber du denkst bei Dolly wahrscheinlich auch eher an ihr Aussehen, oder? Viel blondes Haar. »Auffällige« (ihr Wort, nicht meins) Kleidung und viel Make-up. Zudem ist sie auch bekannt für ihre, nun ja, sagen wir, »Figur«.

Barbara Walters fragte sie einst in einem Interview: »Warum ziehen Sie sich so an, wie Sie es tun?«

Dolly erwiderte: »Um zu schockieren. Um anders zu sein.«

Am Anfang ihrer Karriere wollten die Anzugträger ihren Look verändern. Sie drängten sie dazu, sich gemäßigter zu kleiden, ihre Haarfarbe mehr ihren Altersgenossinnen anzupassen. Doch Dolly war klar, dass das ein furchtbarer Ratschlag war. Warum hätte sie wie alle anderen aussehen wollen? Sie ignorierte nicht nur die »tollen Tipps«, sondern machte sich in ihrer ersten Single sogar noch über ihre von anderen als Nachteil empfundenen Aspekte lustig. Der 1966 veröffentlichte Song »Dumb Blonde« unterstrich ihre Stärke und stellte das geltende Klischee über Blondinen auf den Kopf. Ein irre schlauer Schachzug von ihr, denn sie stürzte sich auf das, was die Leute ihr übel nahmen, darauf, was sie ändern sollte. Das war der erste Schritt, um sich zu differenzieren und so ihre Fans zu finden.

Ihr werdet euch über meine hohen Haare lustig machen, also türme ich sie noch weiter auf.

Ihr werdet euch über meine Brüste lustig machen, also stelle ich sie noch mehr ins Zentrum aller Aufmerksamkeit.

Ihr werdet euch über meinen Stil lustig machen, also werde ich einfach noch ein paar Stufen extremer.

Sie sagte einst in einem Interview für *USA Today*: »Mein ganzer Zauber besteht darin, dass ich künstlich aussehe, aber völlig echt bin.«

Dolly weiß eben, wie der Hase läuft. Sie hat eine der engagiertesten und vielfältigsten Fan-Communitys der Welt – wenn nicht sogar die größte. Sie hat auch einen der höchsten positiven Q-Scores der Welt.[22] Der Q-Score von Marketing Evaluations, Inc. misst den Bekanntheitsgrad und die Attraktivität eines Prominenten in den Vereinigten Staaten. Letztlich geht es dabei um die ersten beiden Buchstaben des AAA-Marketing-Frameworks – Auffallen und Anziehen. Ein Prominenter mit einem hohen Q-Score genießt ein höheres Ansehen und erhält folglich mehr Geld, wenn er für Produkte und Dienstleistungen wirbt.

Du kannst auch einen engagierten und vielfältigen Kundenstamm anziehen. Versteck weder dich noch das, was du nicht hast, noch die Fehler, die du gemacht hast. Zeige stolz, dass du ein seltsamer Freak bist.

Du bist dran

In meinem Büro hängt mein Lieblingszitat an der Wand, das oft dem Schriftsteller Oscar Wilde zugeschrieben wird: »Sei du selbst. Alle anderen sind schon vergeben.« Bingo Flamingo! Das war's. Das, was du verstecken willst, wofür du dich schämst, die Leiche in deinem Keller – das könnte deine Marketingbefreiung sein.

1. Wenn du für dein eigenes Unternehmen wirbst, überleg dir, wie du deine Schwäche, deine Seltsamkeit, deine Andersartigkeit in den Mittelpunkt stellen kannst.

2. Wenn du in der Marketingabteilung arbeitest, dann ist das jetzt *dein* Moment. Was ist die seltsame Geschichte aus den Annalen der

Unternehmensgeschichte? Was ist das Seltsame, das alle im Büro lieben, aber aus Angst vor dem Verlust der Professionalität nicht preisgeben? Was ist euer größter Mangel, auf den sich die Konkurrenz stürzt? Das ist deine Chance. Vermarkte mutig und stelle genau das in den Vordergrund.

KAPITEL 10

Denk dein Unternehmen neu

Das Leben in den Ebenen South Dakotas ist schön, vor allem wenn du herausgefunden hast, wie du genug Umsatz für deinen erwünschten Lebensstil erwirtschaften kannst. Mit zwei stationären Standorten und einer Rösterei hatte Jacob Limmer Cottonwood Coffee von einem Nebenerwerb zu einem Unternehmen hochgezogen, auf das jeder stolz wäre.

Vielleicht kennst du Jacobs Geschichte ja schon aus meinem Buch *Prio 1*. Dort gebe ich den Lesern ein einfaches System an die Hand, mit dem sie herausfinden können, auf welchen Aspekt ihres Unternehmens sie sich für ein beständiges, dauerhaftes Wachstum als Erstes konzentrieren sollten. Als Jacob dieses System befolgte, entdeckte er, dass sein Unternehmen nicht genug für seinen, wie er es nannte, »Midwest-Comfort«-Lebensstil einbrachte. Nach 13 Jahren im Geschäft, in denen er stets versucht hatte, immer mehr zu verkaufen, war das ein Schock für ihn. Also besann er sich auf das Wesentliche: profitable Verkäufe statt einfach nur mehr Verkäufe. Aufgrund dieser Umstellung hatte Jacob bald mehr als genug Einkommen, um sich alles Nötige und Gewünschte leisten zu können. Dann war das Leben in den Ebenen South Dakotas auch wieder schön.

Doch im Frühjahr 2020 brach sein Umsatz fast völlig ein. Aufgrund der Corona-Lockdowns war Jacob gezwungen, wie so viele andere Geschäftsleute auch, seine beiden Kaffeeläden vorübergehend zu schließen. Zu diesem Zeitpunkt hatte er zwei Möglichkeiten: Er konnte das Ganze aussitzen und auf bessere Zeiten hoffen, oder er konnte sich der Situation stellen und eigenhändig bessere Zeiten herbeiführen.

Jacob entschied sich für Zweiteres.

Er wusste nach Wochen einer weltweiten Pandemie, dass eine simple Veränderung des Marketings nicht für eine Umsatzsteigerung ausreichen würde. Also machte er eine Umfrage unter seinen Kunden. Er schickte ihnen E-Mails, in denen er sinngemäß schrieb (meine Worte): »Wie geht es Ihnen? Was brauchen Sie? Wir sind immer noch für Sie da, aber uns hat die Situation bewusst gemacht, dass wir Ihnen auf eine neue Art dienen müssen. Was können wir jetzt also für Sie tun?«

Mithilfe dieser Umfrage erfuhr Jacob, dass seine Kunden um ihre Gesundheit besorgt waren und dringend Aufmunterung brauchten. Seine Kunden gaben zudem an, dass sie ihr Ritual mit dem köstlichen Cottonwood Coffee vermissten.

Jacob entwickelte gerade mal 22 Tage nach der Schließung seiner beiden Läden ein neues Produkt: ein immunstärkendes kaltes Gebräu mit hochwertigem Vitamin D3. Er bot es im Online-Shop an und informierte seine Kunden darüber. Die Verkaufszahlen stiegen und überbrückten für Cottonwood Coffee die Zeit, bis die Geschäfte wieder geöffnet werden durften. Und obwohl die Einnahmen in diesem Jahr rückläufig waren, verzeichnete Cottonwood Coffee sein bisher profitabelstes Jahr. Das ist aber noch nicht das Ende der Fahnenstange, denn in diesen ersten Monaten der Pandemie erkannte Jacob etwas, das er vorher nicht hätte sehen können: wie er sein Unternehmen neu denken könnte.

Bei einem späteren Telefongespräch sagte Jacob zu mir: »Ich fühle mich selbstbestimmter als je zuvor. Ich weiß jetzt, dass ich nie wieder mein Privatleben für mein Unternehmen opfern muss, um es über Wasser zu halten. Ich kann mich an alle Begebenheiten und Bedürfnisse anpassen, indem ich es neu gestalte.«

Auch für dich kann es eines Tages dazu kommen, dass du, egal wie andersgeartet dein Marketing ist, egal wie oft du experimentierst, verbesserst und weiter experimentierst, und völlig unabhängig von der Ausdauer deines Marketingmuskels, nicht genug verkauft bekommst. Das kann uns allen passieren. Die Zeiten ändern sich, Geschmäcker ändern sich, Zäsuren passieren, Nachahmer tauchen auf.

Als Unternehmer müssen wir uns diesen Fakten stellen und uns mit der Tatsache abfinden, dass manchmal einfach kein Marketing, und sei es auch noch so brillant, ausreichen wird. Wenn dies der Fall ist, haben wir zwei Möglichkeiten: Wir können abwarten und auf bessere Tage hoffen, oder wir können uns der Situation stellen und bessere Tage *erschaffen*. Aber dafür müssen wir unsere Unternehmen neu denken – unsere Angebote, unsere Vermarktung und unseren erwünschten Kundenstamm. Wir müssen bereit sein, unsere ganze unternehmerische Art zu ändern, nicht nur unsere Vermarktung.

Du bist schon jetzt besser für diese geschäftlichen »Umwege« gerüstet, denn du hast geübt, anders zu werden. Du fühlst dich wohler, wenn du dich von der Norm abhebst und Grenzen überschreitest. Du bist selbstsicherer darin geworden, dich von der Masse abzugrenzen. Du hast das locker drauf.

Jacob Limmer hat ein neues Produkt entwickelt, um sich gegen den schweren Sturm stellen zu können. Er tat dies, indem er sich an seine Kunden wandte, indem er herausfand, was sie brauchten, und dann ihr Feedback mit ihrem Geldbeutel testete. Dieser Ansatz ist kinderleicht umsetzbar. In diesem Kapitel werde ich dir weitere einfache, aber wirkungsvolle Strategien zeigen, mit denen du dein Angebot statt nur dessen Vermarktung andersgeartet aufstellen kannst, damit auch du dein Geschäft neu denken und vielleicht sogar neu erfinden kannst.

Geh einen Schritt zurück

Im Jahr 2020 habe ich mit vielen Geschäftsinhabern gesprochen, die wie Jacob einen Weg finden mussten, um sich über Wasser zu halten. Glücklicherweise hatten viele meiner *Prio-1*-Leser ihre monatlich eingesparten Betriebsausgaben auf dem Konto nicht angerührt. Sie verfügten also über eine gewisse Liquidität, sodass sie die Ladentüren offenhalten und ihre Mitarbeiter weiter bezahlen konnten. Dennoch brauchten sie andere Einnahmequellen und das bedeutete bei vielen, dass sie alles überdenken mussten.

Es dürfte kaum überraschen, dass ich in diesem Jahr auch viele Restaurantbesitzer beraten habe. Ich stellte ihnen dabei meine Ein-Schritt-Zurück-Methode vor, um ihnen bei der Neugestaltung ihres Geschäfts zu helfen.

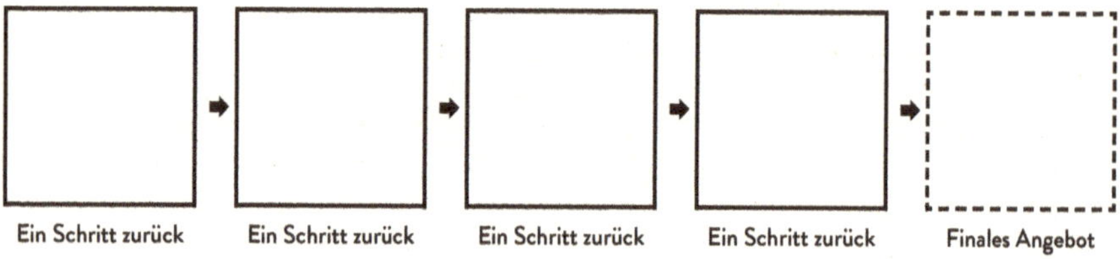

Die Ein-Schritt-Zurück-Methode

Und so funktioniert sie:

1. Schau dir dein bisheriges Angebot an, das Wichtigste, was du machst. Für die meisten Restaurants ist das die Gästeverpflegung am Standort. Schreib es in das Feld »Finales Angebot«. In diesem Beispiel wäre das »Gutes Essen auf den Tisch bringen« oder etwas Ähnliches.

2. Notiere den letzten Schritt unmittelbar vor der Abgabe des finalen Angebots. Dieser Schritt ist bei Restaurants einfach: Der Kellner trägt das Essen aus der Küche zum Tisch, bevor er es dort vor den Gast stellt. Das ist ein Schritt zurück. »Essen am Tisch servieren« kommt also in das Feld unmittelbar links neben dem finalen Angebot.

3. Überlege dir, wie du das Angebot auf Basis dieses Schritts ändern könntest. Genau das haben viele Restaurants 2020 getan – aus »Essen am Tisch servieren« wurde »Mitnahme und Lieferung«. Viele von ihnen waren darauf nicht angemessen vorbereitet, aber jetzt sind sie es sicherlich! Diese wirklich einfache Umstellung hat viele Läden vor dem Untergang bewahrt, darunter auch der stationäre Einzelhandel und sogar Bars. Wer hätte gedacht, dass »Margaritas to go« so gut sein könnten? Alle. Ist doch klar.

4. Jetzt wird's richtig interessant: Geh noch einen Schritt zurück. Was passiert vor dem erstgenannten Schritt? In Restaurants ist das die Zubereitung in der Küche. Halte das im nächsten Feld links fest und überlege dir dann, wie daraus ein neues Angebot werden könnte, in unserem Beispiel wäre das etwa die Zubereitung einer Mahlzeit in der heimischen Küche. Ich habe Mariana Oviedo, eine Unternehmerin aus dem mexikanischen Ensenada, genau dabei unterstützt: virtuelle Kochkurse. So ermöglichte sie es ihren Kunden, sich mit anderen aus ihrer Community verbunden zu fühlen und das so heiß geliebte Essen weiterhin zu essen. Dafür verlangte Maria 150 Dollar, einschließlich der Lieferung aller nötigen Zutaten für den Kurs. Vor den Schließungen hatte ihr eine Reservierung durchschnittlich etwa 50 Dollar eingebracht. Jetzt konnte sie dreimal so viel einnehmen, weil sie erst einen Schritt und dann einen weiteren zurückgegangen war. Was ist dein nächster Schritt zurück? Schreib ihn in das Feld.

5. Bewege dich weiter schrittweise zurück, bis alle wichtigen Schritte, die du für dein Angebot brauchst, identifiziert sind. Bei Restaurants ist der Schritt vor der Zubereitung die Entgegennahme der Bestellung. In meiner Community hier in New Jersey hat beispielsweise ein Restaurant sein Angebot für die Mitnahme und die Lieferung geändert. Der traditionelle Schritt »Bestellung aufgeben«, bei dem man 30 bis 60 Minuten auf sein Essen warten musste, wurde abgeschafft. Stattdessen ging das Restaurant eine Partnerschaft mit einem Lieferwagenfahrer ein, der die Mahlzeiten nach und nach in die einzelnen Stadtteile lieferte. Das Restaurant belud den Lastwagen mit 60 zubereiteten Mahlzeiten und parkte ihn in einer Sackgasse – ähnlich wie einen Eiswagen. Genial, oder?

Sobald du dich für einen Schritt entschieden hast, mit dessen Hilfe du dein Business grundlegend verändern könntest, spiele ein wenig mit der Idee, um Variationen zu entwickeln. Führe dann einen Testlauf durch. Wenn es funktioniert, erweitere es. Inzwischen weißt du ja, dass der Schlüssel zum Erfolg im Durchhalten liegt. Mach ein Brainstorming, denk scharf nach, probier es aus und teste es dann noch mal. Und wie immer gilt: Hör auf die Geldbeutel, nicht auf die Worte.

Verkauf die Story

Ein sicherer Weg, um herauszufinden, wie gut dein Angebot vermutlich angenommen wird, ist der Verkauf noch vor der Erschaffung. Verkauf also die Story, nicht das Produkt selbst – zumindest vorläufig. Wenn die Leute dir deine Idee schon vor der Umsetzung abkaufen, dann weißt du, dass es die Entwicklung definitiv wert ist. Denn dann glauben sie daran und können sich vorstellen, dass es ihnen helfen wird. Falls es niemand kauft, ist das auch eine Antwort für dich. Dann verbesserst du entweder das Angebot oder verwirfst es und probierst etwas Neues aus.

Und so funktioniert's:

1. Teile Einzelheiten deiner Idee mit deiner Community, das kann per E-Mail, über Social Media oder sogar im persönlichen Gespräch passieren. Dies ist noch kein offizielles Angebot oder ein Pitch. Hier zählt – wenig überraschend – vor allem Integrität. Sag den Leuten also, dass du eine Idee hast, und beschreib die wichtigsten geplanten Elemente.

2. Bereite sie auf die unvermeidlichen Ecken und Kanten vor, die auftauchen werden, da es eine neue Idee ist, die du ausprobieren willst. Und weil sie eben neu ist, wirst du vielleicht Fehler machen und sie sicherlich noch verbessern müssen.

3. Dann frag die Mitglieder deiner Community, ob sie dein Angebot kaufen würden. Halten sie die Idee für nützlich? Brauchen sie sie? Behalte dabei im Hinterkopf, dass wir uns auf die Geldbeutel konzentrieren, nicht auf die Worte. Bitte also in diesem Zuge auch um eine Anzahlung. Die Anweisung sollte auf einem ermäßigten Preis basieren und du solltest die Leute daran erinnern, dass es sich dabei

um eine Beta-Version handelt, die eventuell noch überarbeitet werden müsste – deswegen ja auch der Rabatt.

4. Schick dieses Vorangebot innerhalb von 24 Stunden nach der tatsächlichen Idee bereits ab. Dies ist eine Lektion unseres Freunds Jesse Cole. Sobald du die Idee hast, formulierst du die wichtigsten Eckpunkte, legst den Endpreis fest, gewährst denjenigen einen Rabatt, die in diesem frühen Stadium zum Kauf bereit wären, und bring sie dazu, sich mit Geld an ihr Versprechen zu binden.

5. Wenn du *nicht* genügend positive Reaktionen (sprich: Anzahlungen oder Vorbestellungen) bekommst, hol Feedback darüber ein, was du verändern müsstest, und versuch es erneut. Oder leg die Idee auf Eis und geh zur nächsten über.

6. Bezieh deine Beta-Versions-Kunden in die Verbesserung deines Angebots mit ein. Bitte sie um Feedback und nimm rasch Veränderungen nach der Lieferung vor. Geh auf ihre Rückmeldungen ein, damit du die noch nicht ganz ausgereifte Idee zu einem soliden, effektiven Angebot weiterentwickeln kannst.

7. Nachdem du die Beta-Phase abgeschlossen hast, bringst du dein Angebot zum vollen Preis heraus. Das Schöne an der Sache ist, dass deine Beta-Versions-Kunden von dem Produkt schwärmen werden, weil du es (irgendwann) ausgeliefert hast und im Vorfeld sogar aktiv auf ihre Rückmeldungen eingegangen bist. Jetzt hast du also gleichzeitig ein paar Referenzkunden und Testimonials, die dir beim Verkauf deines neuen Angebots helfen werden.

Mir sind schon viel zu viele Unternehmer begegnet, die ihre Idee ausgearbeitet, aufgebaut und getestet haben, bevor sie sich an ihre idealen Kunden wendeten, um herauszufinden, ob diese die Idee überhaupt wollten. Dies führt zu zwei sehr frustrierenden Ergebnissen: Erstens haben sie eventuell etwas kreiert, das nur wenige Menschen wirklich wollen oder brauchen.

Zweitens dauern Entwicklung und Markteinführung viel zu lange, sodass die eigentliche Chance womöglich verpasst wird. Am Ende verschwendet das Ganze aber so oder so Geld und Zeit. Wenn wir Angebote in einer Blase entwerfen, völlig abgeschnitten von unseren Communitys, verlassen wir uns auf einen einzigen Datensatz (uns selbst) und entwickeln am Ende vielleicht etwas, was der Markt gar nicht will. Aber wenn du die Story verkaufst, weißt du mit ziemlicher Sicherheit, dass die Leute es später kaufen werden – und diese Bestätigung entfacht ein Feuer in dir, das dich antreiben wird.

Wer profitiert noch davon?

Der unerbittliche Rotschopf würde Covid-19 nicht gewinnen lassen. Im März 2020, nur 36 Tage vor ihrem jährlichen IT-Vertriebs- und Marketing-Bootcamp, musste Robin Robins die Live-Veranstaltung absagen und auf virtuelle Übertragung umstellen. Das mag jetzt wie eine knifflige, wenn auch durchaus machbare Herausforderung klingen, aber in Wirklichkeit war es ein *gewaltiges* Unterfangen. Mittlerweile haben wir uns alle an virtuelle Veranstaltungen gewöhnt, aber im März 2020 war das fast noch undenkbar. Ich spreche aus eigener Erfahrung, denn auch ich hatte im März eine Veranstaltung – Author UpLive –, für deren Umstellung ins Virtuelle wir weniger als drei Wochen Zeit hatten. Noch dazu hatten wir keine Ahnung, wie wir das ohne eine Stornierung der meisten Anmeldungen bewerkstelligen sollten. Für uns als Gastgeber bedeutete das sofortige technologische Veränderungen und eine Weiterbildung, in der wir minütlich dazulernten. Und für die Gäste?

Nur wenige trauten sich eine Teilnahme bei einer virtuellen Veranstaltung zu, vor allem bei einer, bei der es ebenso um persönliches Networking wie ums Lernen ging. Zu allem Überfluss kannten sich die wenigsten mit Zoom aus, darunter anscheinend auch *CNN*-Moderator Jeffrey Toobin, der während einer Zoom-Sitzung mit *seinem Rohr* spielte und dabei erwischt wurde. Wenn du nicht weißt, wovon ich gerade spreche, dann tu dir selbst den Gefallen und google es nicht … davon wirst du nur blind.

Der unerbittliche Rotschopf Robin ließ sich nicht abschrecken und hielt sich auch nicht an den Status quo. Als alle anderen – inklusive meiner

Wenigkeit – ihre Veranstaltungen auf Zoom verlagerten, stellte sie ein Fernsehproduktionsteam ein, ließ eine Bühne für die Live-Vorträge der Sprecher bauen und Bildschirme mit Live-Übertragungen hinzufügen, die die Zuschauer zu Hause zeigten. Obwohl sie in den ersten 30 Tagen mehr als 650.000 Dollar an Sponsoring zurückerstatten musste (was hauptsächlich auf panische Geldgeber zurückzuführen war), machte Robin das mehr als wett, indem sie ihre Anmeldeliste von 1.500 auf fast 5.000 erhöhte! Und das in nur sechs Wochen. Als also alle anderen – inklusive meiner Wenigkeit – lediglich ihre Teilnehmerzahlen *stabil halten* wollten, wuchs Robins Liste sprunghaft an, sie fand neue Sponsoren und führte ihr profitabelstes Event aller Zeiten durch.

Robins Ruf für erstklassige Events entwickelte sich schnell zu einem Ruf für erstklassige *virtuelle* Events. Als ich sie im Herbst 2020 für dieses Buch interviewte, erzählte sie mir, sie habe im laufenden Jahr bereits einen Umsatz von 20 Millionen Dollar erzielt. Außerdem startete sie zu der Zeit mit Big Red Media einen Anbieter für virtuelle Veranstaltungen und Marketingdienstleistungen, der im ersten Geschäftsjahr 4 Millionen Dollar einnehmen sollte. Sie sagte: »Wenn sich die Welt verändert, hat jeder wieder die Chance auf einen First-Mover-Advantage. Man hat nicht die Zeit, um die Handlungen aller anderen zu beobachten.«

Eine der von ihr angewendeten Techniken basiert auf der Frage: Wer profitiert noch davon? Bei einer Veranstaltung mit Ticketverkäufen waren in ihrem Fall die weiteren Nutznießer der Ticketvertreiber, die virtuelle Veranstaltungsplattform sowie das Produktionsteam. Sobald wieder Vor-Ort-Veranstaltungen durchgeführt werden konnten, konnte sie Verpflegungsdienste, Hotels, Transportmittel und mehr dieser Liste hinzufügen. Robin sah in all diesen Personen und Unternehmen, die davon profitierten, Möglichkeiten für Anbieterallianzen, Joint Ventures, Partnerschaften und Sponsoring. Welche dieser Anbieter würden auch gerne Robins Kunden bedienen? Welche dieser Anbieter verfügten über eigene Netzwerke, die von Robins Fähigkeiten profitieren könnten? Wer hätte bei einem Treffen von IT-Fachleuten auch gerne Zugang zu diesen Experten?

Weil sie immer fragte: »Wer profitiert noch davon?«, schloss sich Robin mit Datto zusammen, einem Datensicherungsunternehmen, das Zugang zu ihren Teilnehmern haben wollte und dafür eine hübsche Summe bezahlte. Dann fragte sie: »Wie könnten sie *sonst noch* profitieren?« Es stellte sich heraus, dass das Unternehmen eine lange Liste potenzieller Kunden hatte, aber nicht wusste, wie es diese nutzen konnte. Also entwickelte und führte Robin daraufhin eine virtuelle Konferenz für Datto durch. Seither beschäftigt sich eine Abteilung ihres Unternehmens mit der Durchführung virtueller Konferenzen für andere Unternehmen. Wenn du also dein Unternehmen neu konzipieren oder sogar ganz neu erfinden möchtest, überleg dir, wer noch davon profitiert. Stell dir diese Frage so lange, bis du neue Möglichkeiten für dich entdeckt hast.

Mach das Unskalierbare

Joey Colemans *Never Lose a Customer Again* ist eins meiner absoluten Lieblingsbücher. Es ist einfach ein Muss. Eventuell bin ich jetzt sogar so kühn und behaupte, dass seins und mein Buch zusammen der perfekte Doppelschlag sind. *Mach den Unterschied* wird dir bei der Kundengewinnung helfen, während Joeys Buch helfen wird, sie zu halten.

Ich lud Joey zu einem Treffen mit anderen Autoren ein, bei dem er mir eine seiner besten Methoden der Andersartigkeit vorstellte. Es war letztlich sogar sein Rat, der mich zur immersiven Lernerfahrung für dieses Buch inspirierte: immersewithmike.com. Was mich wirklich umgehauen hat, war diese geniale Aussage: »Mach das, was sich nicht skalieren lässt, weil es niemand sonst macht.« Als ich das hörte, dachte ich nur: »Wie genial ist das denn?!«

Das ist natürlich *das* Geheimnis bei der Neugestaltung eines Angebots, denn die meisten Menschen wollen skalieren und vermeiden das, was sich nicht einfach reproduzieren lässt. Etwas Unskalierbares zu erschaffen, überfordert sie und sie brennen irgendwann aus.

Das war für mich mal wieder einer dieser Momente, in denen ich dachte: »Warum bist du nicht selbst darauf gekommen?« Und ich musste es einfach ausprobieren. Ich dachte über die mögliche Kontaktaufnahme mit den Lesern nach. Die meisten Autoren unterhalten sich nicht persönlich mit ihren

Lesern, weil sie das zeitlich nicht leisten können. Ich verstehe das, denn man kann nicht mit jedem Buchkäufer eine persönliche Beziehung aufbauen. Das ist unmöglich – und selbst wenn es möglich wäre, wäre es unfassbar anstrengend.

Bevor Joey mir Strategie des Unskalierbaren eröffnete, hatte ich bereits persönlich auf E-Mails meiner Leser geantwortet. Ich wollte und will mit ihnen in Kontakt treten – auch mit dir. Allerdings konnte ich mit der Nachfrage nicht Schritt halten und musste es aufgeben. Alle Autoren müssen schließlich einen Teil ihrer Arbeit irgendwann an ihr Team abgeben, oder? Aber tief in mir drin wollte ich die Verbindung zu meinen Lesern – zu dir – nicht verlieren.

Nach diesem Autorentreffen nahm ich mir daher vor, mich wieder auf meine Leser einzulassen, und stellte mich der Herausforderung, dafür einen Weg zu finden. Ich entwickelte ein System und führte das sogenannte Time-Blocking ein, damit ich auf alle Leser-E-Mails persönlich antworten konnte. Die Resonanz war erstaunlich. Wie ich das ganz genau mache, bleibt mein Geheimnis, aber ich tippe wirklich jedes einzelne Wort und nehme jedes einzelne Video selbst auf. Das bin ich und es ist nicht skalierbar. Oder etwa doch?

Versuch mal diese Technik. Nimm dir etwa eine Stunde Zeit und frag dich: »Was wäre, wenn …?« Was wäre, wenn du dir keine Sorgen um die Skalierbarkeit machen müsstest? Was wäre, wenn die »Unskalierbarkeit« ein Branchenmythos wäre und du dein Angebot tatsächlich ausbauen könntest? Was würdest du dann anbieten? Oder wie würdest du dein Angebot anders bereitstellen? Was wäre, wenn du einfach das tun würdest, was in deiner Branche nicht skaliert werden kann, und diese Lücke mit purem Engagement füllen würdest? Das könnte glatt zu deiner geheimen Zutat werden!

John Ruhlin hat mehr Messer verkauft als jeder andere Verkäufer in Cutcos Unternehmensgeschichte – und zwar indem er die Art und Weise änderte, wie er sie verkaufte. Cutco verkauft Messer hauptsächlich über den Direktvertrieb, also die gute altmodische Klinkenputzer-Methode. Während seines Praktikums hatte John eine Idee: Was wäre, wenn er Geschäftsinhaber zum Kauf großer Mengen bringen könnte, damit sie diese ihren Kunden schenkten?

Sein erster Verkauf dieser Art ging an seinen Schwiegervater in spe, einen Anwalt, der Taschenmesser als Geschenke für seine Kunden kaufte. Doch das war nur der Anfang, denn später verkaufte John Cutco-Messer im Wert von mehr als 4 Millionen Dollar.

John und ich sind Freunde. Zudem ist er der Autor des Buchs *Giftology: The Art and Science of Using Gifts to Cut through the Noise, Increase Referrals, and Strengthen Retention.* Sein andersgearteter Ansatz an das Thema Verkauf funktionierte nicht nur für Cutco, sondern wurde zu seiner Lebensaufgabe.

Der Schlüssel zum Erfolg im Marketing und Vertrieb liegt in den wiederkehrenden Fragen: »Was wäre, wenn ich es auf andere Art ausprobieren würde? Was wäre, wenn ich einen anderen Verkaufsansatz ausprobieren würde? Was wäre, wenn ich mir ein Produkt oder ein Dienstleistungssystem aus einer völlig anderen Branche ausleihen würde? Was wäre, wenn ich mich über die konventionelle Weisheit hinwegsetzen, die Industrienormen außer Acht lassen und etwas völlig Neues ausprobieren würde?« Indem du dir das große Ganze neu vorstellst – also was du wie verkaufst –, entdeckst du vielleicht deine wahre Berufung.

Du bist dran

1. Überleg dir, wer noch von deinem Produkt oder deiner Dienstleistung profitieren könnte. Es gibt ja auch Verkäufer, Lieferanten, Auftragnehmer und andere in der Wertschöpfungskette, nicht nur deine Kunden. Schreib alle Personen oder Firmen auf, die an der Erstellung oder Erbringung deiner Leistungen beteiligt sind, denn sie sind die Nutznießer. Frag dich nun: »Auf welche andere Art könnten sie noch zu Partnern werden?«

2. Erstelle eine Liste mit all den Punkten, die in deiner Branche als »nicht skalierbar« angesehen werden. Überleg dir, was deine Branche nicht tut, weil man sagt, es sei nicht machbar. Such dir aus der

Liste dann eine Sache aus und setz sie in die Tat um. Wenn du dich auf die immersive Herangehensweise eingelassen hast, die ich in meiner Widmung bereits erwähnt habe, dann teile deine Geschichte, wie du *Mach den Unterschied* für dein Unternehmen genutzt hast. Das ist eine Win-win-Situation, denn ich bin immer auf der Suche nach neuen Geschichten und Strategien (das kommt mir zugute, danke!), und vielleicht wird daraus dann eine Erwähnung in einem Blog oder Podcast oder ich werde deine Story in einem meiner zukünftigen Bücher erwähnen (was ja hoffentlich ein Win für dich wäre). Falls du bis jetzt noch nicht an dieser immersiven Erfahrung teilgenommen hast, kannst du das ganz einfach nachholen unter immersewithmike.com.

ABSCHLUSS

Wachse, aber werd bloß nicht erwachsen

»Werd endlich erwachsen!« An diesem Punkt der Lektüre kennst du mich hoffentlich gut genug, dass du dir denken kannst, dass ich kein Fan dieser Phrase bin. Ich bin jetzt 50 Jahre alt (ja, ich weiß, ich sehe keinen Tag älter aus als 49 ½) und habe diesen Satz öfter gehört, als ich zählen könnte – erst letzte Woche ist er mal wieder aufgepoppt. Vielleicht liegt es daran, weil ich ein elender Quatschkopf bin. Vielleicht weil ich keine Angst davor habe, mal etwas anderes auszuprobieren. Vielleicht weil ich bei Sachen, die ich liebe, einen kindlichen Enthusiasmus an den Tag legen kann.

Dennoch bin ich kein Peter Pan. Ich bin gerne erwachsen und ein verheirateter Vater von drei Kindern. Aber was meine Unternehmen angeht? Das ist eine ganz andere Nummer. Ich will auf keinen Fall, dass meine Unternehmen erwachsen werden, weil das ein Codewort für »Anpassung an den Rest der Welt« ist.

Während wir allmählich erwachsen werden, fangen wir an, uns immer mehr der Gesellschaft um uns herum anzupassen. Wir gehen weniger Risiken ein. Wir wollen dazugehören. »Werd endlich erwachsen« wird dann ein Code für: »Füg dich ein, Freundchen, überschreite keine Grenzen mehr, pass dich verdammt noch mal an.« Mach. Gefälligst. Was. Von. Dir. Erwartet. Wird. Nein danke!

Es sind die Unternehmer, die *nicht* erwachsen werden, die auffallen. Die Anführer, die *nicht* reinpassen. Die Grenzen überschreiten oder einfach neue Grenzen ziehen. Die sich nicht so anziehen, wie sie vermeintlich sollten. Die eine einzigartige Sichtweise an den Tag legen.

Laut *News Medical* litt Steve Jobs an Koumpounophobie, der Angst vor Knöpfen. Zumindest hatte er eine starke Abneigung dagegen. Jobs trug immer einen Rollkragenpullover. Keine Knöpfe. Und seine Jeans? Die wurden sicherlich auch nicht geknöpft. Anstatt sich Knöpfe aufzuzwingen, lehnte er sie ab. Und diese Ablehnung schlug sich in seinen entwickelten Produkten nieder.

Als Apple das iPhone auf den Markt brachte, revolutionierte es die Telefonbranche, die zu dieser Zeit von BlackBerry dominiert wurde. Hatte man ein Handy, war es wahrscheinlich das »Crack Berry«. Konkurrierende Telefone versuchten, noch mehr Tasten einzubauen, denn das war die von BlackBerry definierte Industrienorm. Unternehmen bauten zum Tippen ganze Tastaturen hinter den hochschiebbaren Bildschirmen ein. Doch Steve Jobs blieb sich treu: keine Knöpfe – in diesem Fall Tasten. Als das iPhone am 9. Januar 2007 auf den Markt kam, war Apple das erste große Unternehmen, das Handys mit völlig neuem Design ohne Tasten anbot. Dabei verschmolz Technologie mit Kunst. Zehn Jahre später, im vierten Quartal 2016, war BlackBerrys Marktanteil auf 0,0 Prozent gefallen. BlackBerry war am Ende und Apple nun der dominierende Akteur.

Andersartigkeit gewinnt durch die Neuerfindung des Geschäfts und die Neuerfindung des Marketings. Das Wunderbare daran ist, dass *du* dich nicht anders geben musst, um anders zu sein. Andersartigkeit erfordert sogar, dass du ganz und gar du selbst bleibst. Wir alle sind anders. Aber nur die Menschen, die ihre Andersartigkeit voll ausleben und zum Ausdruck bringen, werden wahrgenommen. Werd also bloß nicht erwachsen, ich flehe dich an!

Ich will damit nicht sagen, dass man kindisch sein sollte – es sei denn, genau das macht dich aus. Ich will damit vielmehr sagen, dass du das innere Kind annehmen sollst. Verlass dich auf das, was du immer warst und immer noch bist.

Ich will meine Unternehmen wachsen, nicht erwachsen werden sehen. Wenn ich zulasse, dass meine Unternehmen alle »Erwartungen« erfüllen, dann verlieren sie ihre Fähigkeit, sich auf dem Markt von den anderen abzuheben. Im Gegenzug verlieren sie auch die Möglichkeit der Expansion und Einnahmensteigerung. Das ist die eigentliche Ironie. Wir streben danach, dass unsere Unternehmen so sind wie jedes andere seriöse Unternehmen, aber am Ende hemmen wir unser eigenes Wachstum, indem wir versuchen, »seriös« zu sein.

Aber nicht du, denn du weißt, was Sache ist. Du verstehst jetzt, warum Andersartigkeit der entscheidende Schlüssel zur Wahrnehmung ist. Und du weißt, dass *deine* Andersartigkeit ganz leicht sein kann, durch kleine Veränderungen beim »Standardbetriebsverfahren«. Zudem hast du jetzt einen bewährten Rahmen, um deine andersgearteten Marketingideen zu bewerten und auszuprobieren. Du kannst im Handumdrehen jedes Marketing – deins, das deiner Konkurrenten, das von denen, die dich vermarkten wollen – betrachten und die jeweilige Erfolgsquote abschätzen. Wenn eine Idee den AAA-Test nicht besteht, fällt sie durch. So einfach ist das.

Damit Marketing, so wie es immer war und immer sein wird, funktionieren kann, muss es sich abheben, die richtigen Leute anziehen und explizit anweisen. Wenn du das im Hinterkopf behältst, ist dir der Sieg sicher. Wenn nicht, bist du nur ein weiteres Hintergrundrauschen.

Du trainierst bereits deinen Marketingmuskel. Vielleicht hat dich eine Angst vor Marketing zu diesem Buch getrieben oder zumindest das Gefühl, dass du nicht das Zeug für außergewöhnliche Ideen hast. Aber jetzt weißt du, dass das Quatsch ist: Deine Marketingmuskeln werden mit jedem Anders-Machen-Experiment stärker und während du neue Ansätze ausprobierst und die bewährten Ideen umsetzt, wird dein Selbstvertrauen zusammen mit deinem Unternehmen wachsen. Du wirst dir weniger Gedanken über die *Meinungen* anderer Leute machen, sondern viel mehr darüber, *wie* die richtigen Leute denken – und was ihre Aufmerksamkeit erregt, was sie wollen und wie sie handeln.

Du wirst Risiken besser kalkulieren und Chancen besser nutzen lernen, die du in der Vergangenheit vielleicht gar nicht bemerkt hast. Du wirst das Selbstvertrauen haben, das nur entsteht, wenn man weiß, dass man die Kontrolle über das eigene Unternehmenswachstum übernommen hat. Dabei kannst du nun den Regler nach Belieben hoch- oder runterschieben, denn der Fluss der Leads hängt nun ganz von dir ab.

Wenn man Leuten wie uns sagt, wir sollten »erwachsen werden«, will man uns manchmal so dazu bringen, eine Realität zu akzeptieren, die nicht mit unseren Werten übereinstimmt. Warum sollten wir es also tun wollen? Ich befinde mich auf der Mission, unternehmerische Armut auszurotten. Du bist auf deiner Mission. Wir können keinen Status quo einfach so akzeptieren. Das mag einige Leute verärgern, aber wir müssen dem, was wir sind, treu bleiben.

Und manchmal, nur manchmal, wenn Menschen uns sagen, wir sollten »erwachsen werden«, dann tun sie das aus Angst. Sie erkennen womöglich, dass sie die Verbindung zu ihrem wahren Selbst verloren haben, oder haben das Gefühl, dass sie ihr Leben in Angst leben, statt ihre Gefühle auszudrücken. Diese Menschen wollen, dass wir »erwachsen« werden, damit wir uns ihnen anpassen. Sie wollen, dass wir nicht mehr wahrgenommen werden, damit sie sich nicht mehr schlecht fühlen müssen, weil sie selbst nicht wahrgenommen werden.

Marketing findet nicht nur in Unternehmen statt, sondern auch in gemeinnützigen Organisationen, in der Politik und auf dem Schulgelände. Und manche »Marketing«-Missionen sind langwierig, aber das macht sie nicht weniger wertig. Bei einem Spiel in der Footballsaison 2016 ging Colin Kaepernick von den San Francisco 49ers während der Nationalhymne auf die Knie, anstatt wie üblich mit der Hand über dem Herzen zu stehen. *Das* war anders. Ein Veteran hatte ihn auf die Idee gebracht. Dieser hatte dem Sportler von der militärischen Tradition erzählt, am Grab eines gefallenen Soldaten auf die Knie zu gehen. Hier besteht eine gewisse Symmetrie, weil es in Jugendsportligen üblich ist, bei der Verletzung eines Mannschaftskameraden während des Spiels auf die Knie zu gehen. Kaepernick dachte sich, dass dies anders genug sei, um die Aufmerksamkeit der Nation auf ein wichtiges, seiner Meinung nach übersehenes Thema zu lenken: Es sollte die durch Polizeibrutalität »gefallenen« Männer und Frauen ehren. Sein anvisierter »Marketing«-Sieg war die Sensibilisierung, seine »Werd-nicht-erwachsen«-Methode ein ernüchternder, sehr »erwachsener« Widerstand gegen Konformität.

Nur lief es nicht wie erhofft, denn er wurde von vielen Fans, NFL-Teambesitzern und Politikern für diese Aktion angefeindet. Die NFL verbot das Knien während der Nationalhymne und die 49ers entließen Kaepernick 2017 aus dem Team. Erst 2020, nach George Floyds Tod, zog die NFL ihre früheren Aussagen zurück. NFL-Commissioner Roger Goodell kommentierte es so: »Wir, die National Football League, geben zu, dass wir auf die NFL-Spieler hätten hören müssen, und ermutigen alle, ihre Stimme im friedlichen Protest zu erheben.« Einige könnten nun argumentieren, dass es sich nicht gelohnt habe, weil Kaepernick seit 2016 für kein Team mehr spielte, dass seine Bemühungen also nicht gefruchtet hätten. Ich würde aber dagegenhalten, dass sie es sehr wohl funktioniert haben, denn seine andersgeartete Strategie hat letztlich die Kraft des friedlichen Protests demonstriert. Sie unterschied sich von dem, was alle anderen taten, und wurde deshalb wahrgenommen. Anders gewinnt immer. Wenn du weißt, dass es richtig ist, dann bleib dabei. Ganz unerbittlich.

Versinke nicht im Ozean der Gleichförmigkeit. Lass dich nicht von Trends, Best Practices, Industriestandards oder der Rechtfertigung »Alle machen das so« blenden. Du weißt, dass der Schlüssel zum Marketing im entscheidenden Blinzel-Moment liegt, und dass Andersartigkeit dich ans Ziel bringen wird. Gib deine Mission nicht auf und verkauf nicht deine Seele. Gib nicht das Wachstum auf, das du dir für dein Unternehmen wünschst. Gib deine Träume nicht auf. Nutze das Anders-Machen-Marketing, um deine idealen Marketingresultate zu erreichen.

Als sich mein Sohn Jake bei meiner geliebten Alma Mater Virginia Tech bewarb, setzte man ihn dort auf die Warteliste. Das lässt sich ein wenig mit »Beurlaubung statt Entlassung« gleichsetzen – allerdings vor Stellenantritt. Jake akzeptierte diese Entscheidung nicht. Ihm war bewusst, dass er einer von vielen Bewerbern war, und wollte etwas Andersartiges tun, um die Aufmerksamkeit der Zulassungsstelle zu erregen. Er gestaltete ein riesiges Plakat mit allen Gründen *für* seine Annahme und schickte sie an die Virginia Tech.

Kurze Zeit später erhielt er einen Anruf vom Dekan der Zulassungsstelle: »In meinen 25 Jahren in diesem Amt habe ich noch nie ein solches Plakat erhalten. Ich kann zwar nichts versprechen, aber wir müssen unsere Entscheidung wohl noch mal genauer anschauen.« *Wir müssen unsere Entscheidung* *wohl noch mal genauer anschauen.* Andersgeartet funktioniert. Andersgeartet gewinnt immer.*

Wenn du an dich selbst glaubst, dann bleib auch dabei. Wenn du denkst, du seist die beste Lösung, wenn du weißt, du *bist* die beste Lösung, dann musst du dranbleiben. Du musst herausstechen, denn du trägst die Verantwortung dafür, bemerkt zu werden. Das ist der erste und nötige Schritt, um jemandem zu dienen.

Als ich mal in Berlin war, erhielt ich einen Glückskeks, auf dessen Zettel stand: »Sei fett mutig, *sei kursiv*, aber sei nie normal.« Ich trage ihn immer bei mir, damit er mich daran erinnert, die Andersartigkeit zu praktizieren, meinen Marketingmuskel weiter zu trainieren, um weiterhin das Blinzel-Match des Marketings für mich zu entscheiden. Wir alle brauchen solche Erinnerungen, weil der Drang zur Konformität einfach stark ist und der Anreiz besteht, dass es so einfacher ist. Anders zu sein ist die mutige (und *kursive*) Verstärkung der eigenen Besonderheiten, des eigenen authentischen Selbst. Deshalb ist es immer besser und deshalb gewinnt es auch immer.

Wenn ich meine eigene Botschaft in Glückskekse auf der ganzen Welt einbauen könnte, wenn ich sicherstellen könnte, dass sie nach dem Abendessen auf deinem Teller landet, dann würde sie lauten: »Lass dein Unternehmen wachsen, aber nicht erwachsen werden.« Nimm das Gelernte aus diesem Buch und träume einen größeren Traum. Jetzt, wo du weißt, wie du von den richtigen Leuten wahrgenommen werden kannst, sind dir nach oben keine Grenzen gesetzt.

Was könntest du alles machen, wenn du wüsstest, du könntest immer dann alle nötigen Leads bekommen, wenn du sie brauchst? Was wäre, wenn du alle realistischen Erwartungen übertreffen könntest, einfach an ihren vorbeizischen könntest, hoch hinaus in die Stratosphäre der unendlichen Möglichkeiten? Was würdest du dann machen? Was würdest du erschaffen? Was würdest du erneuern? Wie würdest du dienen?

---

* Jake entschied sich letztlich für ein Studium bei Rutgers. Sein »Marketing« hatte ihn ans Steuer gesetzt und er suchte sich seine Hochschule selbst aus. Jake gewann. Rutgers gewann. Und ich denke, Virginia Tech hat verloren. Sorry, Tech.

Du befindest dich nicht mehr unten am Berg, in dem Versuch den besten Weg an die Spitze zu finden. Indem du dieses Buch gelesen hast und deine eigenen Anders-Machen-Experimente durchführst, indem du dich einer *authentischen* Andersartigkeit verpflichtest, bist du bereits oben angekommen. Du bist an der Spitze und die Aussicht ist eine andere von hier oben. Man kann kilometerweit in die Ferne schauen.

Was siehst du für dich und dein Unternehmen am Horizont? Was auch immer es sein mag, ich weiß, dass du es schaffen kannst. Du bist anders, und ich für meinen Teil mag das. Und zwar sehr.

Also, wie sieht's aus? Bist du bereit, anders zu werden?

Dann leg los!

Anhang, Teil 1

Der Anders-Machen-Marketingprozess führt dich durch die Experimente, die variablen Anpassungen und letztlich auch zur erfolgreichen Umsetzung vom Experiment zum Marketingplan.

GD MARKETING PROCESS

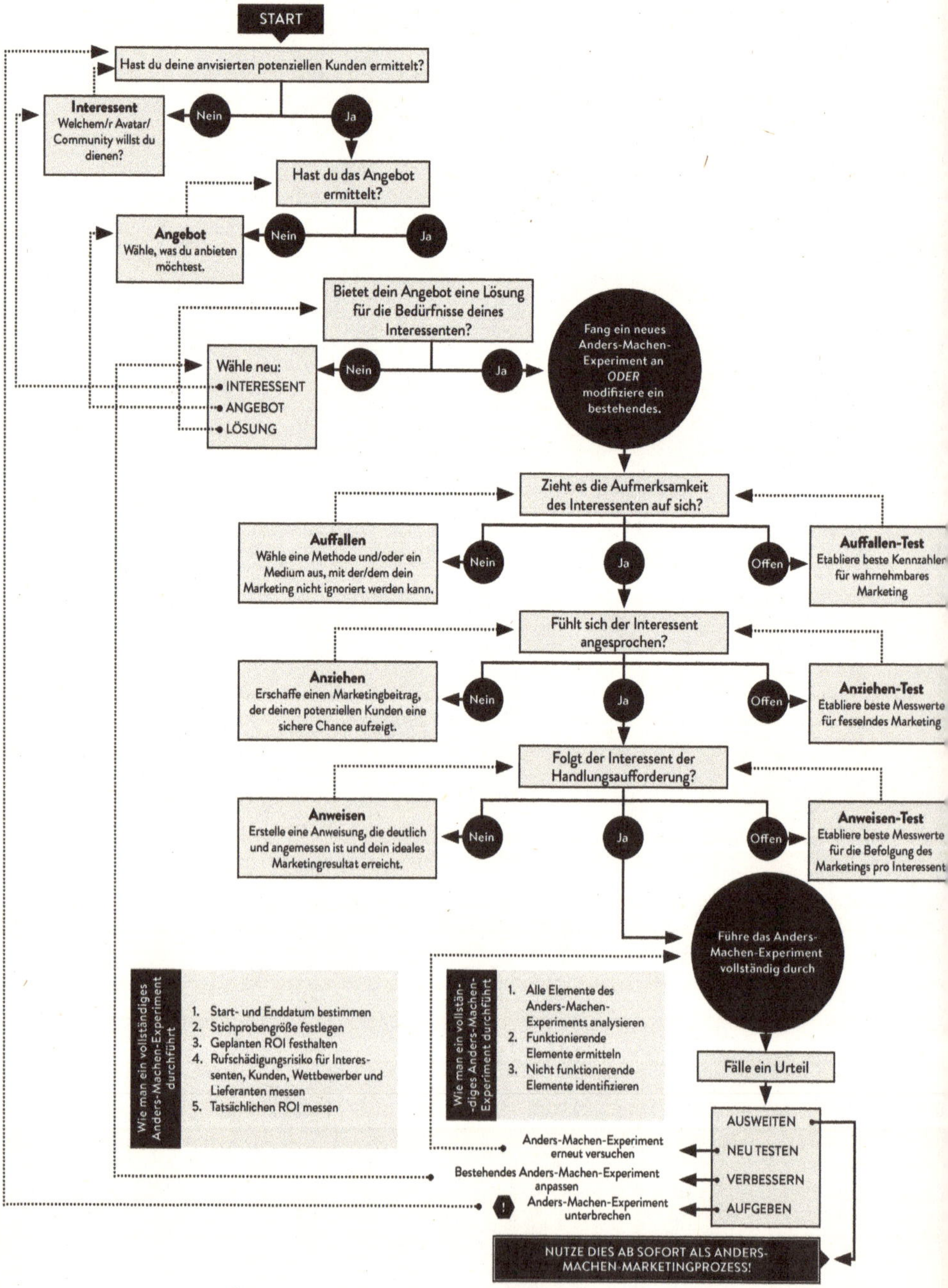

Der Anders-Machen-Marketingprozess

Anhang, Teil 2

Das erweiterte AAA-Marketing-Framework zeigt die Blinzel-Phasen des Marketings. Zunächst musst du dich abheben, um die Aufmerksamkeit des idealen Interessenten für dich zu gewinnen. Dieser Moment dauert etwa eine Zehntelsekunde, ist also kürzer als ein Blinzeln. Dann musst du den Interessenten anziehen, um ihn bei der Stange zu halten. Du musst ihm dabei immer und immer wieder zeigen, dass die Chance, die sich ihm durch seine Aufmerksamkeit bietet, größer ist als der Verzicht auf dein Angebot. Du kannst einen potenziellen Kunden nur so lange binden, wie er einen Nutzen und eine Chance für sich sieht. In der letzten Phase bringst du den potenziellen Kunden dazu, aktiv zu werden. Um das zu erreichen, musst du es schaffen, dass er erkennt, dass der Nutzen, deiner Aufforderung nachzukommen, größer ist als das eventuelle Risiko.

	AUFFALLEN	ANZIEHEN	ANWEISEN
IDEALES MARKETINGRESULTAT	Aufmerksamkeit des Interessenten	Bindung des Interessenten	Folgeleistung des Interessenten
ENTSCHEIDUNGS-GESCHWINDIGKEIT	Eine Zehntelsekunde	Sammeln von Viertelsekunden-Einheiten	Viertelsekunde
FEHLERPUNKTE	Bekannte Gefahr = vermeiden Bekannte Belanglosigkeit = ignorieren	Neue Gefahr = vermeiden Neue Belanglosigkeit = ignorieren	Unangemessene Aufforderung = vermeiden
ERFOLGSPUNKTE	Bekannte Gelegenheit = Interessent gefesselt oder Unbekannt & Unerwartet = Interessent gefesselt	Neue Gelegenheit = Interessent zieht sie in Betracht	Angemessene Aufforderung = Interessent geht ihr nach

Das erweiterte AAA-Marketing-Framework

Anhang, Teil 3

Das »Anders-Machen-Experiment«-Arbeitsblatt. Lass alle Marketingexperimente dieses Tool durchlaufen und fälle dann ein Urteil. Wenn du einem Marketingexperiment den Stempel »Ausbauen & Messen« verpasst hast, dann hast du etwas in der Hand, das du zu einem Marketingplan ausweiten kannst.

ANDERS-MACHEN-EXPERIMENT – ARBEITSBLATT

FÜR ______________________

DATUM ____________ TEST NR. _____

Phase 1: Zielsetzung

Ziel
Wer ist der ideale Interessent?

Weg
Welches Angebot würde dieser Person am meisten dienen?

Sieg
Wie lautet dein ideales Marketingresultat?

Phase 2: Investition

CLV: ______________________
Der typische Customer-Lifetime-Value (Umsatz) pro Kunde

Abschlussrate: jeder ____________
Deine wahrscheinliche Abschlussrate der potenziellen Kunden (z. B. jeder 5.)

Investition pro potenziellem Kunden: ____________
Der Geldbetrag, den du für die Akquise eines Kunden investieren würdest

NOTIZEN:

Phase 3: Experiment

Medium: ______________________
Welche Marketingplattform wirst du nutzen (z. B. Webseite, E-Mail, Postwurfsendung, Werbetafel etc.)?

Idee:

Ist das im Sinne des AAA?

- ❑ **Auffallen**
  Kann es nicht ignoriert werden?
- ❑ **Anziehen**
  Ist es eine sichere Chance?
- ❑ **Anweisen**
  Ist es eine spezifische und angemessene Aufforderung?

Phase 4: Messung

Intentionen	**Ergebnisse**
Startdatum: ____________	Enddatum: ____________
Geplante Stichprobe: ____________	Erreichte Stichprobe: ____________
Geplante Abschlussquote: ____________	Erreichte Abschlussquote: ____________
Geplante Investitionen: ____________	Getätigte Investitionen: ____________

Beobachtungen:

Urteil:

Ausweiten & tracken	**Erneut testen**	**Verbessern**	**Aufgeben**
Als laufende Strategie benutzen	Neue Stichprobe testen	Optimieren und erneut versuchen	Neues Experiment starten

Das Arbeitsblatt für das Anders-Machen-Experiment

Anhang, Teil 4

Dies ist ein Tool, das dir bei der Weiterentwicklung dessen hilft, was dich (oder dein Unternehmen) in den Augen deiner Kunden und Gesprächspartner andersartig wirken lässt.

FINDE DEINE ANDERSARTIGKEIT

Name ________________

DATUM ________________

Schritt 1: Finde sie

Beziehungen/Kontakte:

0–1 Jahre	1–10 Jahre	Über 10 Jahre
1.	5.	9.
2.	6.	10.
3.	7.	11.
4.	8.	12.

Anleitung: Ermittle zwölf Personen, die dich (oder dein Unternehmen) gut kennen. Vier dieser Menschen sollten neuere Bekanntschaften sein (jünger als ein Jahr). Die nächsten vier Menschen sollten dich (oder dein Unternehmen) seit über einem Jahr kennen, aber weniger als zehn. Und die letzte Gruppe von vier Menschen sind solche, die dich (oder dein Unternehmen) bereits seit einem Jahrzehnt oder sogar noch länger kennen. Du musst nicht in aktiver Kommunikation mit ihnen stehen, aber du solltest eine Möglichkeit haben, mit ihnen Kontakt aufzunehmen.

Schritt 2: Frag sie aus

Schick diesen Leuten die folgende Nachricht:

Mein Unternehmens-Coach hat mir eine Aufgabe gestellt, die ich sofort in Angriff nehmen soll. Ich soll Personen auswählen, die mich gut kennen, ich würde mich also wirklich sehr über deine Hilfe freuen! Was ist deiner Meinung nach mein »Anders«-Faktor: etwas, das ich besser oder anders mache als die anderen? Deine Antwort darauf muss nicht lang sein, ein Satz reicht schon. Ich werde dein Feedback nutzen, um die Marktposition meines Unternehmens zu verbessern. Vielen herzlichen Dank für deine Hilfe!

☐ 1 ☐ 2 ☐ 3 ☐ 4 ☐ 5 ☐ 6 ☐ 7 ☐ 8 ☐ 9 ☐ 10 ☐ 11 ☐ 12

Anleitung: Schick diese Nachricht an deine zwölf aufgelisteten Kontakte. Falls du explizit die Einzigartigkeit deines Unternehmens herausfinden willst, ändere den Text entsprechend: „Ich muss jemanden finden, der mein Unternehmen gut kennt" und „Was ist deiner Meinung nach der ‚Anders'-Faktor unseres Unternehmens: Was machen wir besser oder anders als die anderen?"

Schritt 3: Ordne es ein

Mach ein Feedback-Ranking:

1	2	3

Anleitung: Du brauchst mindestens zehn Rückmeldungen, damit diese Übung effektiv ist. Melde dich bei weiteren Menschen, falls du diesen Schwellenwert noch nicht erreicht hast. Geh die erhaltenen Rückmeldungen durch und ermittle die drei am häufigsten genannten Beobachtungen zu deinem Anders-Faktor. Schreib sie einzeln in die dafür vorgesehenen Boxen, also ein Faktor pro Box.

Schritt 4: Verfeinere es

Deine Andersartigkeit:

1. ________________

________________ 1. Adjektiv ________________

2. ________________

________________ 2. Adjektiv ________________

3. ________________

________________ 3. Adjektiv ________________

Anleitung: Notiere anhand der in Schritt 3 ermittelten drei wichtigsten Faktoren die drei wichtigsten Motive, die du in diesen Antworten sehen kannst. Fass jedes Motiv in einem kurzen Satz und einem Adjektiv zusammen, um es bestmöglich zu veranschaulichen. Beschreib in eigenen Worten, wie du dich mithilfe dieser Motive in deiner Kommunikation mit potenziellen Kunden von anderen absetzen könntest.

Finde deine Andersartigkeit

Anmerkungen des Autors

Vielen Dank, dass du *Mach den Unterschied* gelesen hast. Es ist mein Herzenswunsch, dass dieses Buch dir dabei hilft, deine unternehmerischen (und Lebens-)Ziele zu erreichen, die du dir ausgemalt hast. Es ist mir eine Ehre, Teil deiner Marketingreise gewesen zu sein.

Ich möchte dich an dieser Stelle aber um etwas bitten.

Wärst du bereit, eine ehrliche Rezension von *Mach den Unterschied* zu posten? Ich frage das, weil Rezensionen der effektivste Weg sind, um andere Unternehmer, Leader und Fachleute auf dieses Buch aufmerksam zu machen und ihnen den Nutzen des Buchs zu vermitteln. Eine Buchbesprechung von dir – selbst wenn es nur ein oder zwei Sätze sind –, wird genau dies erreichen.

Dafür musst du einfach auf die Webseite des Online-Stores oder des Buchladens gehen, wo du das Buch gekauft hast, und dort deine Rezension hinterlassen.

Wie gesagt, ich bitte dich nur um ehrliches Feedback.

Danke, falls du es in Betracht ziehst. Und danke, dass du ein Teil *meiner* Marketingreise bist.

Mike

Danksagung

Als ich mich daran machte, mein erstes Buch zu schreiben, ging ich noch davon aus, es sei wie das Formen einer Skulptur aus einem Tonklumpen. Aber mittlerweile weiß ich: Tatsächlich ist es eher so, als würde man aus Marmorblöcken (die so groß wie ein Haus sind) feine Schmuckstücke formen wollen. Dabei sind Präzision und Perfektion gefragt, es kommt also vor allem auf die Genauigkeit an.

Als wir *Mach den Unterschied* schufen, ließ ich ganze Marmorstücke auf den Boden fallen, die AJ Harper dann zu perfekt passenden Kronen und Ringen zusammengesetzt hat. Ich habe wirklich das Gefühl, dass dieses Buch das Beste aus unserer 14-jährigen Zusammenarbeit ist. Das habe ich auch bei unserem vorherigen Buch *Prio 1* so empfunden. Und bei *Clockwork* davor und bei *Profit First* noch davor. Meiner Meinung nach ist jedes Buch ein wenig besser als das vorherige. Das ist meine Definition einer außergewöhnlichen Partnerschaft. Ich danke dir, AJ, für deine außergewöhnliche künstlerische Leistung und deinen Einsatz. Aber noch mehr danke ich dir für deine außergewöhnliche Freundschaft.

Seit über 15 Jahren arbeite ich mit einer anderen Meisterkünstlerin zusammen: Liz Dobrinska. Das Cover dieses Buchs ist ein Ergebnis ihrer Arbeit. Die Grafiken in diesem Buch, die Webseiten, die dieses Buch begleiten, und jede Grafik, die du gesehen hast oder mit der du interagiert hast, entstammen alle Liz' Feder. Liz, ich möchte dir dafür danken, dass du tagein, tagaus mit mir zusammenarbeitest. Wir hören uns ja vermutlich in einer Viertelstunde. Ich rufe dich an.

Vielen Dank an Noah Schwartzberg, meinen Lektor. Ich kann nicht genug Gutes über die Zusammenarbeit mit dir sagen. Ich kann nur vermuten, dass ich »anders« bin als die anderen Autoren, aber du erträgst es mehr als tapfer, dass ich alles getestet und validiert habe; du hast einfach den Wert dieses Prozesses erkannt. Dutzende Cover wurden getestet und validiert. Unzählige Titel, Untertitel und Leserexemplare – alle getestet und validiert. Mit so vielen Daten, gepaart mit endlosen Ideen von AJ und mir, hast du dafür gesorgt, dass dieses Buch den Unternehmern auf bestmögliche Weise dienen wird. Und es hat nie, nicht eine Sekunde lang, meinen Ton verloren. Danke, dass du das alles zusammengehalten hast.

Ich möchte außerdem Justin Wise danken, meinem Partner bei The Different Company*, der Dienstleistungsorganisation hinter diesem Buch. Dein Beitrag war und ist hervorragend. Du hast nicht nur Feedback zum Buch gegeben, sondern warst immer auch ein Innovator des Systems selbst. Danke, dass du den Unternehmern das Anders-Machen schon Jahre vor der Veröffentlichung dieses Buchs beigebracht hast. Es funktioniert und du hast es bewiesen!

Hinter den Kulissen arbeitet ein ganzes Team unermüdlich an der Vereinfachung der unternehmerischen Reise. Vielen Dank an Kelsey Ayres, unserer Präsidentin, die unsere Mission zur Beseitigung der unternehmerischen Armut leitet. Danke an Amy Cartelli, die alles Nötige tut, um uns voranzubringen. Vielen Dank an Jenna Lorenz, die Stimme unserer Marke. Danke an Jeremy Smith dafür, dass er die digitale Welt jeden Tag über alle Geschehnisse informiert. Danke an Erin Chazotte, die dafür sorgt, dass ich immer genau dann an Ort und Stelle bin, wenn ich es auch sein muss. Danke an Adayla Michalowicz. Das kleine Mädchen mit dem Sparschwein ist jetzt eine erwachsene Frau mit angestrebtem Master-Abschluss, die sich um die Leserkommunikation kümmert und randalierende Instagram-Takeovers macht. Und ein Dankeschön an unseren Neuling Cordé Reed, der unserer

* Wenn du Anders-Machen mit absoluter Sicherheit richtig in die Tat umsetzen möchtest, empfehle ich dir die Nutzung unseres Coaching- und Training-Services bei differentcompany.co. Beachte bitte, dass es ein .co statt eines .com ist. .com ist eben, du weißt schon, zu gewöhnlich.

Expertengemeinschaft hilft, damit diese wiederum den Unternehmern helfen kann.

Ich möchte auch Armando Perez Jr. von Hoosier Security und CCTV Dynamics würdigen. Deine Geschichte ist beeindruckend und wird ihren Platz in einem meiner Bücher finden, das schwöre ich dir. Vielen Dank, dass ich dich immer und immer wieder interviewen durfte. Und siehst du, irgendwie kommst du doch in diesem Buch vor. Ich hab's dir ja gesagt.

Aber nun vielen Dank auch dir, lieber Leser. Deine Arbeit dient der globalen Wirtschaft. Dein Erfolg ist der Erfolg der Welt.

PS: Vielen Dank auch meinem Agenten. Stephen King wäre beeindruckt.

Quellenverzeichnis

1 H. R. Schiffman: *Sensation and Perception: An Integrated Approach,* New York: John Wiley and Sons, Inc., 2001.

2 Piroska Bisits-Bullen: »How to Choose a Sample Size (for the Statistically Challenged)«, *Tools-4Dev*, http://www.tools4dev.org/resources/how-to-choose-a-sample-size/, aufgerufen: 2. November 2019.

3 Maury Brown: »A Deep Dive into the MLB's Financial Losses for the 2020 Season«, *Forbes*, 18. Mai 2020, https://www.forbes.com/sites/maurybrown/2020/05/18/a-deep-dive-into-mlbs-financial-losses-for-the-2020-season/?sh=444d20da7f6c, aufgerufen: 12. April 2022.

4 Don Miller: *StoryBrand: Wie Sie mit starken Geschichten Ihre Kunden überzeugen*, übers. v. Ute Mareik, München: Vahlen, 2020; Allan Dib: *1-Page Marketing Plan: Get New Customers, Make More Money, And Stand out From The Crowd*, Miami: Successwise, 2018; Seth Godin: *Purple Cow – So infizieren Sie Ihre Zielgruppe durch virales Marketing*, Frankfurt: Campus, 2004; John Jatsch: *Duct tape marketing: the world's most practical small business marketing guide*, Nashville: Thomas Nelson, 2011.

5 Therese Fessenden: »The Authority Principle«, *Nielsen Norman Group*, 4. Februar 2018, https://www.nngroup.com/articles/authority-principle/, zugegriffen: 12. April 2022.

6 C. J. Ng: »Customers Don't Buy from People They Like, They Buy from Those They Trust«, *Ezinearticles.com*, 7. August 2008, https://ezinearticles.com/?Customers-Dont-Buy-From-People-They-Like,-They-Buy-From-Those-They-Trust&id=1391175, zugegriffen: 23. Januar 2021.

7 Tom Stafford: »How Liars Create the ›Illusion of Truth‹«, *BBC*, 26. Oktober 2016, https://www.bbc.com/future/article/20161026-how-liars-create-the-illusion-of-truth, zugegriffen: 12. April 2022.

8 Elisa Rogers: »The Psychology of Status Purchases: Why We Buy«, *Thrive Global*, 6. Mai 2019, https://thriveglobal.com/stories/the-psychology-of-status-purchases-why-we-buy/, zugegriffen: 12. April 2022.

9 Zach St. George: »Curiosity Depends on What You Already Know«, *Nautilus*, 25. Februar 2016, https://nautil.us/issue/33/attraction/curiosity-depends-on-what-you-already-know, zugegriffen: 12. April 2022.

10 Dianne Grande: »The Neuroscience of Feeling Safe and Connected«, *Psychology Today*, 24. September 2018, https://www.psychologytoday.com/us/blog/intogether/201809/the-neuroscience-feeling-safe-and-connected, zugegriffen: 12. April 2022.

11 Sheryl Nance-Nash: »Watch Out for ›Comfort Buying‹ during Pandemic«, *Newsday*, aktualisiert: 10. Mai 2020, https://www.newsday.com/business/coronavirus/comfort-buying-pandemic-1.44477117, zugegriffen: 12. April 2022.

12 Joshua Becker: »Understanding the Diderot Effect (and How to Overcome It)«, *Becoming Minimalist*, https://www.becomingminimalist.com/diderot/, zugegriffen: 23. Januar 2021.

13 Karyn Hall: »Create a Sense of Belonging«, *Psychology Today*, 24. März 2014, https://www.psychologytoday.com/us/blog/pieces-mind/201403/create-sense-belonging, zugegriffen: 12. April 2022.

14 Mahtab Alam Quddusi: »The Importance of Good Health in Our Life — How Can We Achieve Good Health and Well Being?«, *The Scientific World*, 27. Dezember 2019, https://www.scientificworldinfo.com/2019/12/importance-of-good-health-in-our-life.html, zugegriffen: 12. April 2022.

15 Cole Schafer: »The Psychology of Selling«, *Honey Copy*, 1. Juli 2018, https://www.honeycopy.com/copywritingblog/the-psychology-of-selling, zugegriffen: 12. April 2022.

16 Divya Pahwa: »Why Are We Attracted to Beautiful Things?«, *Be Yourself*, 11. August 2013, https://byrslf.co/why-are-we-attracted-to-beautiful-things-b65f0e76074a, zugegriffen: 12. April 2022.

17 »The Need for Recognition, Cornerstone of Self-Esteem«, *Exploring Your Mind*, 18. Januar 2016, https://exploringyourmind.com/need-recognition-cornerstone-self-esteem/, zugegriffen: 12. April 2022.

18 Robert Stephens: »Robert Stephens Founded the Geek Squad and Took It from Bootstrapped Inception to Over $1 Billion in (Estimated) Revenues (Just Watch This Interview. Trust Me. It's Good.)«, interview by Clay Collins, *The Marketing Show, Leadpages* (transcript), 10. Juli 2012, https://www.leadpages.com/blog/robert-stephens-geek-squad-best-buy/, zugegriffen: 12. April 2022.

19 W. Michael Lynn: MegaTips 2 – Twenty Tested Techniques to Increase Your Tips, *Cornell Hospitality Tools* 2(1), März 2011, https://static.secure.website/wscfus/5261551/uploads/CHR-megatips2.pdf, zugegriffen: 12. April 2022.

20 Anne Raver: »Now It Can Be Told: All about Squirrels and Nuts«, *New York Times*, 11. Dezember 1994, https://www.nytimes.com/1994/12/11/nyregion/cuttings-now-it-can-be-told-all-about-squirrels-and-nuts.html, zugegriffen: 12. April 2022.

21 Abril McCloud: »Detour of the Year: How Burger King Swerved Its Way to 6MM Loyal App Users«, *mParticle*, 22. Januar 2020, https://www.mparticle.com/customers/burger-king-whopper-detour, zugegriffen: 12. April 2022.

22 Louise Grimmer & Martin Grimmer: »Dolly Parton Is a ›Great Unifier‹ in a Divided America. Here's Why«, *The Conversation, via ABC News*, 24. November 2019, https://www.abc.net.au/news/201925/how-marketers-measure-dolly-partons-magic/11733972, zugegriffen: 12. April 2022.

Stichwortverzeichnis